£17.50

Pitman Research Notes in Mathematics Series

Submission of proposals for consideration
Suggestions for publication, in the form of outlines and representative samples, are invited by the Editorial Board for assessment. Intending authors should approach one of the main editors or another member of the Editorial Board, citing the relevant AMS subject classifications. Alternatively, outlines may be sent directly to the publisher's offices. Refereeing is by members of the board and other mathematical authorities in the topic concerned, throughout the world.

Preparation of accepted manuscripts
On acceptance of a proposal, the publisher will supply full instructions for the preparation of manuscripts in a form suitable for direct photo-lithographic reproduction. Specially printed grid sheets are provided and a contribution is offered by the publisher towards the cost of typing. Word processor output, subject to the publisher's approval, is also acceptable.

Illustrations should be prepared by the authors, ready for direct reproduction without further improvement. The use of hand-drawn symbols should be avoided wherever possible, in order to maintain maximum clarity of the text.

The publisher will be pleased to give any guidance necessary during the preparation of a typescript, and will be happy to answer any queries.

Important note
In order to avoid later retyping, intending authors are strongly urged not to begin final preparation of a typescript before receiving the publisher's guidelines and special paper. In this way it is hoped to preserve the uniform appearance of the series.

Longman Scientific & Technical
Longman House
Burnt Mill
Harlow, Essex, UK
(tel (0279) 26721)

Longman Scientific & Technical
Churchill Livingstone Inc.
1560 Broadway
New York, NY 10036, USA
(tel (212) 819-5453)

Titles in this series

52 Wave propagation in viscoelastic media
F Mainardi

53 Nonlinear partial differential equations and their applications: Collège de France Seminar. Volume I
H Brezis and J L Lions

54 Geometry of Coxeter groups
H Hiller

55 Cusps of Gauss mappings
T Banchoff, T Gaffney and C McCrory

56 An approach to algebraic K-theory
A J Berrick

57 Convex analysis and optimization
J-P Aubin and R B Vintner

58 Convex analysis with applications in the differentiation of convex functions
J R Giles

59 Weak and variational methods for moving boundary problems
C M Elliott and J R Ockendon

60 Nonlinear partial differential equations and their applications: Collège de France Seminar. Volume II
H Brezis and J L Lions

61 Singular systems of differential equations II
S L Campbell

62 Rates of convergence in the central limit theorem
Peter Hall

63 Solution of differential equations by means of one-parameter groups
J M Hill

64 Hankel operators on Hilbert space
S C Power

65 Schrödinger-type operators with continuous spectra
M S P Eastham and H Kalf

66 Recent applications of generalized inverses
S L Campbell

67 Riesz and Fredholm theory in Banach algebra
B A Barnes, G J Murphy, M R F Smyth and T T West

68 Evolution equations and their applications
F Kappel and W Schappacher

69 Generalized solutions of Hamilton-Jacobi equations
P L Lions

70 Nonlinear partial differential equations and their applications: Collège de France Seminar. Volume III
H Brezis and J L Lions

71 Spectral theory and wave operators for the Schrödinger equation
A M Berthier

72 Approximation of Hilbert space operators I
D A Herrero

73 Vector valued Nevanlinna Theory
H J W Ziegler

74 Instability, nonexistence and weighted energy methods in fluid dynamics and related theories
B Straughan

75 Local bifurcation and symmetry
A Vanderbauwhede

76 Clifford analysis
F Brackx, R Delanghe and F Sommen

77 Nonlinear equivalence, reduction of PDEs to ODEs and fast convergent numerical methods
E E Rosinger

78 Free boundary problems, theory and applications. Volume I
A Fasano and M Primicerio

79 Free boundary problems, theory and applications. Volume II
A Fasano and M Primicerio

80 Symplectic geometry
A Crumeyrolle and J Grifone

81 An algorithmic analysis of a communication model with retransmission of flawed messages
D M Lucantoni

82 Geometric games and their applications
W H Ruckle

83 Additive groups of rings
S Feigelstock

84 Nonlinear partial differential equations and their applications: Collège de France Seminar. Volume IV
H Brezis and J L Lions

85 Multiplicative functionals on topological algebras
T Husain

86 Hamilton-Jacobi equations in Hilbert spaces
V Barbu and G Da Prato

87 Harmonic maps with symmetry, harmonic morphisms and deformations of metrics
P Baird

88 Similarity solutions of nonlinear partial differential equations
L Dresner

89 Contributions to nonlinear partial differential equations
C Bardos, A Damlamian, J I Díaz and J Hernández

90 Banach and Hilbert spaces of vector-valued functions
J Burbea and P Masani

91 Control and observation of neutral systems
D Salamon

92 Banach bundles, Banach modules and automorphisms of C*-algebras
M J Dupré and R M Gillette

93 Nonlinear partial differential equations and their applications: Collège de France Seminar. Volume V
H Brezis and J L Lions

94 Computer algebra in applied mathematics: an introduction to MACSYMA
R H Rand

95 Advances in nonlinear waves. Volume I
L Debnath

96 FC-groups
M J Tomkinson

97 Topics in relaxation and ellipsoidal methods
M Akgül

98 Analogue of the group algebra for topological semigroups
H Dzinotyiweyi

99 Stochastic functional differential equations
S E A Mohammed

100 Optimal control of variational inequalities
V Barbu
101 Partial differential equations and dynamical systems
W E Fitzgibbon III
102 Approximation of Hilbert space operators. Volume II
C Apostol, L A Fialkow, D A Herrero and D Voiculescu
103 Nondiscrete induction and iterative processes
V Ptak and F-A Potra
104 Analytic functions – growth aspects
O P Juneja and G P Kapoor
105 Theory of Tikhonov regularization for Fredholm equations of the first kind
C W Groetsch
106 Nonlinear partial differential equations and free boundaries. Volume I
J I Díaz
107 Tight and taut immersions of manifolds
T E Cecil and P J Ryan
108 A layering method for viscous, incompressible L_p flows occupying R^n
A Douglis and E B Fabes
109 Nonlinear partial differential equations and their applications: Collège de France Seminar. Volume VI
H Brezis and J L Lions
110 Finite generalized quadrangles
S E Payne and J A Thas
111 Advances in nonlinear waves. Volume II
L Debnath
112 Topics in several complex variables
E Ramírez de Arellano and D Sundararaman
113 Differential equations, flow invariance and applications
N H Pavel
114 Geometrical combinatorics
F C Holroyd and R J Wilson
115 Generators of strongly continuous semigroups
J A van Casteren
116 Growth of algebras and Gelfand–Kirillov dimension
G R Krause and T H Lenagan
117 Theory of bases and cones
P K Kamthan and M Gupta
118 Linear groups and permutations
A R Camina and E A Whelan
119 General Wiener–Hopf factorization methods
F-O Speck
120 Free boundary problems: applications and theory, Volume III
A Bossavit, A Damlamian and M Fremond
121 Free boundary problems: applications and theory, Volume IV
A Bossavit, A Damlamian and M Fremond
122 Nonlinear partial differential equations and their applications: Collège de France Seminar. Volume VII
H Brezis and J L Lions
123 Geometric methods in operator algebras
H Araki and E G Effros
124 Infinite dimensional analysis–stochastic processes
S Albeverio
125 Ennio de Giorgi Colloquium
P Krée
126 Almost-periodic functions in abstract spaces
S Zaidman
127 Nonlinear variational problems
A Marino, L Modica, S Spagnolo and M Degiovanni
128 Second-order systems of partial differential equations in the plane
L K Hua, W Lin and C-Q Wu
129 Asymptotics of high-order ordinary differential equations
R B Paris and A D Wood
130 Stochastic differential equations
R Wu
131 Differential geometry
L A Cordero
132 Nonlinear differential equations
J K Hale and P Martinez-Amores
133 Approximation theory and applications
S P Singh
134 Near-rings and their links with groups
J D P Meldrum
135 Estimating eigenvalues with *a posteriori/a priori* inequalities
J R Kuttler and V G Sigillito
136 Regular semigroups as extensions
F J Pastijn and M Petrich
137 Representations of rank one Lie groups
D H Collingwood
138 Fractional calculus
G F Roach and A C McBride
139 Hamilton's principle in continuum mechanics
A Bedford
140 Numerical analysis
D F Griffiths and G A Watson
141 Semigroups, theory and applications. Volume I
H Brezis, M G Crandall and F Kappel
142 Distribution theorems of L-functions
D Joyner
143 Recent developments in structured continua
D De Kee and P Kaloni
144 Functional analysis and two-point differential operators
J Locker
145 Numerical methods for partial differential equations
S I Hariharan and T H Moulden
146 Completely bounded maps and dilations
V I Paulsen
147 Harmonic analysis on the Heisenberg nilpotent Lie group
W Schempp
148 Contributions to modern calculus of variations
L Cesari
149 Nonlinear parabolic equations: qualitative properties of solutions
L Boccardo and A Tesei
150 From local times to global geometry, control and physics
K D Elworthy

151 A stochastic maximum principle for optimal control of diffusions
U G Haussmann

152 Semigroups, theory and applications. Volume II
H Brezis, M G Crandall and F Kappel

153 A general theory of integration in function spaces
P Muldowney

154 Oakland Conference on partial differential equations and applied mathematics
L R Bragg and J W Dettman

155 Contributions to nonlinear partial differential equations. Volume II
J I Díaz and P L Lions

156 Semigroups of linear operators: an introduction
A C McBride

157 Ordinary and partial differential equations
B D Sleeman and R J Jarvis

158 Hyperbolic equations
F Colombini and M K V Murthy

159 Linear topologies on a ring: an overview
J S Golan

160 Dynamical systems and bifurcation theory
M I Camacho, M J Pacifico and F Takens

161 Branched coverings and algebraic functions
M Namba

162 Perturbation bounds for matrix eigenvalues
R Bhatia

163 Defect minimization in operator equations: theory and applications
R Reemtsen

164 Multidimensional Brownian excursions and potential theory
K Burdzy

165 Viscosity volutions and optimal control
R J Elliott

Hyperbolic equations

F Colombini & M K V Murthy (Editors)
University of Padova/University of Pisa

Hyperbolic equations

Proceedings of the conference on *Hyperbolic Equations and Related Topics*, University of Padova, 1985

Copublished in the United States with
John Wiley & Sons, Inc., New York

Longman Scientific & Technical
Longman Group UK Limited
Longman House, Burnt Mill, Harlow
Essex CM20 2JE, England
and Associated Companies throughout the world.

Copublished in the United States with
John Wiley & Sons, Inc., 605 Third Avenue, New York, NY 10158

First published 1987

AMS Subject Classifications: (main) 35L, 35S, 58G
(subsidiary) 35P, 70H

ISSN 0269-3674

British Library Cataloguing in Publication Data
Conference on Hyperbolic Equations and
Related Topics (*1985: University of Padova*)
Hyperbolic equations : proceedings of the
Conference on Hyperbolic Equations and
Related Topics, held at the University of
Padova, December 1985.—(Pitman research
notes in mathematics series, ISSN 0269-
3674; 158)
1. Differential equations, Hyperbolic
I. Title II. Colombini, F. III. Murthy, M.K.V.
515.3′53 QA374
ISBN 0-582-98891-8

Library of Congress Cataloging-in-Publication Data
Conference on Hyperbolic Equations and Related Topics
(1985 : University of Padova)
Hyperbolic equations.

(Pitman research notes in mathematics series,
ISSN 0269-3674 ; 158)
English and French.
Bibliography: p.
1. Differential equations, Hyperbolic—Congresses.
2. Pseudodifferential operators—Congresses.
I. Colombini, F. (Ferruccio) II. Murthy, M. K. V.
(M. K. Venkatesha) III. Title. IV. Series.
QA377.C7625 1985 515.3′53 87-2965
ISBN 0-470-20869-4 (USA only)

Printed and bound in Great Britain by
Biddles Ltd, Guildford and King's Lynn

Contents

SEMINAR TALKS

Preface

The present volume collects together the texts of the lectures delivered by the invited speakers and also the texts of the results presented during the Seminar sessions at the International Conference on Hyperbolic Equations and Related Topics held at Padova in the month of December 1985.

The object of the conference was to bring together mathematicians actively working in various aspects of the theory of Hyperbolic Equations in different parts of the world. The topics of the conference consisted of the following aspects:

(1) Linear hyperbolic problems (the Cauchy and mixed problems, propagation of singularities and inverse scattering);

(2) Microlocal analysis;

(3) Semi-linear and quasi-linear hyperbolic equations and systems.

These proceedings cover some of the most recent results reported at the conference. The very high level of scientific contributions reported in this conference consisted of some of the most recent unpublished work, which we hope will stimulate further work in this developing field of partial differential equations.

We express our sincere gratitude to all the speakers who graciously accepted our invitation to present some of their most recent work and for making available the texts of their lectures within a short time.

Professors M.D. Bronstein and J. Ivrii, who had accepted our invitation, could not be present at the conference for reasons beyond their control; however, they sent the texts of their intended talks which are included in these proceedings in the form in which they were submitted. They were presented at the conference at their request.

There were nineteen invited lectures of one hour each and ten advanced seminars devoted to the discussion of some recent contributions of some of the participants. The texts of the results reported at these seminars are also included in this volume.

There were about a hundred participants at the conference, who came from many different parts of the world; this stimulated a lot of discussion and mutual exchange of ideas.

The conference was financially supported by the Comitato per le Scienze Matematiche of the Italian Consiglio Nazionale delle Ricerche and by the Ministero delle Pubblica Istruzione through the research funds from the Universities of Padova and Pisa. It is a great pleasure for us to thank these organizations for this support. We also wish to thank the University of Padova for an additional grant and the Cassa di Risparmio di Padova e Rovigo for their contribution which enabled the participants at the conference to visit the historical Villa Contarini on the outskirts of Padova and enjoy a classical music concert at the villa.

The participants at the conference received with a profound sense of sorrow the sudden and untimely loss of Professor H.G. Garnir who contributed so much to the development of research in the field of partial differential equations, in particular, and various other related fields, in general. Professor Garnir was to have been present at the conference. The participants wished to dedicate the present volume of the proceedings to the memory of Professor Garnir.

Ferruccio Colombini
M.K. Venkatesha Murthy

List of contributors

S. Alinhac — Département de Mathématiques, Bâtiment 425, Université de Paris-Sud, 91405 Orsay Cedex, France.

A. Arosio — Dipartimento di Matematica, Università di Pisa, Via Buonarroti 2, 56100 Pisa, Italy.

J.-M. Bony — Centre de Mathématiques, Ecole Polytechnique, 91128 Palaiseau-Cedex, France.

M.D. Bronstein — Kazan Chemico-technologica Inst, Karl Marx Str. 68, Kazan 15, 420015 USSR.

P. Cannarsa — Gruppo Insegnamento Matematiche, Accademia Navale, 57100 Livorno, Italy.

L. Cattabriga — Dipartimento di Matematica, Piazza di Porta S Donato 5, 40127 Bologna, Italy.

E. De Giorgi — Scuola Normale Superiore, Piazza dei Cavalieri 7, 56100 Pisa, Italy.

D. Gourdin — ERA - C.N.R.S. 070 901, Université Lille I, France.

V. Ivrii — Magnitogorsk Institute of Mining and Metallurgy, Department of Mathematics, Magnitogorsk, 455000 USSR.

N. Iwasaki — Research Institute for Mathematical Sciences, Kyoto University, Kyoto 606, Japan.

E. Jannelli — Dipartimento di Matematica, Università, Via Giustino Fortunato, 70125 Bari, Italy.

B. Lascar — Centre de Mathématique, Ecole Normale Supérieure, 45 rue d'Ulm, 75230 Paris Cedex 05, France.

P. Laubin — Institut de Mathématiques, Université de Liège, 15 avenue des Tilleuls, B-4000 Liège, Belgium.

P. Marcati — Dipartimento di Matematica P & A, Università dell'Aquila, Via Roma 33, 67100 L'Aquila, Italy.

T. Nishitani — Department of Mathematics, College of General Education, Osaka University, Japan.

M. Oberguggenberger — Institut für Mathematik und Geometrie, Universität Innsbruck, A-6020 Innsbruck, Austria.

Y. Ohya	Department of Applied Mathematics and Physics, Kyoto University, Kyoto, 606 Japan.
J. Persson	Matematiska Institutionen, Lunds Universitet, Box 118, S-22100 Lund, Sweden.
V.M. Petkov	Institute of Mathematics of the Bulgarian Academy of Sciences, PO Box 373, 1090 Sofia, Bulgaria.
A. Piriou	Département de Mathématiques, Faculté de Sciences, Parc Valrose, Av. Valrose, 06034 Nice Cedex, France.
L. Rodino	Dipartimento di Matematica, Università di Torino, Via Carlo Alberto 10, I-10123 Torino, Italy.
P. Schapira	Université Paris-Nord, Villetaneuse, 93430 France.
Y. Shibata	Institute of Mathematics, University of Tsukuba, Ibaraki 305, Japan.
S. Spagnolo	Dipartimento di Matematica, Università di Pisa, Via Buonarroti 2, 56100 Pisa, Italy.
S. Tarama	Department of Applied Mathematics and Physics, Kyoto University, Kyoto, 606 Japan.
J. Vaillant	Unité Associée au CNRS 761, Mathématiques, Tour 45-46, 5ème étage, Université Pierre et Marie Curie (Paris VI) 4 Place Jussieu, 75252 Paris Cedex 05, France.
G. Zampieri	Université Paris-Nord, Villetaneuse, 93430 France and Sem. Mat. Università di Padova, Italy.
C. Zuily	Département de Mathématiques, Bâtiment 425, Université de Paris-Sud, 91405 Orsay Cedex, France.

Invited lectures

S ALINHAC

Interaction d'ondes simples pour des équations complétement non-lineaires

INTRODUCTION

Nous étudions, dans un ouvert $\Omega \subset \mathbb{R}^n$, des solutions réelles d'équations (ou de systèmes) non-linéaires de la forme

$$F(x,u(x),\ldots,u^{(\alpha)}(x),\ldots) = 0 \quad u^{(\alpha)} = \partial_x^\alpha u, \quad |\alpha| \leqq m,$$

où F est C^∞ et réelle.

Nous supposons que dans Ω, la solution u ne présente pas de discontinuités: plus précisément, $u \in H^{s+m}_{loc}(\Omega)$, avec $s > n/2$ (auquel cas H^s_{loc} est une algèbre et l'équation a un sens). Si F est un système de lois de conservations, par exemple, on n'étudie que les singularités "faibles" des solutions, et non les chocs (sur ces derniers, on ne sait pratiquement rien en général).

On suppose que le problème est un problème d'évolution, plus précisément: $0 \in \Omega$, $\Omega_\pm = \{\Omega \cap \pm t > 0\}$, et l'opérateur linearisé P de F est strictement hyperbolique dans la direction des t; de plus, Ω_+ (le futur) est un domaine d'influence de Ω_- (le passé). Eventuellement, on peut remplacer l'information sur u dans Ω_- par une information sur les données de Cauchy sur $t = 0$.

Notre objectif est de décrire des situations "physiques" où u représente, dans le passé, une ou plusieurs ondes progressives bien localisées, dont l'interaction (qui a lieu dans le futur) produit seulement un nombre fini d'ondes progressives.

La solution u considerée sera alors C^∞ partout dans Ω, sauf sur la réunion d'un nombre fini de surfaces caractéristiques.

I. DISTRIBUTIONS CONORMALES ET RESULTATS DANS LE CAS SEMILINEAIRE

1. Distributions conormales

Le fait fondamental est qu'une information sur le front d'onde (C^∞) de u n'est pas, en général, conservée par une opération non-linéaire: le front d'onde de F(u) est susceptible d'exister partout au-dessus du support singulier de u, même si ce n'est pas le cas pour u.

Bien sûr, si l'on s'intéresse seulement à une régularité limitée (et non C^∞) de u, la situation est différente, et une analyse microlocale des singularités de u est possible (cf. Bony [6], M. Beals [5]).

Il convient donc d'utiliser des algèbres de fonctions à front d'onde fortement localisé: les plus simples sont des algèbres de distributions conormales par rapport à une ou plusieurs surfaces (Bony [7], [8], Melrose-Ritter [16], Rauch-Reed [18], P. Gerard [12]).

Si Σ est une surface C^∞, on note

$$H^{s,k}(\Sigma) = \{u \in H^s, \quad Z_1 \cdot \ldots \cdot Z_\ell \; u \in H^s, \quad \ell \leq k\},$$

où les Z_i sont des champs C^∞ tangents à Σ. Lorsque $u \in H^{s,k}$, le front d'onde de u au sens de H^{s+k} est inclus dans le fibré conormal $N^*(\Sigma)$ à Σ; la forte localization consiste en ceci, que l'on connait le comportement de u au voisinage de $N^*(\Sigma)$: une telle information est appellée 2-microlocale, sous l'influence de Kashiwara, Bony [10], Lebeau [15], Sjöstrand [21].

Les distributions de $H^{s,\infty}(\Sigma)$ sont, pour l'essentiel, des transformées de Fourier de symboles: à des symboles spéciaux (classiques, polyhomogènes, etc. ...) correspondent des sous-classes de distributions, dont certaines sont des algèbres (cf. Rauch [17]). Signalons en particulier les u C^∞ de chaque coté de Σ ("par morceaux").

Lorsque Σ consiste en deux surfaces Σ_1 et Σ_2, on définira de même $H^{s,k}(\Sigma)$, en utilisant cette fois des champs Z_i tangents à Σ_1 et Σ_2 (et donc aussi à l'intersection $\Gamma = \Sigma_1 \cap \Sigma_2$). Lorsque $u \in H^{s,k}(\Sigma)$, $u \in H^{s+k}$ hors de $N^*(\Sigma_1) \cap N^*(\Sigma_2) \cup N^*(\Gamma)$ seulement.

2. Un résultat typique d'interaction: le théorème de Bony

De nombreux travaux ont été consacrés au cas des équations semi-linéaires de la forme

$$P(x,D_x)u = F(x,u(x),\ldots,u^{(\alpha)}(x),\ldots), \quad |\alpha| \leq m-1$$

où P est un opérateur d'ordre m à coefficient C^∞.

Citons en particulier M. Beals [5], Bony [6], [7], [8], [9], [10], [11], B. Lascar [14], Melrose et Ritter [16], Rauch et Reed [18], [19], [22], P. Gerard [12].

Citons ici le résultat de Bony sur l'interaction de deux ondes simples:

THEOREME (Bony): Soient Σ_1 et Σ_2 deux hypersurfaces C^∞ caractéristiques se coupant en Γ et soient $\Sigma_3,\ldots,\Sigma_m$ les autres hypersurfaces caractéristiques issues de Γ.

Supposons que, dans Ω_-, on ait $u \in C^\infty$ hors de $\Sigma_1 \cup \Sigma_2$, et $u \in H^{s+m,\infty}(\Sigma_1) \cap H^{s+m,\infty}(\Sigma_2)$.

Alors $u \in C^\infty$ hors de $\cup\Sigma_j$, et $u \in H^{s+m,\infty}(\Sigma_i)$ près de $\Sigma_i \setminus \Gamma$ pour $i = 1,2$. Près de $\Sigma_j \setminus \Gamma$ $(j = 3,\ldots,m)$, $u \in H^{t,\infty}(\Sigma_j)$, avec $t = s + m + s-n/2+1$.

3. Une remarque sur le caractère pseudo-différentiel du problème

Le choix d'une algèbre de distributions conormales pour décrire les solutions d'une équation semi-linéaire est soumis à la contrainte suivante: la régularité des éléments de l'algèbre doit être susceptible de se propager de Ω_- vers Ω_+.

C'est pourquoi on utilise des algèbres construites sur H^s, et non sur L^∞. Néanmoins, même dans ce cas, la méthode de commutation utilisée impose une condition du type suivant: pour tout champ Z "définissant" l'algèbre, on doit avoir $[P,Z] = \Sigma A_i Z_i + AP$, où les Z_i sont une famille finie de champs définissant l'algèbre, et les A_i, A des opérateurs d'ordres m-1,0.

Sauf dans le cas d'une seule surface on ne peut esperer que les A_i, A seront des opérateurs différentiels: ils seront en général pseudo-différentiels.

Par ailleurs, comme l'a noté Bony [7], pour une configuration Σ de m surfaces se coupant le long d'une arête (de codimension 2), $m \geqq 3$, il est préférable d'utiliser pour définir $H^{s,k}(\Sigma)$ des opérateurs pseudo-différentiels d'ordre 1, de symboles nuls sur $N^*(\Sigma_1) \cup \ldots \cup N^*(\Sigma_m) \cup N^*(\Gamma)$, plutôt que des champs de vecteurs, trop "rigides".

Il semble donc que l'étude de l'interaction de deux ondes pour un opérateur d'ordre $m \geqq 3$ nécessite l'introduction d'opérateurs pseudo-différentiels.

II. LE CAS COMPLETEMENT NON-LINEAIRE

1. Le résultat principal

THEOREME: Soit $u \in H^{s+m}_{loc}(\Omega)$ une solution de l'équation

$$F(x,u(x),\ldots,u^{(\alpha)}(x),\ldots) = 0, \quad |\alpha| \leq m, \text{ dans } \Omega.$$

Supposons que Ω_+ soit un domaine d'influence de Ω_- pour le symbole principal p de l'opérateur linéairisé de F sur u,

$$p(x,\xi) = \sum_{|\alpha|=m} \frac{\partial F}{\partial u^{(\alpha)}}(x,u,\ldots)\xi^{\alpha}.$$

Soient Σ_1 et Σ_2 deux surfaces caractéristiques C^∞ données dans Ω_-, disjointes. On suppose qu'on peut les prolonger dans $\bar{\Omega}_+$ en des surfaces caracteristiques Σ_1 et Σ_2, de classe C^1, se coupant transversellement en Γ, et que m-2 surfaces caractéristiques $\Sigma_3,\ldots,\Sigma_m$ (deux à deux transverses) sont issues de Γ. On suppose de plus que les courbes caracteristiques de p issues des normales aux Σ_i en des points de Γ sont transverses à Γ.

Supposons que, dans Ω_-, $u \in C^\infty$ hors de $\Sigma_1 \cup \Sigma_2$, et $u \in H^{s+m,}_{loc}(\Sigma_i)(i=1,2)$. Alors, si $s > n/2+4$ on a la situation suivante dans Ω_+:

(i) Γ est C^∞.

(ii) Les surfaces Σ_1,Σ_2, et $\Sigma_j^+(j = 3,\ldots,m)$ sont C^∞ hors de Γ(Σ_j^+ désigne la partie de Σ_j "sortante" de Γ).

(iii) u est C^∞ dans Ω hors de $\Sigma_1 \cup \Sigma_2 \cup \Sigma_3^+ \cup \ldots \cup \Sigma_m^+$.

(iv) Localement près de $\Sigma_i \setminus \Gamma$ $(i = 1,2)$, $u \in H^{s+m,\infty}_{loc}(\Sigma_i)$.

(v) Localement près de $\Sigma_j^+ \setminus \Gamma$ $(j = 3,\ldots,m)$, $u \in H^{t,\infty}_{loc}(\Sigma_j^+)$. □

Ce théorème est l'analogue complet du théorème de Bony rappelé ci-dessus dans le cas semi-linéaire.

Il existe également une variante dans le cas où F est un système (par exemple quasi-linéaire), ou lorsque u est déterminée par ses données de Cauchy, conormales par rapport à une certaine hypersurface Γ de $\{t = 0\}$.

Nous ne savons pas si le théorème est encore vrai en général dans le cadre des distributions "C^∞ par morceaux", mais nous en doutons, à cause de la remarque I.3, et du manque de régularité C^∞ des surfaces Σ_j, qui sera discuté plus bas.

Il est bien entendu hors de question d'indiquer la preuve de ce théorème: nous exposons ci-dessous les idées principales.

2. Distributions conormales "exotiques"

La difficulté principale est ici que la configuration Σ des surfaces (rentrantes et sortantes) $\Sigma_1,\ldots,\Sigma_m$ n'est pas assez régulière pour qu'on puisse définir les espaces de distributions conormales $H^{s,k}_{loc}(\Sigma)$ dont on a besoin en copiant le cas C^{∞}.

Dans le cas où Σ est une seule surface de classe $C^{\rho+k}$, $\rho > 1$, on peut néanmoins proceder à cette construction assez aisément, par l'une des deux méthodes suivantes:

(a) on redresse Σ en $\Sigma_1 = \{x_1 = 0\}$ par un diffeomorphisme $\chi: \Sigma_1 \to \Sigma$ de classe $C^{\rho+k}$. Les espaces $H^{s,k}(\Sigma_1)$ sont bien définis pour tous les $s \in \mathbf{R}$ à l'aide des champs $Z = x_1\partial_1, \partial_2, \ldots, \partial_n$. On définit alors $H^{s,k}(\Sigma)$ comme l'espace des $u \in H^s$ tels que $\chi^* u \in H^{s,k}(\Sigma)$. Ici, χ^* désigne un opérateur de paracomposition associé à χ (défini modulo un opérateur ρ-1+k régularisant), au sens de [1]. Cette approche est celle choisie dans [2].

(b) On définit directement $H^{s,k}(\Sigma)$ par l'action des "parachamps" T_z, (voir [6]) où z est le symbole d'un champ Z, à coefficients $C^{\rho-1+k}$, tangent à Σ:

$$H^{s,k}(\Sigma) = \{u \in H^{s,k-1}(\Sigma), \quad \forall z, \ T_z u \ H^{s,k-1}(\Sigma)\}$$

Compte tenu du théorème de conjugaison des opérateurs paradifférentiels par les paradifféomorphismes (théorème 4 de [1]), les deux approches sont équivalentes.

Il est facile de voir que, lorsque $C^{\rho} \subset H^s$, on peut en fait définir les espaces $H^{s,k}(\Sigma)$ à l'aide des vrais champs Z (par exemple pour $s = 0$). En admettant le fait que les opérateurs pseudo-différentiels opèrent dans les $H^{s,k}(\Sigma)$, cela fournit une troisième approche de la définition de ces espaces.

Dans le cas de plusieurs surfaces Σ se coupant en Γ, on peut définir $H^{s,k}(\Sigma)$ comme $\sum_i H^{s,k}(\Sigma_i,\Gamma)$, l'espace $H^{s,k}(\Sigma_i,\Gamma)$ désignant celui qui est défini à l'aide de (para)champs "tangents" à Σ_i et à Γ.

Mais l'hypothèse sur les surfaces Σ n'est pas réaliste, comme nous allons le voir, dans le cas non-linéaire général.

3. Régularité des surfaces caractéristiques

Les surfaces Σ_j sont déterminées par le fait qu'elles sont caractéristiques: l'équation qui exprime cela dépend du symbole p considéré sur Σ_j, c'est à dire de $u|_{\Sigma_j}$. Or si l'on admet que u n'est en général pas meilleure que $H^{s,k}(\Sigma)$, sa trace sur chaque Σ_j ne sera pas mieux que conormale par rapport à l'arête Γ, et la surface Σ_j elle-même sera seulement conormale à Γ, en un sens que nous ne précisons pas.

Les espaces pertinents seront donc associés à des configurations Σ de surfaces $C^{\rho+k}$ hors de Γ, et conormales d'ordre k par rapport à Γ. Ce fait complique désagréablement la construction.

4. Algorithme de la preuve

Le calcul paradifférentiel de Bony et les techniques de preuve qui lui sont liées ont ceci de très agréable qu'elles fournissent un "algorithme" de preuve, un procédé automatique de résolution du problème. Le présent théorème en est un exemple frappant.

Voici comment on procède:

(i) on devine quelles seront les singularités de la solution u (voir I.2).

(ii) On devine quelle sera la régularité des surfaces caractéristiques (voir II.3).

(iii) On construit les espaces naturels de distributions conormales associés à de telles configurations de surfaces (voir II. 2,3).

(iv) On vérifie l'existence d'une formule de paralinéarisation dans ces espaces, permettant de transformer l'équation non-linéaire de départ en une équation paradifférentielle (voir [6]).

(v) On établit un calcul symbolique pour des opérateurs paradifférentiels à coefficients dans ces espaces (puisque ces coefficients dépendent de u) (cf. [6], [2]).

(vi) On s'assure, par récurrence sur l'indice k de conormalité, que tout se passe comme prévu (cf. par exemple [2], [3], [4]).

Signalons pour finir quelques travaux dans le cas complétement non-linéaire, notamment P. Godin [13] et P. Gérard [12].

BIBLIOGRAPHIE

1. S. Alinhac, Paracomposition et opérateurs paradifférentiels, à paraître dans Comm. in PDE (1985).
2. S. Alinhac, Evolution d'une onde simple pour des équations non-linéaires générales, à paraître (au Japon).
3. S. Alinhac, Paracomposition et application aux équations non-linéaires, Seminaire Bony-Sjöstrand-Meyer, (exposé XI), Ecole Polytechnique, Paris, 1984-85.
4. S. Alinhac, Interaction d'ondes simples pour des équations complétement non-linéaires, article à paraître.
5. M. Beals, Self-spreading and strength of singularities for solutions to semi-linear wave equations, Ann. of Maths., 118 (1983), 187-214.
6. J.M. Bony, Calcul symbolique et propagation des singularités pour les équations aux dérivees partielles non-linéaires, Ann. Sci. Ecole Norm. Sup., 4ième serie, 14, 1981, 209-246.
7. J.M. Bony, Interaction des singularités pour les équations aux dérivées partielles non-linéaires, Séminaire Goulaouic-Meyer-Schwartz, 1979-80, n. 22 et 81-82, n. 2, Ecole Polytechnique, Paris.
8. J.M. Bony, Propagation et interaction des singularités pour les solutions des équations aux dérivées partielles non-linéaires, Proc. Int. Cong. Math., Warszawa, 1983, 1133-1147.
9. J.M. Bony, Interaction des singularités pour les équations de Klein-Gordon non-linéaires, Séminaire Goulaouic-Meyer-Schwartz, 1983-84, n. 10, Ecole Polytechnique Paris.
10. J.M. Bony, Second microlocalization and propagation of singularities for semilinear hyperbolic equation; à paraître.
11. J.M. Bony, Singularités des solutions de problèmes de Caucy hyperboliques non-linéaires, à paraître.
12. P. Gerard, Interaction de singularités analytiques pour des équations non-linéaires, Thèse de 3ième cycle, Orsay, 1985, et article à paraître.
13. P. Godin, Propagation of C^∞ regularity for fully non-linear second order strictly hyperbolic equations in two variables, à paraître aux Trans. of A.M.S.
14. B. Lascar, Singularités des solutions d'équations aux dérivées partielles non-linéaires, C.R.A.S. Paris, t. 287, serie A, 1978, 527-529.

15. G. Lebeau, Inégalités relatives aux deuxièmes microlocalisations et applications à la diffraction, Thèse d'Etat, Université Paris XI (Orsay), 1983.

16. R. Melrose, N. Ritter, Interaction of non-linear progressing waves I, II, à paraître.

17. J. Rauch , Exposé au Séminaire Bony-Meyer-Sjöstrand, 1985-86, Ecole Polytechnique, Paris.

18. J. Rauch, M. Reed, Propagation of singularities for semilinear hyperbolic equations in one space variable, Ann. of Maths. III (1980), 531-552.

19. J. Rauch, M. Reed, Non-linear microlocal analysis of semi-linear hyperbolic systems in one space dimension. Duke Math. J., 49 (1982), 397-475.

20. J. Rauch, M. Reed, Jump discontinuities of semi-linear strictly hyperbolic systems in two variables: creation and propagation, Comm. Math. Phys. 81 (1984), 203-227.

21. J. Sjöstrand, Singularités analytiques microlocales, Asterisque, 95, 1982.

S. Alinhac
Département de Mathématiques
Bâtiment 425
Université de Paris-Sud
91405 Orsay Cedex
France.

J-M BONY

Seconde microlocalisation et équations non-lineaires

L'idée de la seconde microlocalisation par rapport à une varieté lagrangienne Λ est de raffiner, près de Λ, les concepts d'opérateur pseudo-différentiel et de régularité microlocale. Plus précisément, on introduit: a) une chaîne d'espaces (de type Sobolev) à 2 indices, de distributions ayant des singularités contrôlées près de Λ; b) des classes de symboles (à 2 indices) singuliers près de Λ, formant une algèbre bigraduée pour l'opération usuelle de composition; c) un procédé de quantification (différent des procédés classiques) associant à ces symboles des opérateurs, dits 2-microdifférentiels, opérant sur les espaces ci-dessus; d) une notion de second front d'onde ... .

On obtient ainsi un calcul symbolique, dont l'essentiel est résumé au §4, tout à fait analogue à celui introduit, par voie cohomologique, par Y.Laurent [11] dans le cadre analytique. Nous insisterons beaucoup plus sur le cas particulier où Λ est le conormal de l'origine dans $\mathbb{R}^n$, qui est important pour deux raisons. D'une part, il sert de modèle pour traiter le cas général, en transformant la situation à l'aide d'opérateurs intégraux de Fourier. D'autre part, il possède des propriétés multiplicatives spécifiques, importantes pour l'étude des équations aux dérivées partielles non linéaires.

Nous décrivons au §1 la construction de cette seconde microlocalisation, en insistant un peu sur la procédé de quantification des symboles $a(x)$ indépendants de ξ et singuliers en 0, procédé analogue à (et généralisant) la paramultiplication. Nous décrivons au §2 les propriétés non linéaires: "dérivation" des produits et fonctions composées, où les opérateurs de dérivation sont remplacés par des opérateurs 2-microdifférentiels dont le symbole est linéaire en ξ.

Au §3, nous avons enoncé plusieurs résultats de propagation des singularités pour des solutions d'équations aux dérivées partielles hyperboliques non linéaires, à partir de la connaissance, soit de la régularité de u dans le passé, soit de la régularité de ses données de Cauchy. Nous nous sommes bornés à décrire les espaces auxquels la solution u doit appartenir, et qui précisent la localisation et le type des singularités de u, espaces dont le définition même nécessite le calcul 2-micro-differentiel.

Il était bien sûr impossible de donner ici des démonstrations détaillées de l'ensemble des résultats. Nous renvoyons le lecteur à [8] (voir aussi [7]) pour la construction du calcul 2-micro-différentiel et l'interaction des singularités non linéaires, et à [9] pour les singularités de solutions de problèmes de Cauchy non linéaires.

Le lecteur interessé par la seconde microlocalisation dans le cadre analytique pourra consulter [11] et [15]. Enfin il existe maintenant une littérature très abondante sur la propagation des singularités non linéaires. Nous renvoyons notamment à [1], [2], [3], [4], [5], [6], [12], [13], [14] et à leurs bibliographies.

1. SECONDE MICROLOCALISATION A L'ORIGINE

1.1 Décomposition de Littlewood-Paley

Dans toute la suite, $\psi(\xi)$ désignera une fonction positive de classe C^∞ dans R^n, égale à 1 pour $|\xi| \leq k^{-1}$ et à 0 pour $|\xi| \geq 2k$, avec $k > 1$. On pose $\phi(\xi) = \psi(\xi/2) - \psi(\xi)$. La fonction $\phi(2^{-p}\xi)$ a son support dans la couronne $C_p = \{\xi | 2^p k^{-1} \leq |\xi| \leq 2^{p+1}k\}$. A la décomposition suivante

$$\hat{u}(\xi) = \psi(\xi)\hat{u}(\xi) + \sum_0^\infty \phi(2^{-p}\xi)\hat{u}(\xi) \tag{1.1}$$

de la transformée de Fourier de u, correspond la décomposition:

$$u = \psi(D)u + \sum_0^\infty \phi(2^{-p}D)u = \psi(2^{-k}D)u + \sum_k^\infty \phi(2^{-p}D)u.$$

On posera $S_k(u) = \psi(2^{-k}D)u$, et on notera $\Delta_p(u)$ ou plus simplement u_p la fonction $\phi(2^{-p}D)u$.

Les espaces de Sobolev H^s et de Hölder C^s se caracterisent très simplement en termes de cette décomposition (voir [4], [10]). Si u appartient à H^s, on a

$$2^{ps} \|u_p\|_{L^2} \leq c_p, \text{ avec } \Sigma c_p^2 < \infty \tag{1.3}$$

et réciproquement, si des u_p, à spectre contenu dans les couronnes C_p vérifient (1.3), on a $\Sigma u_p \in H^s$. Les espaces C^s (en convenant que, pour s entier, C^s designe l'espace de Besov $B^s_{\infty,\infty}$) se caractérisent de même par

$$2^{ps} \|u_p\|_{L^\infty} \leqq C^{te}. \tag{1.4}$$

1.2 Espaces de Sobolev 2-microlocaux

L'un des objectifs de la seconde microlocalisation est de décrire précisément comment des distributions, ayant leurs singularités dans une varieté lagrangienne Λ (ici le conormal de l'origine), deviennent singulières lorsqu'on s'approche de Λ. Pour $s' \geqq 0$, les espaces $H^{s,s'}$ seront formés de fonctions appartenant à H^s dans $\mathbb{R}^n$, à $H^{s+s'}$ localement hors de l'origine, mais avec une "perte de regularité" contrôlée. Pour s' entier positif, $u \in H^{s,s'}$ se définit très simplement par la propriété suivante:

$$x^\alpha u(x) \in H^{s+|\alpha|} \quad \text{pour} \quad 0 \leqq |\alpha| \leqq s'. \tag{1.5}$$

Dans le cas général, la définition est très simple également en termes de décomposition de Littlewood-Paley. Pour simplifier les énoncés, les problèmes ne se posant qu'au voisinage de l'origine, on supposera dans tout ce qui suit que les fonctions considérées coïncident avec une fonction de S en dehors d'un voisinage compact de 0.

1.2.1 DEFINITION: On dit que $u \in H^{s,s'}$ si on a

$$\|2^{ps}(1+2^p|x|)^{s'} u_p(x)\|_{L^2} \leqq c_p, \; \Sigma c_p^2 < \infty. \tag{1.6}$$

On dit de même que $u \in C^{s,s'}$ si on a.

$$\|2^{ps}(1+2^p|x|)^{s'} u_p(x)\|_{L^\infty} \leqq C^{te}. \tag{1.7}$$

Bien entendu, on vérifie facilement que (1.5) et (1.6) sont equivalents pour $s' \in \mathbb{N}$. Les espaces ci-dessus pourraient être également définis comme les interpolés entre les espaces definis par (1.5) et leurs duaux.

1.3 Symboles 2-microlocaux

L'objectif le plus important de la seconde microlocalisation est d'aboutir à un calcul symbolique plus raffiné que le calcul pseudo-différentiel lorsqu'on s'approche (dans le cas présent) du conormal de l'origine. Il existera notamment des opérateurs A dont le symbole sera une fonction a(x), homogène de degré quelconque, C^∞ hors de l'origine, mais bien entendu singulière à l'origine. Il est clair que l'opérateur A ne pourra pas être alors la multiplication par a, qui par exemple n'applique pas C^∞ dans lui-même.

1.3.1 DEFINITION: On note $\Sigma^{m,m'}$ l'espace des fonctions $a(x,\xi)$, définies et de classe C^∞, pour $|x|\ |\xi| \geqq C^{\underline{te}}$, verifiant.

$$|D_\xi^\alpha D_x^\beta\ a(x,\xi)| \leqq C_{\alpha\beta}\ |\xi|^{m-|\alpha|+|\beta|}\ (|x|\ |\xi|)^{m' - |\beta|} \tag{1.8}$$

Ainsi, si a(x) est C^∞ hors de 0 et est homogène de degré μ, on a $a \in \Sigma^{-\mu,\mu}$.

Notre objectif essentiel est d'associer à de tels symboles des opérateurs agissant dans les espaces $H^{s,s'}$. Bien que cela ne soit pas strictement indispensable, nous commencerons par décrire cette quantification dans le cas, plus simple et typique, des symboles indépendants de ξ.

1.4 Quantification des symboles ne dépendant que de x

Soit donc $a(x) \in \Sigma^{-\mu,\mu}$, c'est à dire vérifiant

$$|D^\beta a(x)| \leqq C_\beta\ |x|^{\mu-|\beta|} \quad . \tag{1.9}$$

1.4.1 Paramultiplication. Un premier procédé, mais qui ne fonctionne que lorsque a(x) est une fonction localement sommable, c'est à dire $\mu > -n$, consiste à remplacer la multiplication par a par la paramultiplication T_a dont nous rappelons la définition (voir [4])

$$T_a u = \sum_p S_{p-N_0}(a)\ \Delta_p(u) \tag{1.10}$$

où N_0 est choisi assez grand devant la constante k du n° 1.1.

Compte tenu de l'expression suivante, où h est la transformée de Fourier inverse de ψ:

$$S_{p-N_0}(a) = \int a(x - 2^{-(p-N_0)}t)\ h(t)dt \tag{1.11}$$

on voit facilement que l'on a

$$|S_{p-N_0}(a)(x)| \leqq C(2^{-p} + |x|)^{\mu} = 2^{-p\mu}(1+2^p|x|)^{\mu}. \tag{1.12}$$

Si $u \in H^{s,s'}$, chacun des termes $S_{p-N_0}(a)\ \Delta_p(u) = v_p$ figurant dans (1.10) a son spectre contenu dans une couronne analogue à (et un peu plus grande que) C_p, et verifie, d'après (1.6) et (1.12)

$$\|2^{p(s-\mu)}(1+2^p|x|)^{s'+\mu}v_p(x)\|_{L^2} \leqq c'_p\ ,\ \Sigma\ c'^2_p < \infty\ . \tag{1.13}$$

On a donc $T_a u \in H^{s+\mu,s'-\mu}$. On vérifie de la même manière qu'une modification des choix arbitraires (N_0,ψ) intérvenant dans la définition de T_a, ne modifie T_a lui-même que par un opérateur appliquant $H^{s,s'}$ dans $H^{s+\mu,\infty}$. On a enfin, en utilisant (1.7) au lieu de (1.6), des résultats analogues dans les espaces de Hölder.

On pourrait étendre le procedé precédent au cas $\mu < -n$, μ non entier en remplaçant a par une partie finie. En fait le procedé suivant combine les idées de paramultiplication et de partie finie, et fonctionne quel que soit μ.

1.4.2 <u>Opérateur d'aplatissement. Définition</u>. On définit l'opérateur Π, de $S'(\mathbb{R}^n)$ dans $\mathcal{D}'(\mathbb{R}^n\setminus\{0\})$ par

$$\Pi u(x) = \sum_{p \leqq q} \phi(2^p x)\phi(2^{-q}D)u(x) \tag{1.14}$$

où ϕ est définie en n° 1.1.

La dénomination est justifiée par les proprietés qui vont suivre, dont la vérification est particulièrement simple lorsque $u \in C^{s,s'}$, avec $s > 0$ et $s + s' > 0$. On a alors en effet, d'après (1.7)

$$|\phi(2^{-q}D)u(x)| \leqq C\ 2^{-qs}(1 + 2^q|x|)^{-s'}. \tag{1.15}$$

Lorsque $|x|$ est de l'ordre de grandeur de 2^{-p_0}, seuls les termes avec $p_0-N_0 \leqq p \leqq p_0 + N_0$, pour N_0 convenable, sont non nuls dans (1.14). La sommation des estimations (1.15), pour $q \geqq p_0 - N_0$, conduit à l'estimation

$$\Pi u(x) \leqq C^{\underline{te}} \; 2^{p_0 s'} \sum_{p_0}^{\infty} 2^{-q(s+s')} \tag{1.16}$$

$$\Pi u(x) \leqq C^{\underline{te}} \; |x|^{s} \tag{1.17}$$

et Πu est d'autant plus plate à l'origine que u est régulière.

En fait, Π applique $H^{s,s'}$ et $C^{s,s'}$ dans des espaces de Sobolev ou de Hölder à poids tout à fait classiques. Pour s et s' assez négatifs, ce ne sont toutefois plus des espaces de distributions dans $\mathbb{R}^n$, mais seulement dans $\mathbb{R}^n \setminus \{0\}$.

1.4.3 Espaces de Sobolev et de Hölder à poids. Définition.

On dit que $u \in SP(s,s')$ si on a:

$$\|\phi(x)u(2^{-p}x)\|_{H^{s+s'}} \leqq c_p \; 2^{-p(s-n/2)}; \; \Sigma \, c_p^2 < \infty \; . \tag{1.18}$$

Pour $s+s' \in \mathbb{N}$, cette définition équivaut à

$$|x|^{-s+\lambda} D^{\lambda} u \in L^2 \text{ pour } 0 \leqq \lambda \leqq s + s' \tag{1.19}$$

De même, on dit que $u \in HP(s,s')$ si on a

$$\|\phi(x)u(2^{-p}x)\|_{C^{s+s'}} \leqq C^{\underline{te}} \, 2^{-ps}. \tag{1.20}$$

1.4.4 THEOREME: Π applique continument $H^{s,s'}$ dans $SP(s,s')$ et $C^{s,s'}$ dans $HP(s,s')$.

L'opérateur Pf adjoint de Π, qui transforme les distributions prolongeables dans $\mathbb{R}^n \setminus \{0\}$ en distributions dans $\mathbb{R}^n$ va jouer le rôle d'un opérateur universel de partie finie. La propriété la plus importante est que, modulo des opérateurs régularisants, les opérateurs Π et Pf sont inverses l'un de l'autre.

1.4.5 Opérateur de Partie finie. Définition. On définit Pf par

$$\text{Pf}v = \sum_{p \leqq q} \phi(2^{-q}D)\{\phi(2^{p}\cdot)v\}. \tag{1.21}$$

1.4.6 THEOREME:

(a) Pf applique $SP(s,s')$ dans $H^{s,s'}$ et $HP(s,s')$ dans $C^{s,s'}$

(b) $(I-Pf\circ\Pi)$ applique $H^{s,s'}$ dans $H^{s,\infty}$ et $(I-\Pi\circ Pf)$ applique continument $SP(s,s')$ dans $SP(s,\infty)$. Résultats analogues dans les espaces de Hölder.

1.4.7 Quantification de a(x). Si a(x) vérifie (1.9), il est immédiat que l'opérateur M_a de multiplication par a applique $SP(s,s')$ [resp. $HP(S,s')$] dans $SP(s+\mu, s'-\mu)$ [resp. $HP(s+\mu, s'-\mu)$]. L'opérateur 2-microdifférentiel de symbole a(x) sera l'opérateur

$$A\ u = Pf\circ M_a\circ\Pi. \tag{1.22}$$

Il résulte clairement de théorème 1.4.6 que A applique continument $H^{s,s'}$ dans $H^{s+\mu,s'-\mu'}$. En outre, si $b(x) \in \Sigma^{-\nu,\nu}$, et si B et C sont les opérateurs ainsi associés à b et ab, la partie b) du théorème 1.4.6 assure immediatement que $C-A\circ B$ applique $H^{s,s'}$ dans $H^{s+\mu+\nu,\infty}$.

1.5 Quantification des symboles généraux

Une première méthode de quantification consiste à décomposer, à la Coifman-Meyer [10], un symbole $a(x,\xi) \in \Sigma^{m,m'}$ en une série convergente de symboles élementaires du type $\Sigma\, b_k(x)\phi(2^{-k}\xi)$, et de quantifier un tel symbole en $\Sigma\, B_k \circ \phi(2^{-k}D)$ où les b_k sont définis par le procédé du n° 1.4.7. (voir [7]). Il revient au même d'utiliser le procédé suivant qui permet de mieux contrôler les problèmes d'invariance.

Soit donc $a(x,\xi) \in \Sigma^{m,m'}$.

1.5.1 La première étape consiste à multiplier a par une fonction de troncature nulle pour $|x| \cdot |\xi| \leq C_1$ et égale à 1 pour $|x| \cdot |\xi| \geq C_2$ de manière que (1.8) soit valide dans $\mathbb{R}^{2n}$.

1.5.2 La seconde étape consiste à remplacer a par un symbole $\tilde{a}$ dont la transformée de Fourier par rapport à la seconde variable $\hat{\tilde{a}}(x,z)$ soit à support dans $|z| \leq |x|/2$. Plus précisément, si h(t) vaut 1 pour $t < 1/4$ et 0 pour $t > 1/2$, on pose $\hat{\tilde{a}}(x,z) = h(z)\hat{a}(x,z)$.

Les inégalités (1.8) entrainent alors que

$$\tilde{a} \in \Sigma^{m,m'} \quad (a-\tilde{a}) \in \Sigma^{m,-\infty}. \tag{1.23}$$

1.5.3 On définit alors l'opérateur $\mathcal{A}$, qui est l'opérateur pseudo-différentiel de symbole $\tilde{a}$ dans $\mathbb{R}^n \setminus \{0\}$. C'est un opérateur pseudo-différentiel à support propre dans $\mathbb{R}^n \setminus \{0\}$, son noyau

$$k(x,y) = \hat{\tilde{a}}^2(x,y-x) \tag{1.24}$$

étant à support dans $\{(x,y) \mid |x|/2 \leqq |y| \leqq 2|x|\}$. En fait, il transforme les distributions à support dans une couronne dyadique (de l'espace des x): $\{k^{-1}2^{-p} \leqq |x| \leqq 2k2^{-p}\}$ en des distributions à support dans la couronne analogue, avec k remplacé par 2k. Des homotheties de rapport 2^p permettent de tout ramener dans une couronne fixe, où la théorie classique des opérateurs pseudo-différentiels, jointe aux estimations 1.8. et à la définition 1.18. (sur lesquels l'action des homotheties est claire) permettent d'obtenir que $\mathcal{A}$ applique SP(s,s') dans SP(s-m,s'-m').

1.5.4 Il ne reste plus qu'à conjuguer $\mathcal{A}$ par les isomorphismes réciproques Π et Pf, pour obtenir l'opérateur 2-microdifférentiel A de symbole a:

$$A = \mathrm{Pf} \circ \mathcal{A} \circ \Pi \tag{1.25}$$

En adjoignant aux opérateurs ainsi définis, les opérateurs régularisants (c'est à dire appliquant $H^{s,s'}$ dans $H^{s-m,\infty}$), on obtient une algèbre d'opérateurs. Les propriétés de calcul symbolique ne sont que la réécriture (via les isomorphismes Π et Pf) des propriétés bien connues sur la composition des opérateurs $\mathcal{A}$.

1.5.5 <u>THEOREME</u>: Il existe des classes d'opérateurs $\mathrm{Op}(\Sigma^{m,m'})$ et une application symbole σ: $\mathrm{Op}\,\Sigma^{m,m'} \to \Sigma^{m,m'}$ vérifiant:

(a) Si $A \in \mathrm{Op}\,\Sigma^{m,m'}$, A applique $H^{s,s'}[C^{s,s'}]$ dans $H^{s-m,s'-m'}[C^{s-m,s'-m'}]$.

(b) L'opérateur σ induit un isomorphisme d'algèbres graduées avec adjoint entre $\mathrm{Op}(\Sigma^{m,m'})/\mathrm{Op}(\Sigma^{m,-\infty})$ et $\Sigma^{m,m'}/\Sigma^{m,-\infty}$, pour la loi de composition des symboles:

$$a \# b \simeq \sum 1/\alpha!(D^\alpha_\xi a) \quad (\partial^\alpha_x b).$$

(c) Si $P \in Op(S^m_{1,0})$ est un opérateur pseudo-différentiel, on a $P \in Op(\Sigma^{m,0})$, et son symbole est (modulo $\Sigma^{m,-\infty}$) son symbole usuel. Si de plus le symbole principal de P s'annule pour $x = 0$, on a $P \in Op(\Sigma^{m-1,1})$.

1.6 Invariances

1.6.1 Par transformation canonique. Soit $Y(x,\xi);H(x,\xi)$ une transformation canonique homogène, qui conserve le conormal de l'origine, c'est à dire telle que $Y(0,\xi) = 0$ pour tout ξ. Soient F et G des opérateurs intégraux de Fourier elliptiques associés à (Y,H) et à son inverse, tels que $G\circ F-I$ et $F\circ G-I$ soient infiniment régularisants. Alors, si $A \in Op(\Sigma^{m,m'})$, on a $G\circ A\circ F \in Op(\Sigma^{m,m'})$, et

$$\sigma(G\circ A\circ F)\ (x,\xi) \equiv \sigma(A)\ (Y(x,\xi),H(x,\xi)) \tag{1.26}$$

1.6.2 Par difféomorphisme singulier. Soit $Y(x)$ un homéomorphisme de $\mathbf{R}^n$, vérifiant $Y(0) = 0$, qui est hors de l'origine un difféomorphisme vérifiant

$$|\partial^\alpha \ Y(x)| \leq |x|^{1-|\alpha|}. \tag{1.27}$$

C'est le cas par exemple si Y est homogène de degré 1. Un tel difféomorphisme envoie les couronnes dyadiques $\{k^{-1}2^{-p} \leq |x| \leq 2k2^{-p}\}$ en des couronnes de même nature (avec un $k > 1$ différent). Il résulte clairement de (1.18) que $u \to u\circ Y$ applique SP(s,s') dans lui-même, et il n'est pas difficile de voir que, pour $\mathcal{A}$ défini au n° 1.5.3., l'opérateur $\mathcal{B}$ défini par

$$\mathcal{B}u = [\mathcal{A}(u\circ Y)]\circ Y^{-1}$$

est du même type. En transformant la situation via les isomorphismes Π et Pf, on définit l'opérateur Y^* (difféomorphisme singulier) par

$$Y^*u = Pf[\Pi u\circ Y] \tag{1.28}$$

et l'application $A \to Y^{-1*}\circ A\circ Y^*$ applique $Op(\Sigma^{m,m'})$ dans lui-même.

1.6.3 Par transformation canonique singulière. Signalons seulement qu'on peut définir un cadre contenant les deux cas précédents, où des opérateurs intégraux de Fourier singuliers sont associés à une transformation canonique $Y(x,\xi)$, $H(x,\xi)$, vérifiant $Y(0,\xi) = 0$, de classe C^∞ pour $x \neq 0$, les composantes de Y (resp. H) appartenant a $\Sigma^{-1,1}$ (resp. $\Sigma^{1,0}$). Ces opérateurs intégraux de Fourier opèrent dans les $H^{s,s'}$, et conjuguent les éléments de $Op(\Sigma^{m,m'})$.

1.7 Propriété caractéristique

Cette propriété est importante pour prouver l'invariance du n° 1.6.1., et pour passer au cas de la seconde microlocalisation sur une varieté lagrangienne générale. Elle correspond au théorème classique de R. Beals (voir [10]) sur la caractérisation des opérateurs pseudo-différentiels, et se ramène à ce théorème sur une couronne fixe grâce aux arguments des n° 1.5.3 et 1.5.4.

1.7.1 THEOREME: Un opérateur A appartient à $Op(\Sigma^{m,m'})$ si et seulement si les commutateurs

$$[M_{i_1}, [\ \dots\ M_{i_k}, [D_{j_1}, \dots, [D_{j_\ell}, A]\ \dots\ ]$$

appliquent $H^{s,s'}$ dans $H^{s-m-\ell+k,s'-m'+\ell}$.

On a noté M_i l'opérateur de multiplication par x_i.

1.8 Remarque

A l'exception des n° 1.6.1. et 1.6.3., on peut remplacer, avec des modifications évidentes, les espaces $H^{s,s'}$ par les espaces $C^{s,s'}$ dans ce qui précède.

2. CHAMPS DE VECTEURS SINGULIERS ET OPERATIONS NON-LINEAIRES

Parmi les opérateurs 2-microdifférentiels, ceux dont le symbole est linéaire par rapport à ξ vont jouir d'un certain nombre des propriétés usuelles des champs de vecteurs C^∞. Les plus importantes seront l'équivalent des propriétés de dérivation d'un produit ou d'une fonction composée.

2.1 Champs de vecteurs singuliers. Définition

On appellera champ de vecteurs singulier un élément Z de $\mathrm{Op}(\Sigma^{0,1})$, dont le symbole $\zeta(x,\xi)$ est linéaire en ξ (modulo $\Sigma^{0,-\infty}$)

$$\zeta(x,\xi) = \sum_{1}^{n} a_i(x)\xi_i \tag{2.1}$$

avec $|D^\alpha a_i(x)| \leq C^{te} |x|^{1-|\alpha|}$.

L'exemple typique est le cas où les a_i sont homogènes de degré 1, et C^∞ hors de l'origine.

C'est bien entendu lorsque les espaces $H^{s,s'}$ sont des algèbres que l'on peut esperer de bons théorèmes de dérivation d'un produit. Cela va nous amener à restreindre les valeurs de s et s' et à préciser le rôle de l'opérateur d'aplatissement Π dans ce cas.

2.2 Espaces $H^{s,s'}$ avec $s \geqq 0$, $s+s' \geqq 0$

Dans ce cas, SP(s,s') s'identifie à un sous-espace de $H^{s,s'}$. C'est particulierement clair lorsque s et s+s' sont des entiers, où la comparaison entre (1.5) et (1.19) est immédiate. On peut alors définir l'opérateur E:

$$Eu = u - \Pi u \tag{2.2}$$

qui opère de $H^{s,s'}$ dans lui-même. Cet opérateur est en fait infiniment régularisant.

2.2.1 THEOREME: a) Pour $s \geqq 0$ et $s+s' \geqq 0$, l'opérateur E applique $H^{s,s'}$ dans $H^{s,\infty}$, et (I-Pf) applique SP(s,s') dans $H^{s,\infty}$.

b) Tout élément u de $H^{s,s'}$ s'écrit

$$u = \Pi u + Eu \tag{2.3}$$

comme somme d'un élément de SP(s,s') et d'un élément de $H^{s,\infty}$. Cette décomposition est unique modulo des éléments de $SP(s,\infty) = SP(s,s') \cap H^{s,\infty}$.

2.3 Espaces $H^{s,s'}$ avec $s \geqq n/2$, $s+s' \geqq n/2$

Ces espaces sont alors des algèbres stable par composition (c'est-à-dire que

$F(x,u_1(x),\dots,u_k(x))$ appartient à $H^{s,s'}$ si les u_j appartiennent à $H^{s,s'}$ et si F est C^∞). En outre SP(s,s') est un idéal de $H^{s,s'}$. Là encore, les démonstrations sont particulierement simples lorsque s et s+s' sont des entiers, où on n'a à utiliser que (1.5) et (1.19), et le fait que H^s est une algèbre pour $s > n/2$.

2.3.1 THEOREME: Pour $u,v \in H^{s,s'}$ ($s > n/2$, $s+s' > n/2$), et pour F de classe C^∞, on a:

$$E(u\cdot v) \equiv Eu\cdot Ev \quad (\text{mod } SP(s,\infty)) \tag{2.4}$$

$$EF(x,u,v) = F(x,Eu,Ev) \quad (\text{mod } SP(s,\infty)). \tag{2.5}$$

On a en effet

$$uv = [\Pi u\cdot\Pi v + u\cdot Ev+Eu\cdot\Pi v] + Eu\cdot Ev \tag{2.6}$$

Les termes du crochet appartiennent à SP(s,s'), ce dernier étant un idéal de $H^{s,s'}$, tandis que $Eu\cdot Ev \in H^{s,\infty}$. La propriété (2.4) est alors une conséquence de l'unicité, modulo $SP(s,\infty)$ de la décomposition (2.3).

On démontre (2.5) de la même manière, la formule de Taylor avec reste intégral fournissant deux fonctions F_1 et F_2 de classe C^∞ telles que

$$F(x,Eu+\Pi u,Ev+\Pi v) = F(x,Eu,Ev)+\Pi u\cdot F_1(x,Eu,\Pi u,Ev,\Pi v) + \tag{2.7}$$

$$+ \Pi v\cdot F_2(x,Eu,\Pi u,Ev,\Pi v).$$

2.4 Propriétés de Leibniz

Soit Z un champ de vecteurs singuliers de symbole défini par (2.1), et soit $\tilde{Z}$ le champ de vecteurs usuel

$$\tilde{Z} = \Sigma\, a_i(x)D_i \tag{2.8}$$

Par definition, on a

$$Z = Pf\circ\tilde{Z}\circ\Pi \qquad (\text{mod Op } \Sigma^{0,-\infty}). \tag{2.9}$$

2.4.1 THEOREME: Soient u et v appartenant à $H^{s,s'}$ ($s > n/2$, $s+s' > n/2$). Il existe alors des opérateurs M et N (dépendant de Z, F, u et v) appartenant à $Op(\Sigma^{0,0})$ tels que

$$Z(u,v) \equiv Zu\cdot v+u\cdot Zv+Mu+Nv \quad (\text{mod } H^{s,\infty}) \tag{2.10}$$

$$ZF(u,v) \equiv \partial F/\partial u\cdot Zu+\partial F/\partial v\cdot Zv+Mu+Nv \quad (\text{mod } H^{s,\infty}) \tag{2.11}$$

Compte tenu de (2.9) et de la partie a) du théorème 2.2.1, on a

$$Zu \equiv \tilde{Z}\Pi u \qquad (\text{mod } H^{s,\infty}) \tag{2.12}$$

$$Z(u\cdot v) \equiv \tilde{Z}(u\cdot v-E(u\cdot v)) \equiv \tilde{Z}(uv-Eu\cdot Ev) \tag{2.13}$$

$$Z(u\cdot v) \equiv \tilde{Z}(\Pi u\cdot\Pi v+Eu\cdot\Pi v+\Pi u\cdot Ev) \tag{2.14}$$

$$Z(u\cdot v) \equiv \tilde{Z}\Pi u\cdot v+u\cdot\tilde{Z}\Pi v+(\tilde{Z}Eu)\cdot\Pi v+(\tilde{Z}Ev)\cdot\Pi u \tag{2.15}$$

$$Z(u.v) \equiv Zu\cdot v+u\cdot Zv+a\cdot\Pi u+b\cdot\Pi v \quad (\text{mod } SP(s,\infty)) \tag{2.16}$$

où a at b appartiennent à $H^{s,\infty}$ avec $s > n/2$, et vérifient donc

$$|D^\lambda a(x)| \leqq C|x|^{-\lambda}$$

Soit M l'élément de $Op(\Sigma^{0,0})$ de symbole $a(x)$, on a

$$Mu \equiv Pf(a\cdot\Pi u) \equiv a\cdot\Pi u \quad (\text{mod } SP(s,\infty))$$

ce qui achève la preuve de (2.10). On démontre (2.11) de la même manière a partir de (2.5).

3. APPLICATIONS A LA PROPAGATION DES SINGULARITES

L'étude de la propagation des singularités pour les équations non linéaires amène naturellement à rechercher des espaces de distributions singulières sur, disons, une sous-variété Σ (éventuellement avec singularités), ces espaces devant être à la fois des algèbres, et accessibles au calcul symbolique.

On peut toujours définir les espaces suivants:

$$H^s(\Sigma,k) = \{u \in H^s | V_1 \circ V_2 \ldots \circ V_\ell u \in H^s\}, \quad \ell \leq k \tag{3.1}$$

où les V_i parcourent l'espace des champs de vecteurs C^∞ tangents à Σ.

Ces espaces sont des algèbres pour $s > n/2$, et sont les "bons" espaces de <u>distributions conormales</u> associées à Σ lorsque Σ est lisse ou est un diviseur à croisement normal. Par contre, aux points où Σ est très singulière, les V_i seront très plats, et la condition (3.1) risque d'être insuffisamment restrictive.

La seconde microlocalisation par rapport à l'origine permet de définir des espaces plus raffinés, qui seront surtout utiles lorsque la singularité principale de Σ est située à l'origine:

$$H_0^{s,s'}(\Sigma,k) = \{u \in H^{s,s'} | Z_1 \circ \ldots \circ Z_\ell u \in H^s\}, \quad \ell \leq k \tag{3.2}$$

où les Z_i parcourent l'espace des champs de vecteurs singuliers (Définition 2.1.) qui, hors de l'origine, sont tangents à Σ.

3.1 <u>THEOREME</u>: a) Les espaces $H_0^{s,s'}(\Sigma,k)$ sont des algèbres (stables par composition) pour $s > n/2$ et $s+s' > n/2$.
b) Au voisinage de tout point différent de 0, les espaces $H_0^{s,s'}(\Sigma,k)$ et $H^{s+s'}(\Sigma,k)$ coïncident.

La partie b) est immédiate, et la partie a) se démontre par récurrence sur k, en utilisant les propriétés de Leibniz (théorème 2.4.1) sur les champs de vecteurs singuliers.

Dans les exemples qui vont suivre, nous nous bornerons à décrire les espaces de distributions conormales précisant la localisation des singularités des solutions, et à enoncer les résultats de propagation. Nous renvoyons à [8] et [9] pour les démonstrations qui, bien entendu, font appel à l'ensemble du calcul symbolique 2-microdifférentiel.

3.2 <u>Problème de Cauchy pour une équation hyperbolique, avec données singulieres en un point</u>

On considère l'equation

$$P_m(D_x,D_t)u = F(x,t,u,\ldots,\nabla^{m-2}u) \tag{3.3}$$

dans $\mathbf{R}^n_x \times \mathbf{R}_t$, où P_m est un opérateur différentiel linéaire strictement hyperbolique à coefficients constants (pour simplifier: voir [9] pour le cas général). On suppose en outre que le cône d'onde Σ, issu de l'origine, est lisse en dehors de 0.

En supposant que les données de Cauchy de u appartiennent (dans $\mathbf{R}^n$) à des espaces $H^s(\{0\},k)$ au sens de (3.1) [ces espaces n'étant autres que les espaces $H^{s,k}$ définis par (1.5) ou (1.6)], on obtient que u appartient à des espaces $H^{s,s'}(\Sigma,k)$ au sens de (3.2) (dans $\mathbf{R}^{n+1}$).

3.2.1 THEOREME: Soit u une solution de (3.3) appartenant à H^s, $s > (n+1)/2+m-2$. On suppose que

$$(\partial/\partial t)^j u(x,0) \in H^{s-j}(\{0\},k),\ j = 0,\ldots,m-1.$$

Alors on a $u \in H^{s,0}(\Sigma,k)$. En particulier, u appartient à H^{s+k} en dehors du cône Σ, et à l'espace de distributions conormales usuel $H^s(\Sigma,k)$ près de la partie lisse de Σ.

3.3 Problème de Cauchy pour l'équations des ondes non-linéaire, avec données singulières sur plusieurs courbes.

On considère l'équation, en dimension 2 d'espace:

$$\Box u = (\partial/\partial t)^2 u-(\partial/\partial x)^2 u-(\partial/\partial y)^2 u = f(t,x,y,u). \tag{3.4}$$

On se donne, dans le plan t = 0, une réunion $\Delta = \delta_1 \cup \delta_2 \ldots \cup \delta_r$ de courbes C^∞, se coupant 2 à 2 transversalement à l'origine.

Les données de Cauchy appartiendront à des espaces du type $H_0^{s,0}(\Delta,k)$ au sens de (3.2). Ces espaces peuvent être également décrits par la condition suivante:

$$u \in H^s \text{ et } M_1 \circ \ldots \circ M_\ell\, u \in H^s,\quad \ell \leqq k$$

où les M_i décrivent l'ensemble des opérateurs pseudo différentiels d'ordre 1, dont le symbole principal s'annule sur les conormaux des δ_p et de l'origine.

Par contre, on ne peut décrire en général ces espaces par une condition du type (3.1).

Nous noterons Γ les cône d'onde issu de l'origine, et, par chaque δ_p, nous noterons Σ_p^+ et Σ_p^- les deux surfaces caractéristiques pour $\square$ s'appuyant sur δ_p. Enfin, nous poserons

$$\Sigma = \Gamma \cup (\cup \Sigma_p^{\pm}) \tag{3.5}$$

Nous obtiendrons la régularité des solutions dans les espaces $H_0^{s,s'}(\Sigma,k)$ au sens de (3.2).

3.3.1 <u>THEOREME</u>: Soit u une solution de (3.4) appartenant à H^s, $s > 3/2$. On suppose que

$$(\partial/\partial t)^j u(x,y,0) \in H_0^{s-j,0}(\Delta,k); \quad j = 0,1.$$

Alors on a, pour tout $s' < s$, dans un voisinage de 0:

$$u \in H_0^{s'+1/2,-1/2}(\Sigma,k).$$

En particulier, u appartient à $H^{s'+k}$ en dehors de Γ et des $\Sigma_p^{\pm}$, et est une distribution conormale classique près de la partie lisse de Σ.

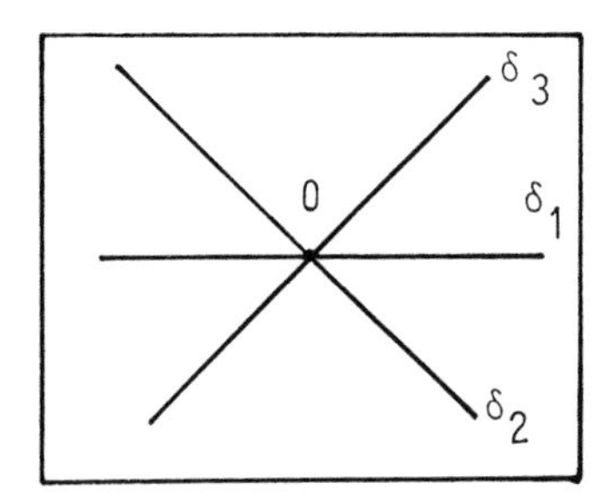

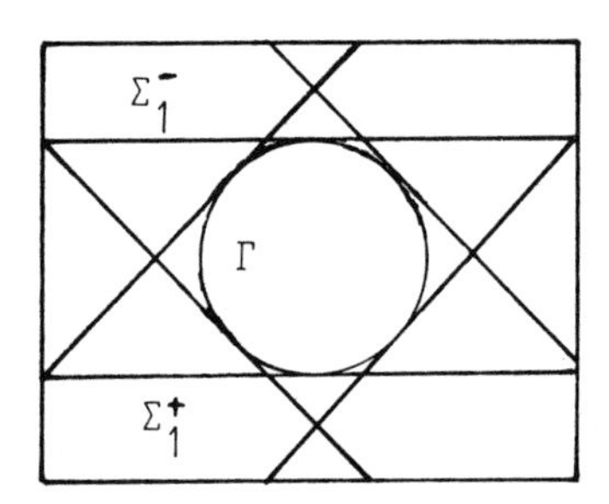

On a représenté ici l'ensemble Δ dans $\{t = 0\}$, et l'intersection de Σ avec le plan $t = t_0 > 0$.

3.4 Interaction de trois ondes

On considère toujours l'équation (3.4), et on se donne 3 surfaces $\Sigma_1,\Sigma_2,\Sigma_3$, caractéristiques pour $\Box$, se coupant transversalement en 0. On note encore Γ le cone d'onde issu de l'origine. On pose:

$$\Sigma^- = (\Sigma_1 \cup \Sigma_2 \cup \Sigma_3) \cap \{t < 0\} \qquad (3.6)$$

$$\Sigma = \Sigma_1 \cup \Sigma_2 \cup \Sigma_3 \cup \Gamma \qquad (3.7)$$

Nous supposerons que, dans le passé, la solution appartient à un espace $H^s(\Sigma^-,k)$ au sens de (3.1). Il s'agit là des bons espaces de distributions conormales, les Σ_j ne se coupant que 2 à 2 et transversalement pour $t < 0$. Le phenomène non linéaire d'interaction des singularités va créer une nouvelle singularité, localisée sur $\Gamma \cap \{t > 0\}$. Nous obtiendrons en fait que u appartient à un espace $H^{s,s'}(\Sigma,k)$ au sens de (3.2).

3.4.1 THEOREME: Soit u une solution de (3.4) appartenant à H^s, $s > 3/2$. On suppose que, pour $t < 0$, u appartient à $H^s(\Sigma^-,k)$. Alors, on a près de l'origine:

$$u \in H_0^{s'+1/2,-1/2}(\Sigma,k)$$

pour tout $s' < s$.

En particulier, u appartient à $H^{s'+k}$ en dehors des Σ_j et de $\Gamma \cap \{t \geq 0\}$, et est une distribution conormale classique $H^{s'}(\Sigma,k)$ près de la partie lisse de Σ. Voir également [12] pour un résultat voisin.

4. SECONDE MICROLOCALISATION PAR RAPPORT A UNE VARIETE LAGRANGIENNE

On se donne, dans tout ce qui suit, une sous-varieté lagrangienne Λ de $\mathbb{R}^n \times (\mathbb{R}^n \setminus 0)$, homogène et C^∞, au voisinage d'un point (x_0,ξ_0) de Λ. Pour simplifier, on supposera que tous les opérateurs considérés sont micro-localement concentrés dans un petit voisinage conique V de (x_0,ξ_0), c'est-à-dire que l'image de toute distribution a son front d'onde contenu dans V.

On déduira systematiquement les propriétés de la seconde microlocalisation par rapport à Λ de la théorie developpée au §1, à l'aide d'une transformation canonique χ définie au voisinage de $\bar{V}$ appliquant Λ sur le conormal de l'origine, et d'opérateurs intégraux de Fourier F et G, associés respectivement à χ et χ^{-1}, d'ordre 0, elliptiques près de $\bar{V}$, tels que $I-G\circ F$ et $I-F\circ G$ soient régularisants près de $\bar{V}$ et de $\chi(\bar{V})$ respectivement.

4.1 Espaces de Sobolev 2-microlocaux

Soient $m_i(x,\xi)$, $i = 1,\ldots,n$, homogènes de degré 1, à différentielles indépendantes dans $\bar{V}$, telles que Λ soit definie dans $\bar{V}$ par $m_1(x,\xi) = \ldots = m_n(x,\xi) = 0$. Soient $M_1,\ldots,M_n$ des opérateurs pseudo-différentiels classiques d'ordre 1, de symbole principal $m_1,\ldots,m_n$ près de $\bar{V}$.

4.1.1 DEFINITION: On dit que u appartient à $H_\Lambda^{s,k}$ dans V, pour $k \in \mathbb{N}$, si $M_{i_1} \circ \ldots \circ M_{i_\ell}$ u appartient à H^s microlocalement dans V, pour $0 \leqq \ell \leqq k$.

Cette définition est indépendante du choix des $M_1,\ldots,M_n$. Elle s'étend aux k entiers négatifs par dualité (ou par image) et aux $H_\Lambda^{s,s'}$, $s' \in \mathbb{R}$ par interpolation.

Pour u à front d'onde dans V, il est clair que $u \in H_\Lambda^{s,k}$ si et seulement si $Fu \in H^{s,k}$ au sens de (1.5) et (1.6), les transmués des M_i par F

$$\tilde{M}_i = F\circ M_i\circ G \tag{4.1}$$

engendrant les opérateurs pseudo-différentiels d'ordre 1, dont le symbole principal s'annule pour $x = 0$.

4.2 Opérateurs 2-microdifférentiels

4.2.1 DEFINITION: On dit que $A \in Op(\Sigma_\Lambda^{m,m'})$ si les commutateurs

$$[P_1,\ldots,[P_k,[M_{i_1},\ldots,[M_{i_\ell},A]\ldots]$$

appliquent $H^{s,s'}$ dans $H^{\sigma,\sigma'}$, avec $\sigma = s-m-\Sigma p_j$, $\sigma' = s'-m'+k$, lorsque les P_j sont des opérateurs pseudo-différentiels d'ordres p_j, et les M_i les opérateurs du n° 4.1.

Il est clair que le propriété ci-dessus équivaut à la propriété analogue pour $F\circ A\circ G$, où les M_i sont remplacés par les opérateurs $\tilde{M}_i$. Compte tenu de la propriété caractéristique (théorème 1.7.1), il est équivalent d'affirmer que $F \circ A \circ G \in Op(\Sigma^{m,m'})$ pour la 2e microlocalisation à l'origine.

4.3 Symboles 2-microdifférentiels

Soit V l'espace des champs de vecteurs dans $\mathbb{R}^n \times (\mathbb{R}^n \smallsetminus 0)$ homogènes de degré 0 (c'est à dire engendrés par les $\partial/\partial x_j$ et les $\xi_j\, \partial/\partial \xi_k$), et soit W le sous-espace de V constitué des champs de vecteurs tangents à Λ.

Soit d'autre part d la "distance à Λ":

$$d(x,\xi) = [\Sigma\, m_i(x,\xi)^2]^{1/2} \tag{4.2}$$

4.3.1 DEFINITION: On dit que $a(x,\xi)$, défini et C^∞ pour $d(x,\xi) \geqq C^{\underline{te}}$, appartient à $\Sigma_\Lambda^{m,m'}$, si on a

$$|V_1 \circ \ldots \circ V_k \circ W_1 \circ \ldots \circ W_\ell\; a(x,\xi)| \leqq C^{\underline{te}}\; |\xi|^{m+k}\; d(x,\xi)^{m'-k}$$

lorsque les V_i parcourent V et les W_i parcourent W.

Il est facile de vérifier que $a \in \Sigma_\Lambda^{m,m'}$ si et seulement si $a \circ X^{-1} \in \Sigma^{m,m'}$ (définition 1.3.1).

4.4 Calcul symbolique

Il est maintenant facile d'associer à $A \in Op(\Sigma_\Lambda^{m,m'})$ son symbole principal $\sigma_{m,m'}(A) \in \Sigma_\Lambda^{m,m'}/\Sigma^{m,m'-1}$. On forme $F \circ A \circ G$ qui appartient à $Op(\Sigma^{m,m'})$, on prend son symbole $b(x,\xi)$ au sens de le 2e microlocalisation à l'origine, et on pose $\sigma_{m,m'}(A) = b \circ X \pmod{\Sigma^{m,m'-1}}$. Il est clair que les propriétés de calcul symbolique sont préservées. Le fait que ce symbole principal est indépendant du choix X,F,G, résulte de (1.26) mais peut également se déduire d'un théorème "abstrait" ([9] théorème 4.1) assurant qu'il existe au plus une application "symbole principal", possédant les propriétés de calcul symboliques attendues, et attribuant aux $\partial/\partial x_j$ et aux multiplications par x_j leur symbole usuel.

4.4.1 THEOREME: Il existe une et une seule famille d'applications linéaires continues $\sigma_{m,m'}$ de

$$Op(\Sigma_\Lambda^{m,m'}) \text{ sur } \Sigma_\Lambda^{m,m'}/\Sigma_\Lambda^{m,m'-1}$$

telles que

a) $\sigma_{m,m'}$ induit un isomorphisme de

$$Op(\Sigma_\Lambda^{m,m'})/Op(\Sigma_\Lambda^{m,m'-1}) \text{sur } \Sigma_\Lambda^{m,m'}/\Sigma_\Lambda^{m,m'-1}$$

b) Pour $A \in Op(\Sigma_\Lambda^{p,p'})$ et $B \in Op(\Sigma_\Lambda^{q,q'})$, on a , en posant $m = p+q$ et $m' = p'+q'$

$$\sigma_{m,m'}(A \circ B) = \sigma_{p,p'}(A) \cdot \sigma_{q,q'}(B)$$

$$\sigma_{m,m'-1}([A,B]) = \frac{1}{i} \{\sigma_{pp'}(A), \sigma_{qq'}(B)\}$$

4.5 Second front d'onde

Les second fronts d'onde vont décrire de manière plus raffinée le type de singularité d'une distribution lorqu'on s'approche de Λ. Ce seront des sous-ensembles de l'éclaté E de $\mathbf{R}^n \times \mathbf{R}^n \setminus \{0\}$ le long de Λ, dont nous rappelons la définition.

On note $N(\Lambda)$ l'ensemble quotient de l'espace des $(x,\xi;\ \delta x,\delta\xi) \in \Lambda \times \mathbf{R}^{2n}$ par la relation d'equivalence $(x_1,\xi_1;\ \delta x_1,\delta\xi_1) \sim (x_2,\xi_2;\ \delta x_2,\delta\xi_2)$ si $x_1 = x_2$, $\xi_1 = \xi_2$, et si $(\delta x_1 - \delta x_2,\ \delta\xi_1 - \delta\xi_2)$ est tangent à Λ en (x_1,ξ_1).

L'éclaté E est défini par

$$E = [(\mathbf{R}^n \times \mathbf{R}^n \setminus \{0\}) \setminus \Lambda] \cup N(\Lambda).$$

On dit qu'un opérateur $A \in Op(\Sigma_\Lambda^{m,m'})$, de symbole principal a, est elliptique en un point e de E si

$$|a(x,\lambda\xi)| \geqq c\ \lambda^{m+m'},\ \text{avec } c > 0$$

lorsque $e = (x,\xi) \in [\mathbf{R}^n \times (\mathbf{R}^n \setminus \{0\}) \setminus \Lambda]$

et si

$$|a(x+\varepsilon\delta x, \lambda(\xi+\varepsilon\delta\xi))| \geqq c\ \lambda^m (\lambda\varepsilon)^{m'}$$

avec $c > 0$, pour $0 < \varepsilon \leqq \varepsilon_0$ et $\lambda \geqq \lambda_0$, lorsque

$e = (x,\xi;\delta x,\delta\xi)$ appartient à $N(\Lambda)$.

Enfin, si u appartient à $H^{s,-\infty}$ dans V, on dit que u appartient à $H^{s,s'}$ 2-microlocalement en un point e de E, s'il existe $A \in Op(\Sigma_\Lambda^{0,0})$, elliptique au point e, tel que $Au \in H_\Lambda^{s,s'}$. Le complémentaire de l'ensemble de tels points e est un sous-ensemble fermé de E (pour sa topologie naturelle), appelé la second front d'onde de u d'ordre (s,s').

Hors de Λ, ce second front d'onde coïncide avec le front d'onde usuel d'ordre (s+s') de u. Mais il décrit non seulement les points de Λ, mais les directions transverses à Λ, où u n'est pas dans $H^{s,s'}$.

Dans le cas de la seconde microlocalisation à l'origine, on a

$$E = \{(x,\xi) \mid x \neq 0\} \cup \{(x,\xi;\dot{\delta x}) \mid x = 0\},$$

et u appartient 2-microlocalement à $H^{s,s'}$ en $(0,\xi_0,\delta x_0)$ si

$$A \circ \psi(D)[\phi(x)u(x)] \in H^{s,s'}$$

avec $\phi \in C_0$, non nulle en 0; $\psi(D)$ pseudo-différentiel d'ordre 0, avec $\psi(\xi_0) \neq 0$; et A élément de $Op(\Sigma^{0,0})$, de symbole a(x) homogène de degré 0, non nul dans un petit voisinage conique (en x) de δx_0.

BIBLIOGRAPHIE

1. S. Alinhac, Evolution d'une onde simple pour des équations non-linéaires générales, Current Topics in PDE, Kinokuniya Co., (1985) Japon (à paraître).
2. S. Alinhac, Interaction d'ondes simples pour des équations complétement non linéaires. Prépublication Univ. Paris Sud, Orsay (1986).
3. M. Beals, Self spreading and strength of singularities for solutions to semilinear wave equations, Annals of Math., 118 (1983), 187-214.
4. J.M. Bony, Calcul symbolique et propagation des singularités pour les équations aux dérivées partielles non linéaires, Ann. Sci. Ec. Norm. Sup., 4ème série 14 (1981), 209-246.
5. J.M. Bony, Interaction des signularités pour les équations aux dérivées partielles non linéaires, Séminaire Goulaouic-Meyer-Schwartz, 1979-80, n. 22 et 1981-82 n. 2.

6. J.M. Bony, Propagation et interaction des singularités par les solutions des équations aux dérivées partielles non linéaires, Proc. Int. Cong. Math., Warszawa (1983), 1133-1147.
7. J.M. Bony, Interaction des singularités pour les équations de Klein-Gordon non linéaires, Sém. Goulaouic-Meyer-Schwartz, 1983-84, n. 10.
8. J.M. Bony, Second microlocalization and propagation of singularities for semi-linear hyperbolic equations, Actes Intern. Workshop and Symposium on Hyperbolic Equations, Kyoto (1984), a paraitre.
9. J.M. Bony, Singularitiés des solutions de Problèmes de Cauchy hyperboliques non linéaires, Advances in Microlocal Analysis, 15-39, Nato ASI Series, D. Reidel Publ. Comp. (1986).
10. R. Coifman, Y. Meyer, Au-dela des opérateurs pseudo-différentiels, Asterique, SMF, vol. 57 (1978).
11. Y. Laurent, Théorie de la deuxième microlocalisation dans le domaine complexe, Progress in Math., vol. 53, Birkhäuser (1985).
12. R. Melrose, N. Ritter, Interaction of non-linear progressing waves, Ann. of Math. 121 (1985), 187-213.
13. J. Rauch, M. Reed, Non linear microlocal analysis of semi-linear hyperbolic systems in one space dimension, Duke Math. J., 49 (1982), 397-475.
14. N. Ritter, Progressing wave soltuions to non-linear hyperbolic Cauchy problems, Ph. D. Thesis, M.I.T., (1984).
15. J. Sjöstrand, Singularités analytiques microlocales, Asterisque, SMF, vol. 95 (1982).

J.-M. Bony
Centre de Mathématiques
Ecole Polytechnique
91128 Palaiseau-Cedex
France.

M D BRONSTEIN

Division theorems for hyperbolic polynomials

In this paper, for any function $f(x)$ $(x = (x_0,x') \in \mathbb{R} \times \Omega)$ and polynomial $P(x) = x_0^m + a_1(x')x_0^{m-1} + \ldots + a_m(x')$ with respect to x_0 we consider the representation

$$f(x) = P(x)\, Q(x) + R(x), \quad x \in \mathbb{R} \times \Omega, \tag{1}$$

where Q is the quotient, $R(x) = \sum_{j=1}^{m} r_j(x')x_0^{m-j}$ - the remainder, Ω - the domain in $\mathbb{R}^d$.

The existence of analytic or infinitely differentiable Q and R for analytic or infinitely differentiable f and a_j is the core of the famous division theorems due to Weierstrass, Malgrange [1], Mather [2], [3]. For n times differentiable f G. Lassalle [4] showed, that there exist [n-m/m] times differentiable Q and [(n-m+1)/m] times differentiable R (here $[\alpha]$ is the entire part of α). V.I. Arnold [5] investigated a decrease of smoothness near the boundary of holomorphy in the case of holomorphic f and P.

The polynomial P is further assumed to be hyperbolic. This means that $P(z,x')$ has only real roots for all $x' \in \Omega$. It is easy to see that for hyperbolic polynomials the quotient and the remainder are uniquely defined in $\mathbb{R} \times \Omega$ by equality (1).

We discovered that in the case of hyperbolic P the smoothness of Q and R does not decrease practically in Ω despite a possible loss of smoothness of the roots of P, but it decreases near the boundary of hyperbolicity.

To describe smoothness we shall use the spaces C^n and the spaces K^ϕ of Gevrey-Carleman.

1. SPACES OF FUNCTIONS

$\underline{1^o.}$ Let $C^n(\Omega)$ denote the space of functions which are n times continuously differentiable in Ω.

$\underline{2^o.}$ Let $C^n(\bar{\Omega})$ denote the space of functions which possess n uniformly continuous in Ω derivatives ($\bar{\Omega}$ is the closure of Ω).

$\underline{3^o}$. Let $\phi(n)$ be a positive function of $n \in \mathbb{N}$, satisfying two conditions:

(a) sequence $\{\phi(n+1)/\phi(n)\}$ is nondecreasing,

(b) $\exists h > 0$: $\phi(n+1) \leqq h^{n+1}\phi(n)$.

Let us define the space $K^\phi(\Omega)$ as the set of infinitely differentiable functions $f(x)$ such, that $\forall K \subset\subset \Omega\ \exists H$:

$$|\partial_x^\alpha f(x)| \leqq H^{|\alpha|+1}|\alpha|!\phi(|\alpha|)$$

$(\forall x \in K, \forall\alpha \in \mathbb{N}^d,\ \partial_x^\alpha f = \partial^{|\alpha|}f/\partial x_1^{\alpha_1}\ldots\partial x_d^{\alpha_d},\ |\alpha| = \Sigma\ \alpha_j)$.

When $\phi(n) = n!^{\delta-1}$, the space $K^\phi(\Omega) = G^\delta(\Omega)$ is the classical Gevrey space with index $\delta \geqq 1$.

$\underline{4^o}$. The space $K^\phi(\bar{\Omega})$ is defined analogously with the condition that compact $K \subset \bar{\Omega}$.

2. SMOOTHNESS OF QUOTIENT AND REMAINDER IN OPEN DOMAIN

THEOREM 1: Let $a_j(x') \in C^n(\Omega)$, $n \geqq m$. For any $f \in C^n(\mathbb{R} \times \Omega)$ the quotient Q and the remainder R belong to $C^{n-k}(\mathbb{R} \times \Omega)$ and $C^{n-k+1}(\mathbb{R} \times \Omega)$ correspondingly if and only if the multiplicity of roots of polynomial $P(x)$ does not exceed k for all $x' \in \Omega$.

THEOREM 2: Let $a_j(x') \in K^\phi(\Omega)$. Then for any $f \in K^\phi(\Omega)$ the quotient and the remainder also belong to $K^\phi(\Omega)$.

3. SMOOTHNESS UP TO A BOUNDARY

For any $a,v \in \mathbb{R}^d$ and $\varepsilon > 0$ we consider a cone

$$K_{a,v,\varepsilon} = \{x \in \mathbb{R}^d \mid x = a+t(v+\varepsilon|v|y),\ \forall y:|y| < 1,\ \forall t:0 \leqq t \leqq \frac{\varepsilon}{|v|}\}$$

$(|b| = \Sigma\ |b_j|,\ \forall b \in \mathbb{R}^d)$. We say that a domain Ω satisfies the cone condition if for all $x \in \bar{\Omega}$ there exists cone $K_{x,v,\varepsilon} \subset \Omega$ where ε is independent of $x \in \bar{\Omega}$.

THEOREM 3: Let the multiplicity of roots of a polynomial $P(x)$ be no more than k for all $x \in \bar{\Omega}$; $f \in C^n(\mathbb{R} \times \bar{\Omega})$; $a_j(x') \in C^n(\bar{\Omega})$, $n \geqq m$. If Ω satisfies the cone condition then

$$Q \in C^{[\frac{n-k}{2}]}(\mathbf{R} \times \bar{\Omega}) \quad \text{and } R \in C^{[(n-k+1)/2]}(\mathbf{R} \times \bar{\Omega}).$$

The indices $[(n-k)/2]$ and $[(n-k+1)/2]$ in Theorem 3 are exact (e.g. $f(x) = (x_0^2 + x_1^2)^{n/2-1/4}$, $P(x) = (x_0^2 - x_1)x_0^{k-2}$ and $\bar{\Omega} = [0,1]$).

THEOREM 4: Let Ω satisfy the cone condition. Then for any $f \in K^{\phi}(\mathbf{R} \times \bar{\Omega})$ and for any hyperbolic polynomial P with coefficients $a_j \in K^{\phi}(\bar{\Omega})$ the quotient and remainder belong to $K^{\tilde{\phi}}(\mathbf{R} \times \bar{\Omega})$ if and only if $\tilde{\phi}(n) \geq \varepsilon^{n+1}\phi(2n)$ for some $\varepsilon > 0$.

The cone condition is essential in Theorems 3 and 4 as the following proposition shows.

PROPOSITION: The polynomial $P(x) = \prod_{j=1}^{m} (x_0 - 2jx_1) - x_2$ is hyperbolic in $\Omega = \{(x_1,x_2) \in \mathbf{R}^2 | 0 < |x_2|^{1/m} < x_1\}$ and for any $n \geq m$ and $\delta > 1$ there exist

(a) $f \in C^n(\mathbf{R}^3)$ such that $R \notin C^{[n-m+1/m]+1}(\mathbf{R} \times \bar{\Omega})$,

(b) $f \in G^{\delta}(\mathbf{R}^3)$ such that $R \notin G^{\delta'}(\mathbf{R} \times \bar{\Omega})$ if $\delta' < m\delta - \delta + 1$.

It may be shown that the quotient and the remainder belong to $G^{m\delta-m+1}(\mathbf{R} \times \bar{\Omega})$ for all $f, P \in G^{\delta}(\mathbf{R} \times \bar{\Omega})$ and for all domains Ω.

4. PROOF OF THEOREM 1

LEMMA 1: For a hyperbolic polynomial $P(x)$ with coefficients $a_j \in C^n(\Omega)$ the equality

$$\frac{\partial^{\alpha} P(x)}{P(x)} = \sum_{s,j : s \leq |\alpha|,\ 1 \leq j_i \leq 2^{|\alpha'|} m} A_{sj}(x') / \prod_{i=1}^{s} (x_0 - c_{j_i}(x')) \tag{2}$$

holds for all $\alpha = (\alpha_0, \alpha')$, $|\alpha| \leq n$, where c_j and $A_{s,j}$ are locally bounded in Ω and for any compact $K \subset \Omega$

$$\sup_{x' \in K,\ s,j} (|c_j(x')| + |A_{s,j}(x')|) \leq M(\Delta_K), \tag{3}$$

where $M(\Delta_K)$ is an increasing function of $\Delta_K = \max_{x'\in K, y\in\partial\Omega} |x'-y|^{-1} + \max_{x'\in K, |\beta|\leq \max(m,|\alpha'|), j} |\partial^{\beta}_{x'} a_j(x')|$.

We will prove the lemma by induction on $|\alpha'|$. The equality (2) is obvious for $\alpha' = 0$ and $|\alpha| \geq m$. Let $|\alpha'| = 1$. As is shown in [6], for a suitable choice of branches of roots of the hyperbolic polynomial $P(x)$ its roots $\mu_j(x')$ have the locally bounded derivatives $\partial_{x_i} \mu_j(x')$ $(i = \overline{1,d},$ $j = \overline{1,m})$, with

$$\sup_{x\in K,\ i,j} (|\mu_j(x')| + |\partial_{x_i}\mu_j(x')|) \leq M(\Delta_K).$$

Hence

$$\frac{\partial^{\alpha_o}_{x_o}\partial_{x_i} P(x)}{P(x)} = \sum_{j=1}^{m} -\partial_{x_i}\mu_j \sum_{1\leq j_1\leq\ldots\leq j_{\alpha_o}\leq m,} (x_o-\mu_j)^{-1} \prod_{\substack{k=1\\ j_k\neq j}}^{\alpha_o} (x_o-\mu_{j_k})^{-1},$$

therefore (2) is fulfilled for $|\alpha'| = 1$.

Let us suppose that (2) holds for all α', $|\alpha'| < N$, $N \leq n-m$. Let $|\alpha'| = N$, $\alpha'_j \neq 0$. Denote

$$C_K = (4m)^m(1 + \max_{x'\in K^{\varepsilon}, i,j} (|\mu_j(x')| + |\partial_{x_i}\mu_j(x')| + |\partial_{x_i} a_1(x')|)),$$

where K^{ε} is the ε-neighbourhood of compact K, $K^{\varepsilon} \subset\subset \Omega$. Then the polynomial $\tilde{P}(x) = (\partial_{x_o} P(x) + C_K^{-1}\partial_{x_j} P(x))(m + C_K^{-1}\partial_{x_j} a(x'))^{-1} = x_o^{m-1} + \tilde{a}_1(x')x_o^{m-2} + \ldots$ $\ldots + \tilde{a}_{m-1}(x')$ is hyperbolic in K^{ε} and $\tilde{a}_j \in C^{n-1}(K^{\varepsilon})$.

Indeed, if $z \in \mathbb{C}$ and $|z| \geq C_K$, then

$$|\partial_z P(z,x')| = |z^{m-1} \sum_{j=1}^{m} \prod_{k\neq j} (1 - \frac{\mu_k(x')}{z})| \geq |z|^{m-1}\frac{m}{2}$$

and

$$|C_K^{-1}\ \partial_{x_j} P(z,x')| \leq \frac{1}{4m} |z|^{m-1} \qquad (\forall x' \in K^{\varepsilon}).$$

Therefore $|\partial_z P(z,x') + C_K^{-1}\partial_{x_j} P(z,x')| \geq \frac{m}{4}|z|^{m-1} \geq \frac{1}{4}$.

As for $|z| = |x_0 + iy| < C_K$,

$$|\partial_z P + C_K^{-1}\partial_{x_j} P| = |\sum_{q=1}^{m} (1 - C_K^{-1}\partial_{x_j}\mu_q(x')) \prod_{k\neq q} (z - \mu_k(x')| =$$

$$= \prod_{k=1}^{m} |z - \mu_k| \, |\sum_{q=1}^{m} (1 - C_K^{-1}\partial_{x_j}\mu_q) \frac{\bar{z} - \mu_q}{|z - \mu_q|^2}| \geq$$

$$\geq |y|^{m+1} \sum_{q=1}^{m} (1 - C_K^{-1}\partial_{x_j}\mu_q)|z - \mu_q|^{-2} \geq y^{m+1}/4C_K^2 ,$$

hence $\tilde{P}(z,x') \neq 0$ for Im$z \neq 0$ and $x' \in K^{\varepsilon}$.

We use an inductive assumption for $\tilde{P}$:

$$(\partial_z^{\alpha_0} \partial_{x'}^{\alpha' - e_j}\tilde{P})/\tilde{P} = \sum_{s,j} \tilde{A}_{s,j}(x')/\prod_{i=1}^{s} (z - \tilde{c}_{j_i}(x'))$$

$(1 \leqq s \leqq |\alpha|$, $1 \leqq j_i \leqq 2^{|\alpha'|-1}m$, $e_j = (\underbrace{0,\ldots,1}_{j-1},0,\ldots,0))$,

hence

$$\frac{1}{P} \sum_{0\leqq\beta\leqq\alpha'-e_j} \binom{\alpha'-e_j}{\beta} (\partial_z^{\alpha_0+1} \partial_{x'}^{\beta} P + C_K^{-1} \partial_z^{\alpha_0} \partial_x^{\beta+e_j} P)\partial_{x'}^{\alpha'-e_j-\beta}(m + C_K^{-1}\partial_{x_j} a_1)^{-1} =$$

$$= \frac{\tilde{P}}{P} \sum_{s,j} \tilde{A}_{s,j} / \prod_{i=1}^{s} (z - \tilde{c}_{j_i}) \quad \left(\binom{\alpha}{\beta} = \frac{\alpha!}{\beta!(\alpha-\beta)!} , \ \alpha! = \prod_{j=1}^{d} \alpha_j!\right).$$

On the left-hand side of the last equality all entries, except for one $-(\partial_x^{\alpha}P)(z,x')/P(z,x')$, $\beta = \alpha' - e_j$, have the form (2), and therefore the entry referred to also has this form. The lemma is proved.

If f is a polynomial of x_0, then it is easy to see that

$$Q(x) = \frac{1}{2\pi j} \oint_L \frac{f(z,x')dz}{P(z,x')(z-x_0)} \text{ and } R(x) = \frac{1}{2\pi i} \oint_L \frac{f(z,x')(P(z,x')-P(x))}{P(z,x')(z-x_0)}dz \qquad (4)$$

where a contour L surrounds x_0 and all the roots of P. Then

$$\partial_x^\alpha Q(x) = \frac{1}{2\pi i} \sum_\gamma b_\gamma \oint_L \frac{\partial_{x'}^\beta f(z,x')}{P(z,x')(z-x_0)^{\alpha_0+1}} \prod_q \frac{\partial_{x'}^{\gamma^q} P}{P} dz$$

$(b_\gamma \in \mathbb{Z}, \gamma^q \neq 0, \beta + \sum_q \gamma^q = \alpha')$.

Hence in view of the lemma 1 we have

$$\partial_x^\alpha Q(x) = \sum_{B \leqq \alpha', \; s \leqq |\alpha'| - |\beta| + m} B_{\beta,j}(x') \oint_L \frac{{}_{x'} f(z,x')dz}{\prod_{q=1}^{s} (z - c_{j_q}(x'))(z-x_0)^{\alpha_0+1}} \tag{5}$$

By induction on N it is easy to obtain the formula

$$\frac{1}{2\pi i} \oint_L \frac{g(z)dz}{\prod_{j=0}^{s} (z-c_j)} = \int_0^1 d\tau_1 \int_0^{\tau_1} d\tau_2 \ldots \int_0^{\tau_{N-1}} d\tau_N (\frac{d^N g}{dz^N}((1-\tau_1)c_0 +$$

$$+ (\tau_1 - \tau_2)c_1 + \ldots + (\tau_{N-1} - \tau_N)c_{N-1} + \tau_N c_N))$$

(g is a holomorphic function, L surrounds all $c_j \in C$).

Then from (5) we have

$$\max_{|x_0| \leq N, \; x' \in K} |\partial_x^\alpha Q(x)| \leqq M_{N,\Delta_K} \max_{|\beta| \leqq |\alpha| + m, \; x' \in K, \; |x_0| \leqq M_{N,\Delta_K}} |\partial_x^\beta f(x)| \tag{6}$$

($\forall N > 0$, M_{N,Δ_K} depends only on N and Δ_K and is increasing in respect to each).

Since any $f \in C^n(\mathbb{R} \times \Omega)$ may be approximated by polynomials in $C^n(\mathbb{R} \times \Omega)$ topology the estimate (6) remains valid for any f and consequently $Q \in C^{n-m}(\mathbb{R} \times \Omega)$. The fact that $R \in C^{n-m+1}$ is proved analogously.

If in the point $\hat{x} = (\hat{x}_0, \hat{x}') \in \mathbb{R} \times \Omega$ the polynomial P has a root of multiplicity $\hat{k}$ then in some neighbourhood $U_{\hat{x}'} \subset \mathbb{R}^d$ of $\hat{x}'$ the polynomial P is factorized $P = P_1 P_2 = (x_0^{m-\hat{k}} + b_1(x')x_0^{m-\hat{k}-1} + \ldots + b_{m-\hat{k}}(x'))(x_0^{\hat{k}} + c_1(x')x_0^{k-1} + \ldots + c_{\hat{k}}(x'))$ where $P_1(x) \neq 0 \; \forall x \in]\hat{x}_0 - \varepsilon, \hat{x}_0 + \varepsilon[\times U_{\hat{x}'}$, b_j and c_j have the same smoothness as a_j. Indeed, b_j and c_j must satisfy the system of equations

$$F_i(x',b,c) = b_i + c_i + \sum_{1\leq j\leq i-1} b_{i-j}c_j - a_i(x') = 0 \quad i = \overline{1,m} \qquad (7)$$

Without loss of generality we may assume that $\hat{x} = 0$. Then $F_i(0,\hat{b},0) = 0$ for $\hat{b}_j = a_j(0)$ and the Jacobian

$$\det\left(\frac{\partial F(0,\hat{b},0)}{\partial(b,c)}\right) = a^{\hat{k}}_{m-\hat{k}}(0) \neq 0.$$

Hence according to the implicit function theorem there exists a solution of system (7) in some neighbourhood of $\hat{x}'$ with the same smoothness as a_j and $P_1(0) = b_{m-\hat{k}}(0) = a_{m-\hat{k}}(0) \neq 0$.

If $\mathrm{supp} f \subset]\hat{x}_0 - \frac{\varepsilon}{2}, \hat{x}_0 + \frac{\varepsilon}{2}[\times V \subset\subset]\hat{x}_0 - \varepsilon, \hat{x}_0 + \varepsilon[\times U_{\hat{x}'}$, then $g \equiv f/P_1 \in C^n(\mathbf{R}^{1+d})$ and, as is proved above, $g = P_2Q + R_2$, $Q \in C^{n-k}(\mathbf{R}^{1+d})$ and $R_2 \in C^{n-k+1}(\mathbf{R}^{1+d})$, $\mathrm{supp} R_2 \subset \mathbf{R} \times V$. Consequently $f = P_1P_2Q + P_1R_2$.

For $f \in C^n$ with arbitrary support the facts, that $Q \in C^{n-k}$ and $R \in C^{n-k-1}$, may be obtained from here with the help of partition of unity.

We note also, that from estimate (6) for P_2 and from the analogous estimate for R_2 we obtain

$$\max\,(|\partial^\alpha_x Q(x)| + |\partial^\beta_x R(x)|) \leq M \max |\partial^\alpha_x f(x)| \qquad (8)$$

$|x_0| \leq N$, $x' \in K$, $|\alpha| \leq n-k$, $|\beta| \leq n-k+1$ $|x_0| \leq M$, $x' \in K$, $|\alpha| \leq n$

$\forall N > 0$, $\forall K \subset\subset \Omega$, M depends only on the set of neighbourhoods U_i covering K, in each of them P is smoothly factorized $P = P_1P_2$ as above, and on

$$n+N + \max |x-y|^{-1} + \max\,(|\partial^{\alpha'} b_j(x')| + |\partial^\alpha c_j(x')|).$$

$$x' \in K,\ y \in \partial\Omega \quad x' \in U_i,\ |\alpha| \leq n,i,j.$$

Conversely, let a polynomial P have the k-multiple root $\hat{x}_0$ for $x' = \hat{x}'$ and $Q \in C^{n-k+1}(\mathbf{R} \times \Omega)$. By Taylor's formula, applied to $Q(x_0,\hat{x}')$ in the neighbourhood of $\hat{x}_0$, $f = PQ + R$ may be written in the form $T(x_0)-O(x_0-\hat{x}_0)^{n-1}$ where T is a polynomial. But this is not true for $f(x) = (x_0-\hat{x}_0)^{n+1/2}$.

5. PROOF OF THEOREM 2

Without loss of generality we may assume that $\phi(0) = \phi(1) = 1$. Then $\phi(n)$ is an increasing function and $\phi(n+m) \geq \phi(n)\,\phi(m)(\forall n,m \in \mathbb{N})$. We write $(x_o-c)^\gamma = \prod_{j=1}^{L} (x_o-c_j(x'))^{\gamma_j}$ where $c_j(x')$ is the function introduced in Lemma 1 for all α, $|\alpha| \leq m^d$ ($L \leq 2^m m^d$). We recall that there are all the roots $\mu_j(x')$ of the polynomials P among $c_j(x')$.

By induction on $|\beta|$ we prove the equality

$$\partial_{x'}^{\beta}(P^{-1}) = P^{-1} \sum_{\gamma:|\gamma|\leq|\beta|} A_{\beta,\gamma}(x')/(x_o-c)^\gamma \tag{9}$$

where

$$|A_{\beta,\gamma}(x')| \leq h_{P,K}^{4^{|\beta|+1}} \frac{\beta!\phi(|\beta|-|\gamma|)}{(1+|\beta|)^{L+d+2}}, \quad \forall x' \in K, \tag{10}$$

(h depends only on P and $K \subset\subset \Omega$, $|\gamma| = \Sigma_1^L \gamma_j$).

When $|\beta| \geq m$, we have

$$\frac{\partial_{x'}^{\beta+e_j} P}{P} = \frac{\sum_i x_o^{m-i} \partial_{x'}^{\beta+e_j} a_i(x')}{\prod_i (x_o-\mu_i(x'))} = \sum_{|\gamma|\leq m} \frac{D_{\beta,\gamma}(x')}{(x_o-\mu)^\gamma},$$

$$|D_{\beta,\gamma}(x')| \leq h_{P,K}^{|\beta|+1} \frac{\beta!}{(1+|\beta|)^{L+d+2}} \phi(|\beta|-|\gamma|) \; (\forall x' \in K) \tag{11}$$

When $|\beta| < m$, in view of the Lemma 1 we have

$$\frac{\partial_{x'}^{\beta+e_j} P}{P} = \sum_{|\gamma|\leq|\beta|+1} \frac{D_{\beta,\gamma}(x')}{(x_o-c)^\gamma}, \quad |D_{\beta,\gamma}(x')| \leq \frac{h}{(1+m)^{L+d+2}}. \tag{12}$$

Let us suppose that (9), (10) is true for all : $|\beta| \leq N$. We show that if $|\beta| \leq N$ then

$$\partial_{x'}^{\beta}\left(\frac{\partial_{x_j} P(x)}{P(x)}\right) = \sum_{|\gamma|\leq|\beta|+1} \frac{B_{\beta,\gamma}(x')}{(x_o-c)^\gamma}, \tag{13}$$

where

$$|B_{\beta,\gamma}(x')| \leqq h^{4|\beta|+3} \ \beta!\phi(|\beta|-|\gamma|)/(1+|\beta|)^{L+d+2}.$$

Indeed,

$$\partial_x^\beta(\partial_{x_j} P/P) = \sum_{0 \leqq \omega \leqq \beta} \binom{\beta}{\omega}\partial_{x'}^{\omega+e_j}P.\partial_{x'}^{\beta-\omega}(P^{-1}) =$$

$$= \sum_\omega \binom{\beta}{\omega} \frac{\partial^{\omega+e_j}P}{P} \sum_{|\gamma|\leqq|\beta-\omega|} A_{\beta-\omega,\gamma}/(x_0-c)^\gamma =$$

$$= \sum_\omega \binom{\beta}{\omega} \sum_{\gamma:|\gamma|\leqq|\omega|+1} D_{\omega,\gamma}/(x_0-c)^\gamma \sum_{\gamma:|\gamma|\leqq|\beta-\omega|} A_{\beta-\omega,\gamma}/(x_0-c)^\gamma,$$

hence (13) is true for

$$B_{\beta,\gamma}(x') = \sum_{\tilde\gamma,\tilde{\tilde\gamma},\omega:\ \tilde\gamma+\tilde{\tilde\gamma}=\gamma,\ |\tilde\gamma|\leqq|\omega|+1,\ |\tilde{\tilde\gamma}|\leqq|\beta-\omega|,\ \omega\leqq\beta.} \binom{\beta}{\omega} D_{\omega,\tilde\gamma}(x')A_{\beta-\hat\omega,\tilde{\tilde\gamma}}(x')$$

and therefore according to (10) - (12)

$$|B_{\beta,\gamma}(x')| \leqq \beta! \sum \frac{h^{|\omega|+1}\phi(|\omega|-|\tilde\gamma|)}{(1+|\omega|)^{L+d+2}} h^{4|\beta-\omega|+1} \frac{\phi(|\beta|-|\omega|-|\tilde{\tilde\gamma}|)}{(1+|\beta-\omega|)^{L+d+2}} \leqq$$

$$\beta!h^{4|\beta|+2} \ \phi(|\beta|-|\gamma|) \sum_{\tilde\gamma,\tilde{\tilde\gamma},\omega:\tilde\gamma+\tilde{\tilde\gamma}=\gamma,\ |\tilde\gamma| \leqq |\omega|+1,\ |\tilde{\tilde\gamma}| \leqq |\beta-\omega|,\ \omega \leqq \beta} ((1 + |\omega|)(1 +|\beta -\omega|))^{-(L+d+2)}$$

But the last sum does not exceed

$$2 \sum_{\tilde\gamma,\omega:|\omega|\leqq\frac{1}{2}(|\beta|+1),|\tilde\gamma|\leqq 1+|\omega|} ((1 + |\omega|)(1 +|\beta-\omega|))^{-(L+d+2)} \leqq \frac{2^{L+d+3}}{(1+|\beta|)^{L+d+2}} \sum_{\tilde\gamma,\omega:|\tilde\gamma|\leqq|\omega|+1} (1+|\omega|)^{-(L+d+2)} \leqq$$

$$\leqq \frac{2^{L+d+3}}{(1+|\beta|)^{L+d+2}} \sum_{i=0}^{\infty} (1 + i)^{-2}.$$

Using (13) and the inductive assumption (9), (10) we obtain

$$\partial_{x'}^{\beta+e_j}(P^{-1}) = \partial_{x'}^{\beta}\left(-\frac{\partial_{x_j}P}{P}\cdot\frac{-1}{P}\right) = \sum_{\omega\leq\beta}\binom{\beta}{\omega}\partial^{\beta-\omega}\left(-\frac{\partial_{x_j}P}{P}\right)\partial^{\omega}\left(\frac{-1}{P}\right) =$$

$$= -\sum_{\omega\leq\beta}\binom{\beta}{\omega}\left(\sum_{|\gamma|\leq|\beta-\omega|+1}\frac{B_{\beta-\omega,\gamma}}{(x_0-c)^{\gamma}}\right)\left(\frac{1}{P}\sum_{|\gamma\pm\leq|\omega|}\frac{A_{\omega,\gamma}}{(x_0-c)^{\gamma}}\right),$$

hence we may set in (9)

$$A_{\beta+e_j,\gamma} = -\sum_{\tilde{\gamma},\tilde{\tilde{\gamma}},\omega:\tilde{\gamma}+\tilde{\tilde{\gamma}}=\gamma,\ |\tilde{\gamma}|\leq|\omega|,\ |\tilde{\gamma}|\leq|\beta-\omega|+1,\omega\leq\beta}\binom{\beta}{\omega}A_{\omega,\tilde{\gamma}}\,B_{\beta-\omega,\tilde{\tilde{\gamma}}}$$

and so

$$|A_{\beta+e_j,\gamma}(x')| \leq \beta!\sum\frac{h^{4|\omega|+1}\phi(|\omega|-|\tilde{\gamma}|)h^{4|\beta-\omega|+3}\phi(|\beta-\omega|-|\tilde{\tilde{\gamma}}|)}{((1+|\omega|)\ (1+|\beta-\omega|))^{L+d+2}} \leq$$

$$\leq h^{4|\beta|+4}B\ \phi(|\beta|-|\gamma|)\sum_{\tilde{\gamma},\tilde{\tilde{\gamma}},\omega:|\tilde{\gamma}|\leq|\omega|,\ |\tilde{\tilde{\gamma}}|\leq|\beta-\omega|+1,\ \omega\leq\beta,\ \tilde{\gamma}+\tilde{\tilde{\gamma}}=\gamma}((1+|\omega|)(1+|\beta-\omega|))^{-L-d-2} \leq$$

$$\leq h^{4|\beta+5}\beta!\phi(|\beta|-|\gamma|)/(2+|\beta|)^{L+d+2}.$$

Consequently (9), (10) are fulfilled for all β, $|\beta| = N+1$. The equality (9) and estimate (10) imply Theorem 2 in exactly the same manner as Theorem 1.

6. PROOF OF THEOREM 3

We may assume that $\bar{\Omega}$ is compact. The cone condition permits us, for each point $a \in \bar{\Omega}$, to make such a change of variables

$$y_i = \sum_j c_{ij}(a)(x_j-a_j) \Leftrightarrow y = y(x',a) \Leftrightarrow x' = x_a(y)$$

that the cube $\Pi = \{y \in \mathbf{R}^1 | 0 \leq y_i \leq 1,\ \forall i\} \subset \Omega$ and

$$\sup_{i,j,a\in\bar{\Omega}}(|c_{ij}(a)| + |\det(c_{ij}(a))|^{-1} < \infty\ .$$

Consequently it is sufficient to establish the estimate

$$\max_{|x_o|\le N,\alpha_o+2\alpha'\le n-k} |\partial_{x_o}^{\alpha_o}\partial_y^{\alpha'} Q(x_o,x_a(y))|\Big|_{y=0} \le C_N \max_{|x_o|\le N, y\in\Pi,\ |\alpha|\le n} |\partial_{x_o,y}^{\alpha} f(x_o,x_a(y))|, \qquad (14)$$

where C_N does not depend on a and f.

Let us make the change of variables $y_i = z_i^2$, $i = \overline{1,d}$. Then the polynomial $\tilde{P}_a(x_o,z) = P(x_o,x_a(y(z)))$ is hyperbolic in the cube $\tilde{\Pi} = \{z \in \mathbf{R}^1 \mid |z_i| \le 1\}$, furthermore in view of (8)

$$\max_{|z_j|\le\frac{1}{2},\ x_o\le N,\ |\alpha|\le n-k} |\partial_{x_o,z}^{\alpha}\tilde{Q}_a(x_o,z)| \le C_N \max_{|z_j|\le 1,\ |x_o|\le C_N,\ |\alpha|\le n} |\partial_{x_o,z}^{\alpha}\tilde{f}(x_o,z)|,$$

where $\tilde{Q}(x_o,z) = Q(x_o,x_a(z^2))$ and $\tilde{f}(x_o,z) = f(x_o,x_a(z^2))$.

<u>LEMMA 2</u>: If $F(z) \in C^n([-a,a]^d)$ is an even function on every z_j then $F(z) = g(z_1^2,\dots,z_1^2)$ where $g \in C^{[n/2]}([0,a^2]^d)$, with

$$\max_{0\le x_j\le a^2} |\partial_x^{\alpha} g\ (x)| \le 2^{-|\alpha|}\ (\alpha!)^{-1} \max_{|z_j|\le a} |\partial_z^{2\alpha}F(z)|,\ \forall\alpha:\ \ 2|\alpha|\le n$$

<u>PROOF</u>: We note that $\partial_{x_j}\ g(\dots,x_j,\dots) = \partial_{x_j}F(\dots,\sqrt{x_j},\dots) =$

$$= \frac{1}{2}\,\partial_{x_j}(F(\dots,\sqrt{x_j},\dots) + F(\dots,-\sqrt{x_j},\dots)) = \frac{1}{4\sqrt{x_j}}\,[\partial_{z_j}F(\dots,\sqrt{x_j},\dots) -$$

$$- \partial_{z_j}\ F(\dots,-\sqrt{x_j},\dots)] = \frac{1}{4}\int_{-1}^{1} (\partial_{z_j}^2 F)(\sqrt{x_1},\dots,\xi\sqrt{x_j},\dots,\sqrt{x_1})d\xi.$$

Hence by induction on $|\alpha|$ it is easy to establish the equality

$$\partial_x^{\alpha}g(x) = 4^{-|\alpha|}\int_{-1}^{1}\dots\int_{-1}^{1}(\partial_z^{2\alpha}F)(\prod_{j=1}^{\alpha_1}\xi_{1j}\sqrt{x_1},\dots)\prod_{i=1}^{d}(\prod_{j=1}^{\alpha_j}\xi_{ij}^{j-1}\ d\xi_{ij}),$$

from which the required estimate follows instantly.

Using the lemma for $\tilde{Q}$ we obtain (14). Analogously we establish that $R \in C^{[(n-k-1)/2]}\ (\mathbf{R}\times\bar{\Omega})$.

The direct assertion in Theorem 4 follows from Theorem 2 and Lemma 2, while the converse assertion is proved in the same way as the proposition.

7. PROOF OF THE PROPOSITION

We prove b). Let us set

$$f_q(x_o,x_1) = x_o^{m-1} \sum_{k=1}^{\infty} 4^{-k} F_q(k^{\delta_q -1} x_o, k^{\delta_q -1} x_1),$$

where

$$F(x_o,x_1) = (i - \prod_{j=1}^{m} (x_o - 2jx_1))^{-1} \phi_q(x_1), \ i = \sqrt{-1}, \ \delta_q = \delta - \frac{1}{q} > 1,$$

$q \in \mathbf{N}$, $\phi_q \in G^{1+\frac{1}{q}}(\mathbf{R})$, $\phi_q(0) = 1$ and $\phi_q(t) = 0$ for $|t| > 1$.

Then $f_q \in G^{\delta}(\mathbf{R}^2)$. Indeed, $g(z_1,z_2) = (i - \prod_{j=1}^{m} (z_1 - 2jz_2))^{-1}$ is holomorphic in the domain

$$\{(z_1,z_2) \in \mathbb{C}^2 | \ |\mathrm{Im} z_1| < \varepsilon, |\mathrm{Im} z_2| < \varepsilon, |\mathrm{Re} z_2| < 1+\varepsilon\}.$$

Hence, by the Cauchy formula we have

$$\{\partial^{\alpha} g(x_o,x_1)| \leq C\varepsilon^{-|\alpha|} \alpha! \ , \forall x_o \in \mathbf{R}, \ |x_1| < 1, \ \forall \alpha \in \mathbf{N}^2.$$

Consequently

$$|\partial^{\alpha} F_q(x)| \leq CH_{q,\varepsilon}^{|\alpha|} \alpha_o!(\alpha_1!)^{1+\frac{1}{q}}$$

($\forall x \in \mathbf{R}^2$, $\forall \alpha \in \mathbf{N}^2$, C and H do not depend on x,α) and

$$|\partial_x^{\alpha}(F_q(k^{\delta_q -1} x))| \leq CH_{q,\varepsilon}^{|\alpha|} \alpha_o!(\alpha_1!)^{1+\frac{1}{q}} k^{(\delta_q -1)|\alpha|} \leq$$

$$\leq \tilde{C}\tilde{H}_{q,\delta}^{|\alpha|} 2^k (1 + |\alpha|)^{\delta|\alpha|} \quad ,$$

i.e.

$$|\partial^{\alpha} f(x)| \leq \tilde{C}\tilde{H}_{q,\delta}^{|\alpha|} (1 + |\alpha|)^{\delta|\alpha|} \quad .$$

The desired function $f(x) = \Sigma\, 2^{-q} f_q(\tilde{H}^{-1}_{q,\delta} x)$. It is obvious that

$$|\partial^\alpha_x f(x)| \leqq \tilde{C}(1 + |\alpha|)^{\delta|\alpha|} .$$

Now, the equation $P(x) \equiv \sum_{j=1}^{m} (x_o - 2jx_1) - x_2 = 0$ has m real different roots, if $|x_2| \leqq |x_1|^m$. Substituting them into (1), we get a system of equations for $r_j(x_1, x_2)$. This system has only one solution

$$r_1(x_1,x_2) = \sum_q 2^{-q} \sum_k 4^{-k} (i - \tilde{H}^{-m}_{q,\delta} k^{(\delta_q - 1)m} x_2)^{-1} \phi_q(\tilde{H}^{-1}_{q,\delta} k^{\delta_q - 1} x_1)$$

$r_j(x_1,x_2) = 0$, $\forall j = \overline{2,m}$.

Hence

$$i^{1+n} \partial^n_{x_2} r_1(0,0) = \sum_q 2^{-q} \tilde{H}^{-mn}_q n! \sum_k 4^{-k} k^{(\delta - \frac{1}{q} - 1)nm} \geqq$$

$$\geqq 2^{-q} \tilde{H}^{-mn}_{q,\delta} 4^{-n} (n!)^{m\delta - m + 1 - \frac{m}{q}}, \forall q \in \mathbf{N}.$$

Consequently $r_1 \notin G^{\delta'}(\bar{\Omega})$, $\forall\, '\delta < m\delta - m + 1$.

As an example of f possessing the properties a) of the proposition we may take

$$f = x_o^{m-1} \sum_{k=1}^{\infty} (i - 2^{km} \prod_{j=1}^{m} (x_o - 2jx_1))^{-1} \phi(2^k x_1) 2^{k(n-m\neq 1)} k^{-2},$$

where $\phi \in C^n(\mathbf{R})$, $\phi(0) = 1$, $\phi(t) = 0$ for $|t| > 1$.

To prove the necessity of the assumption in Theorem 4 we may assume that $0 \in \partial\Omega$ and $\bar{\Omega} \subset \{x \in \mathbf{R}^1 \mid x_1 \geqq 0\}$. Then we put $P(x) = x_o^2 - x_1$ and

$f(x) = \sum_{k=1}^{\infty} c_k (i - x_o^2 \rho_k^2)^{-1}$, where $\rho_k = \phi(2k+1)/\phi(2k)$ and $c_k = 2^{-k} \rho_k^{-2k} \phi(2k)$.

In the same way it is shown that $|\partial^n_{x_1} r_2(0)| \geqq 2^{-n} \phi(2n) n!$,

$|\partial^n_{x_1} r_2(x_1)| \leqq H^{n+1} \tilde{\phi}(n) n!$ and so $\tilde{\phi}(n) \geqq (2H)^{-n-1} \phi(2n)$.

BIBLIOGRAPHY

1. Malgrange, B., Ideals of differentiable functions, Oxford Univ. Press, 1966.
2. Mather, J.N., Stability of C^∞ Mappings. 1. The division theorem, Annals of Math., 87, N°1, 1968, 89-104.
3. Mather, J.N., On Nirenberg's proof of the Malgrange preparation theorem, Liverpool singularities. 1, 1971, 116-120.
4. Lassalle, G., Le théorème de préparation differentiable en classe p., Ann. Inst. Fourier, 23, N°2, 1973, 97-108.
5. Arnold, V.I., Note about Weierstrass' preparation theorem, Functional Anal. Appl. 1, N°3, 1967, 1-8.
6. Bronstein, M.D., Smoothness of roots of polynomials depending on parameters, Sib. mat. Zh. 20, N°3, 1979, 493-501.

M.D. Bronstein
Kazan Chemico-technological Inst.
Karl Marx Str. 68
Kazan 15
420015 USSR.

L CATTABRIGA

Fourier integral operators of infinite order on Gevrey spaces

In this talk that may be considered as a continuation of [16] and that reports on results contained in a joint work [5] with L. Zanghirati we define and study Fourier integral operators of infinite order acting on Gevrey spaces of functions or ultradistributions. As in [16], we consider here symbols that are in the Gevrey space $G^{(\sigma)}$, $\sigma > 1$, with respect to the x-variables on an open set of R^n and that in the dual ξ-variables are bounded at infinity by $\exp(\varepsilon|\xi|^{1/\sigma})$ for every $\varepsilon > 0$. The phase functions are symbols of order one according to the definition of [7]. In particular, we consider phase functions that are locally in the space $\mathfrak{p}$ defined by H. Kumano-go [10]. We mainly follow the approach of L. Hörmander [8].

Pseudo-differential operators of infinite order were first studied by L. Boutet de Monvel [3] and were recently studied by T. Aoki in a series of papers [1] in the analytic case and in the Gevrey case by L. Zanghirati [16]. Corresponding operators of finite order have been considered by F. Treves [14], G. Metivier [11] and P. Bolley - J. Camus - G. Metivier [2] in the analytic case and in the Gevrey case by L. Boutet de Monvel, P. Krée [4], S. Hashimoto - T. Matzuzawa - Y. Morimoto [7], V. Iftimie [9] and L. R. Volevic [15]. Fourier integral operators on Gevrey spaces with amplitudes of finite order have been studied by T. Gramchev [6], Y. Morimoto - K. Taniguchi [12] and K. Taniguchi [13].

Section 1 contains, after the main properties of the symbols here considered, the definition of the appropriate oscillatory integrals and their continuity in the space of symbols. In Section 2 Fourier integral operators of infinite order on $G_0^{(\sigma)}$ and $G^{(\sigma)'}$ are defined and some of their properties are described. A theorem on the composition of a pseudo-differential operator and a Fourier integral operator together with the asymptotic expansion of the resulting amplitude is stated. In [5] the results described here are used for studying the Cauchy problem for operators with hyperbolic principal part and characteristics of constant multiplicities which satisfy a Levi type condition.

0. MAIN NOTATION

For $x = (x_1,\dots,x_n) \in \mathbf{R}^n$ we set $D_x = (D_{x_1},\dots,D_{x_n})$, $D_j = -i\partial/\partial x_j$, $j=1,\dots,n$, and for $\alpha \in \mathbf{Z}_+^n$, $\mathbf{Z}_+$ the set of non negative integers, we let $D_x^\alpha = D_{x_1}^{\alpha_1},\dots,D_{x_n}^{\alpha_n}$, $|\alpha| = \alpha_1 + \dots + \alpha_n$. If $x \in \mathbf{R}^n$, $\xi \in \mathbf{R}^n$ we also write $\langle x,\xi\rangle = \sum_{j=1}^{n} x_j\xi_j$.

For a given open set $\Omega \subset \mathbf{R}^n$ and given $\sigma > 1$, $A > 0$ we denote by $G_b^{(\sigma),A}(\Omega)$ the Banach space of all complex valued functions $\phi \in C^\infty(\Omega)$ such that

$$\|\phi\|_{\Omega,A} = \sup_{\substack{x\in\Omega \\ \alpha\in\mathbf{Z}_+^n}} A^{-|\alpha|}\alpha!^{-\sigma}|D_x^\alpha\phi(x)| < +\infty$$

and set

$$G_b^{(\sigma)}(\Omega) = \lim_{\substack{\longrightarrow \\ A\to+\infty}} G_b^{(\sigma),A}(\Omega), \quad G^{(\sigma)}(\Omega) = \lim_{\substack{\longleftarrow \\ \Omega'\subset\subset\Omega}} G_b^{(\sigma)}(\Omega')$$

and

$$G_0^{(\sigma)}(\Omega) = \lim_{\substack{\longrightarrow \\ \Omega'\subset\subset\Omega}} \lim_{\substack{\longrightarrow \\ A\to+\infty}} G_b^{(\sigma),A}(\Omega') \cap C_0^\infty(\Omega'),$$

where Ω' are relatively compact open subsets of Ω.

The dual spaces of $G^{(\sigma)}(\Omega)$ and $G_0^{(\sigma)}(\Omega)$, called spaces of ultradistributions of Gevrey type σ, will be denoted by $G^{(\sigma)'}(\Omega)$ and $G_0^{(\sigma)'}(\Omega)$, respectively. As is well known, the former can be identified with the subspace of the ultradistributions of $G_0^{(\sigma)'}(\Omega)$ with compact support.

For functions or ultradistributions u with compact support we consider the Fourier transform u defined by

$$\tilde{u}(\xi) = \int_{\mathbf{R}^n} e^{-i\langle x,\xi\rangle}u(x)dx, \quad \xi \in \mathbf{R}^n,$$

when $u \in L^1(\mathbf{R}^n)$ and by $\tilde{u}(\xi) = u(e^{-i\langle\cdot,\xi\rangle})$, when $u \in G^{(\sigma)'}(\Omega)$.

We shall also denote by σ-singsupp u, the smallest closed subset of Ω such that the ultradistribution u is in $G^{(\sigma)}$ in the complement and by $WF_{(\sigma)}(u)$ the complement in $\Omega \times \mathbf{R}^n\setminus\{0\}$ of the set of (x_0,ξ_0) such that there exist a neighbourhood U of x_0, a conic neighbourhood Γ of ξ_0 in $\mathbf{R}^n\setminus\{0\}$ and a function $\chi \in G_0^{(\sigma)}(\Omega)$ equal to one in U such that for some positive constants c and h

$$|(\widetilde{\chi u})(\xi)| \leqq c \exp(-h|\xi|^{1/\sigma}), \quad \xi \in \Gamma. \tag{0.1}$$

If V is a topological vector space, $\underline{E}$ a subset of $\mathbf{R}^k$ and $m \in \mathbb{Z}_+$, we shall denote by $\mathcal{B}^m(\underline{E};V)$ the set of all V-valued functions on $\underline{E}$ which are bounded on $\underline{E}$ together with all their derivatives up to the order m. We shall also write $\mathcal{B}(\underline{E};V)$ instead $\mathcal{B}^0(\underline{E};V)$ and set $\mathcal{B}^m_{loc}(\underline{E};V) = \bigcap_{\underline{E}'\subset\subset\underline{E}} \mathcal{B}^m(\underline{E}';V)$.

1. Symbols of infinite order and oscillatory integrals

DEFINITION 1.1: Let X be an open set of $\mathbf{R}^\nu$ and let $\mathbf{R}^N_{B_0} = \{\xi \in \mathbf{R}^N; |\xi| > B_0\}$, $B_0 \geqq 0$. For $\sigma > 1$, $\mu \in [1,\sigma]$, $A > 0$, $B \geqq 0$ we denote by $S_b^{\infty,\sigma,\mu}(X \times \mathbf{R}^N_{B_0,B};A)$ the space of all complex valued functions a defined on $X \times \mathbf{R}^N_{B_0}$ such that for every $\varepsilon > 0$

$$\|a\|^{A,B_0,B}_{X,\varepsilon} = \sup_{\substack{\alpha\in\mathbf{Z}^N_+ \\ \beta\in\mathbf{Z}^\nu_+}} \sup_{\substack{x\in X \\ |\xi|>B|\alpha|^\sigma+B_0}} A^{-|\alpha|-|\beta|}\alpha!^{-\mu}\beta!^{-\sigma}(1+|\xi|)^{|\alpha|}\exp(-\varepsilon|\xi|^{1/\sigma}) \cdot |D^\alpha_\xi D^\beta_x a(x,\xi)| < +\infty.$$

Endowed with the topology defined by the family of seminorms $\|a\|^{A,B_0,B}_{X,\varepsilon}$, $\varepsilon > 0$, $S_b^{\infty,\sigma,\mu}(X \times \mathbf{R}^N_{B_0,B};A)$ is a Fréchet space. Moreover

$$\|a\|^{A',B_0',B'}_{X,\varepsilon} \leqq \|a\|^{A,B_0,B}_{X,\varepsilon} \quad \text{if } A \leqq A',\ B_0 \leqq B_0',\ B \leqq B' \text{ and}$$

$a \in S_b^{\infty,\sigma,\mu}(X \times \mathbf{R}^N_{B_0,B};A)$.

PROPOSITION 1.2: Let X' be a relatively compact open subset of X ($X' \subset\subset X$) and let $A < A'$, $B_0 \leqq B_0'$, $B \leqq B'$. Then every subset of $C^\infty(X \times \mathbf{R}^N)$ which is bounded in $C^\infty(X' \times \mathbf{R}^N)$ and in $S_b^{\infty,\sigma,\mu}(X' \times \mathbf{R}^N_{B_0,B};A)$ is relatively compact in $S_b^{\infty,\sigma,\mu}(X' \times \mathbf{R}^N_{B_0',B};A')$.

DEFINITION 1.3: Let X be an open set in $\mathbf{R}^\nu$ and let $\sigma > 1$, $\mu \in [1,\sigma]$.

We let

$$S_{b,N}^{\infty,\sigma,\mu}(X) = \varinjlim_{A,B_0,B \to +\infty} S_b^{\infty,\sigma,\mu}(X \times \mathbf{R}^N_{B_0,B};A)$$

and

$$S_N^{\infty,\sigma,\mu}(X) = \varprojlim_{X' \to X} S_{b,N}^{\infty,\sigma,\mu}(X'),$$

where X' denotes a relatively compact open subset of X.

We shall also write

$$\tilde{S}_N^{\infty,\sigma,\mu}(X) = \varprojlim_{X' \to X} \tilde{S}_{b,N}^{\infty,\sigma,\mu}(X') = \varinjlim_{A,B_0 \to +\infty} S_b^{\infty,\sigma,\mu}(X \times \mathbf{R}^N_{B_0,0};A).$$

From Proposition 1.2 it follows

LEMMA 1.4: Let $\{a_k\}_{k\in\mathbb{Z}_+}$ be a sequence in $C^\infty(X \times \mathbf{R}^N)$ which is bounded in $S_N^{\infty,\sigma,\mu}(X)$ and assume that $a_k \to a$ in $C^\infty(X \times \mathbf{R}^N)$ as $k \to +\infty$. Then $a \in S_N^{\infty,\sigma,\mu}(X)$ and $a_k \to a$ in $S_N^{\infty,\sigma,\mu}(X)$ as $k \to +\infty$.

COROLLARY 1.5: Let $\underline{E}$ be a subset of $\mathbf{R}^k$ and let $a \in C(\underline{E};C^\infty(X \times \mathbf{R}^N)) \cap \mathcal{B}(\underline{E}; S_N^{\infty,\sigma,\mu}(X))$. Then $a \in C(\underline{E}; S_N^{\infty,\sigma,\mu}(X))$.

EXAMPLE 1.6: Let $a \in C^\infty(X \times \mathbf{R}^N) \cap S_N^{\infty,\sigma,\mu}(X)$ and let $a_\rho(x,\xi) = a(x,\xi)\chi(\rho\xi)$, $\rho \in [0,1]$. Here $\chi \in C^\infty(\mathbf{R}^N)$ is such that $\chi(0) = 1$ and there exist positive constants c_0, c_1, h such that for every $\xi \in \mathbf{R}^N$ and $\alpha \in \mathbf{Z}_+^N$

$$|D_\xi^\alpha \chi(\xi)| \leq c_0 c_1^{|\alpha|} \alpha!(1+|\xi|)^{-|\alpha|}\exp(-h|\xi|^{1/\sigma})^{1)} .$$

Since, as is easy to prove, $a_\rho \to a$ in $C^\infty(X \times \mathbf{R}^N)$ as $\rho \to 0+$ and the set $\{a_\rho, \rho \in [0,1]\}$ is bounded in $S_N^{\infty,\sigma,\mu}(X)$, then by Lemma 1.4 $a_\rho \to a$ in $S_N^{\infty,\sigma,\mu}(X)$ as $\rho \to 0+$.

The following spaces of symbols of finite order are similar to those defined in [9] and [11].

1) For example: $\chi(\zeta)=\exp(-(1+\zeta^2)^{1/2\sigma})$, $\zeta \in \mathbb{C}^N$, $|\mathrm{Im}\zeta| \leq c(1+|\mathrm{Re}\zeta|)$, $c \in]0,1/2]$.

DEFINITION 1.7: For $\sigma > 1$, $\mu \in [1,\sigma]$, $A > 0$, $B_0 \geqq 0$, $B \geqq 0$, $m \in \mathbf{R}$, X an open subset of $\mathbf{R}^\nu$ we denote by $S_b^{m,\sigma,\mu}(X \times \mathbf{R}^N_{B_0,B};A)$ the Banach space of all complex valued functions a defined on $X \times \mathbf{R}^N_{B_0}$ with the norm

$$|a|_{X,m}^{A,B_0,B} = \sup_{\substack{\alpha\in \mathbb{Z}_+^N \\ \beta\in \mathbb{Z}_+^\nu}} \sup_{\substack{x\in X \\ |\xi|>B|\alpha|^\sigma+B_0}} A^{-|\alpha|-|\beta|}\alpha!^{-\mu}\beta!^{-\sigma}(1+|\xi|)^{-m+|\alpha|}|D_\xi^\alpha D_x^\beta a(x,\xi)|<+\infty.$$

We will define

$$S_{b,N}^{m,\sigma,\mu}(X) = \underset{A,B_0,B \to +\infty}{\underrightarrow{\lim}} S_b^{m,\sigma,\mu}(X \times \mathbf{R}^N_{B_0,B};A)$$

and

$$S_N^{m,\sigma,\mu}(X) = \underset{X' \to X}{\underleftarrow{\lim}} S_{b,N}^{m,\sigma,\mu}(X'),$$

where X' denotes a relatively compact open subset of X and denote by $\tilde{S}_{b,N}^{m,\sigma,\mu}(X)$ and $\tilde{S}_N^{m,\sigma,\mu}(X)$ the subspaces obtained by taking B constantly equal to zero in these definitions.

PROPOSITION 1.8: Let $a \in S_{b,N}^{p,\sigma,\mu}(X)$, $p \in [0,1/\sigma[$. Then $e^a \in S_{b,N}^{\infty,\sigma,\mu}(X)$ and $a \to e^a$ is a continuous map from $S_{b,N}^{p,\sigma,\mu}(X)$ to $S_{b,N}^{\infty,\sigma,\mu}(X)$.

PROPOSITION 1.9: Let $a \in S_b^{1,\sigma,\mu}(X \times \mathbf{R}^N_{B_0,B};A)$. Then for every $\beta \in \mathbb{Z}_+^\nu$, $e^{-a}D_x^\beta e^a \in S_b^{\infty,\sigma,\mu}(X \times \mathbf{R}^N_{B_0,B};\ |\beta|A)$ and for every $\varepsilon > 0$

$$\|e^{-a}D_x^\beta e^a\|_{X,\varepsilon}^{|\beta|A,B_0,B} \leqq (CA)^{|\beta|}\beta!^\sigma\varepsilon^{-\sigma|\beta|}(|a|_{X,1}^{A,B_0,B} + 1)^{|\beta|}$$

where C is a constant independent of a and β.

In a similar way to that for Lemma 5.4 of [12] we can prove

LEMMA 1.10: Let Y be an open subset of $\mathbf{R}^{\nu_1}$ and let $\phi = (\phi',\phi'')$ be a C^∞

map from $Y \times \mathbf{R}^{N_1}_{D_0}$ to $X \times \mathbf{R}^N_{B_0}$, $D_0 > 0$, $B_0 > 0$ such that there exist positive constants c_0, C_0, $\mu \in [1,\sigma]$, $R \geq B_0(1 + D_0)^{-1}$ such that

i) for every $(y,\eta) \in Y \times \mathbf{R}^{N_1}_{D_0}$

$$|\phi''(y,\eta)| \geq R|\eta| ,$$

ii) for every $\gamma \in \mathbf{Z}^{N_1}_+$, $\delta \in \mathbf{Z}^{\nu_1}_+$, $(y,\eta) \in Y \times \mathbf{R}^{N_1}_{D_0}$

$$|D^\gamma_\eta D^\delta_y \phi'_h(y,\eta)| \leq c_0(C_0/(1+|\eta|))^{|\gamma|} C_0^{|\delta|}\gamma!^\mu \delta!^\sigma , \quad h = 1,\ldots,\nu,$$

$$|D^\gamma_\eta D^\delta_y \phi''_i(y,\eta)| \leq c_0|\eta|(C_0/(1+|\eta|))^{|\gamma|}C_0^{|\delta|} \gamma!^\mu \delta!^\sigma, \quad i = 1,\ldots,N.$$

Suppose that $a \in C^\infty(X \times \mathbf{R}^N_{B_0})$ and that there exist $A > 0$; $B \geq 0$, p, q, $m \geq 0$ such that for every $\varepsilon > 0$ there exists $c_a(\varepsilon) > 0$ such that

$$|D^\alpha_\xi D_x a(x,\xi)| \leq c_a(\varepsilon)(A/(1+|\xi|))^{|\alpha|+m}A^{|\beta|}(|\alpha|+p)!^\mu(|\beta|+q)!^\sigma \exp(\varepsilon|\xi|^{1/\sigma}),$$

for every $\alpha \in \mathbf{Z}^n_+$, $\beta \in \mathbf{Z}^\nu_+$, $(x,\xi) \in X \times \mathbf{R}^N_{B_0}$, $|\xi| > B(|\alpha|+m)^\sigma+B_0$. Then for every $\gamma \in \mathbf{Z}^{\nu_1}_+$, $\delta \in \mathbf{Z}^{N_1}_+$, $(y,\eta) \in Y \times \mathbf{R}^{N_1}_{D_0}$, $|\eta| > BR^{-1}(|\gamma|+|\delta|+m)^\sigma+D_0$, $\varepsilon > 0$

$$|D^\gamma_\eta D^\delta_y (a\circ\phi)(y,\eta)| \leq 2^{\sigma(p+q)}c_a(\varepsilon)\exp(\varepsilon c_0^{1/\sigma}|\eta|^{1/\sigma})A'^{|\delta|}(A'/(1+|\eta|))^{|\gamma|+m}.$$

$$. \ p!^\mu q!^\sigma \gamma!^\sigma \delta!^\sigma,$$

where

$$A' \geq 2^\sigma \tilde{c}_0 \tilde{A} R^{-1} k(k-1)^{-1}(\nu+1+NR^{-1})(N_1\nu_1)^\sigma, \ k>1, \ \tilde{c}_0 \geq \sup(c_0 C_0,1), \tilde{A} \geq \sup(A,k2^\sigma C_0)$$

and $\gamma!^\sigma$ is replaced by $\gamma!^\mu$ when ϕ' does not depend on η.

COROLLARY 1.11: Let the hypotheses i) and ii) of Lemma 1.10 be satisfied. Furtheremore assume that

iii) $a \in S_b^{\infty,\sigma,\mu}(X \times \mathbf{R}^N_{B_0,0};A)$

or

iii)' $a \in S_b^{\infty,\sigma,\mu}(X \times \mathbf{R}^N_{B_0,B};A)$, $B > 0$ and ϕ'' does not depend on y,

then

$$a \circ \phi \in S_b^{\infty,\sigma,\sigma}(Y \times \mathbf{R}^{N_1}_{D_0,R^{-1}B};A')^{\,2)} \quad \text{and}$$

$$\|a \circ \phi\|^{A',D_0,R^{-1}B}_{Y,c_0^{1/\sigma}\varepsilon} \leq \|a\|^{A,B_0,B}_{X,\varepsilon},$$

where A' is as in Lemma 1.10.

The following definitions of formal series of symbols and of equivalence of formal series of symbols, given in [24] when $\mu = 1$, are needed.

DEFINITION 1.12: A series $\sum_{j \geq 0} a_j(x,\xi)$, $a_j \in S_N^{\infty,\sigma,\mu}(X)$ is called a formal series of symbols in $S_N^{\infty,\sigma,\mu}(X)$ if for every open set $X' \subset\subset X$ there exist constants $A > 0$, $B_0 \geq 0$, $B \geq 0$ such that for every $\varepsilon > 0$

$$\sup_{j \in \mathbf{Z}_+} \sup_{\substack{\alpha \in \mathbf{Z}^N_+ \\ \beta \in \mathbf{Z}^\nu_+}} \sup_{\substack{x \in X' \\ |\xi| > B(|\alpha|+j)^\sigma + B_0}} A^{-|\alpha|-|\beta|-j} \alpha!^{-\mu}(j!\beta!)^{-\sigma}(1+|\xi|)^{|\alpha|+j} \exp(-\varepsilon|\xi|^{1/\sigma}).$$

$$\cdot\ |D_\xi^\alpha D_x^\beta a_j(x,\xi)| < +\infty.$$

The set of formal series of symbols in $S_N^{\infty,\sigma,\mu}(X)$ will be denoted by $FS_N^{\infty,\sigma,\mu}(X)$ and can be endowed with a natural inductive limit topology.

DEFINITION 1.13: We shall say that two series $\sum_{j \geq 0} a_j$, $\sum_{j \geq 0} b_j$ in $FS_N^{\infty,\sigma,\mu}(X)$ are equivalent and write $\sum_{j \geq 0} a_j \sim \sum_{j \geq 0} b_j$ if for every open set $X' \subset\subset X$ there are constants $A > 0$, $B_0 \geq 0$, $B \geq 0$ such that for every $\varepsilon > 0$

$$\sup_{s \in \mathbf{Z}_+} \sup_{\substack{\alpha \in \mathbf{Z}^N_+ \\ \beta \in \mathbf{Z}^\nu_+}} \sup_{\substack{x \in X' \\ |\xi| > B(|\alpha|+s)^\sigma + B_0}} A^{-|\alpha|-|\beta|-s} \alpha!^{-\mu}(\beta!s!)^{-\sigma}(1+|\xi|)^{|\alpha|+s}.$$

$$\cdot\ \exp(-\varepsilon|\xi|^{1/\sigma})|D_\xi^\alpha D_x^\beta \sum_{j<s} [a_j(x,\xi)-b_j(x,\xi)]| < +\infty.$$

---

2) $a \circ \phi \in S_b^{\infty,\sigma,\mu}(Y \times \mathbf{R}^N_{D_0,R^{-1}B};A')$ if ϕ' does not depend on η.

Since $\sum_{j \geq 0} a_j \in FS_N^{\infty,\sigma,\mu}(X)$ when $a_j = 0$ for every $j > 0$ and $a_0 \in S_N^{\infty,\sigma,\mu}(X)$, we shall consider $S_N^{\infty,\sigma,\mu}(X)$ as a subspace of $FS_N^{\infty,\sigma,\mu}(X)$.

PROPOSITION 1.14 [24]: Let $a \sim 0$ in $FS_N^{\infty,\sigma,\mu}(X)$. Then for every open set $X' \subset\subset X$ there exist constants $A > 0$, $B_0 \geq 0$, $h > 0$ such that

$$\sup_{\beta \in \mathbb{Z}_+^\nu} \sup_{\substack{x \in X' \\ |\xi| > B_0}} A^{-|\beta|} \beta!^{-\sigma} \exp(h|\xi|^{1/\sigma}) |D_x^\beta a(x,\xi)| < +\infty.$$

Every element of the factor space $FS_N^{\infty,\sigma,\mu}(X)/\sim$ contains an element of $S_N^{\infty,\sigma,\mu}(X)$. In fact we have

THEOREM 1.15: [3] Let $\sum_{j \geq 0} a_j \in FS_N^{\infty,\sigma,\mu}(X)$. Then for every open set $X' \subset\subset X$ there exists $a_{X'} \in S_N^{\infty,\sigma,\mu}(X')$ such that $a_{X'} \sim \sum_{j \geq 0} a_j|_{X'}$ in $FS_N^{\infty,\sigma,\mu}(X')$.

From this theorem, with the aid of a partition of unity in $G_0^{(\sigma)}(X)$ related to a locally finite covering of X by relatively compact open subsets, we obtain

COROLLARY 1.16: For every $\sum_{j \geq 0} a_j \in FS_N^{\infty,\sigma,\mu}(X)$ there exists $a \in S_N^{\infty,\sigma,\mu}(X)$ such that $a \sim \sum_{j \geq 0} a_j$ in $FS_N^{\infty,\sigma,\mu}(X)$.

From Lemma 1.10 and Corollary 1.11 it follows easily

THEOREM 1.17: Let $\sum_{j \geq 0} a_j \in FS_N^{\infty,\sigma,\mu}(X)$ and let $\phi = (\phi',\phi'')$ be as in Lemma 1.10. Assume that one of the following conditions is satisfied:

i) for every $X' \subset\subset X$ the constant B in the Definition 1.12 is equal to zero;

ii) ϕ'' does not depend on y.

---

3) See [24] for $\mu = 1$.

Then $\sum_{j \geq 0} (a_j \circ \phi) \in FS^{\infty,\sigma,\sigma}_{N_1}(Y)$ [4].

DEFINITION 1.18: A real valued function $\phi \in C^\infty(X \times \mathbf{R}^N) \cap \tilde{S}^{1,\sigma,\mu}_N(X)$ such that for every $X' \subset\subset X$ there exist constants $B_0 \geq 0$, $D > 0$ such that

$$\theta(x,\xi) = [|\nabla_x \phi|^2 + |\xi|^2 |\nabla_\xi \phi|^2]^{-1} \leq D|\xi|^{-2}, \quad (x,\xi) \in X' \times \mathbf{R}^N_{B_0} \tag{1.1}$$

will be called a phase function.

Note that if ϕ is homogeneous of degree one with respect to ξ when $(x,\xi) \in X' \times \mathbf{R}^N_{B_0}$, then the estimate in (1.1) holds if

$$\nabla_{x,\xi}\phi(x,\xi) \neq 0 \quad \text{for} \quad (x,\xi) \in X' \times \mathbf{R}^N_{B_0}.$$

We define now certain oscillatory integrals as extension to every $a \in C^\infty(X \times \mathbf{R}^N) \cap S^{\infty,\sigma,\mu}_N(X)$ of the integral

$$I_\phi(au) = \iint e^{i\phi(x,\xi)} a(x,\xi) u(x) dx \, đ\xi, \quad đ\xi = (2\pi)^{-N} d\xi \tag{1.2}$$

which is well defined for any $u \in G^{(\sigma)}_0(X)$ and any phase function ϕ if for every $X' \subset\subset X$, $a \in L^1(X' \times \mathbf{R}^N)$. To this end consider a sequence of functions $g_j \in C^\infty_0(\mathbf{R}^N)$, $j \in \mathbf{Z}_+$, such that $0 \leq g_j(\xi) \leq 1$ for every $\xi \in \mathbf{R}^N$, $g_j(\xi) = 1$ for $|\xi| \leq 2$, $g_j(\xi) = 0$ for $|\xi| \geq 3$ and

$$|D^\alpha g_j(\xi)| \leq (cj)^{|\alpha|}, \quad |\alpha| \leq j,$$

where c is a positive constant[5]. Then for a given $R > 0$ define

$$\psi_0(\xi) = g_1(\xi/R), \; \psi_j(\xi) = g_{j+1}(\xi/R(j+1)^\sigma) - g_j(\xi/Rj^\sigma), \quad j = 1,\ldots^{6)}. \tag{1.3}$$

---

4) $\sum_{j \geq 0} (a_j \circ \phi) \in FS^{\infty,\sigma,\mu}_{N_1}(Y)$ if ϕ' does not depend on η.

5) See [22], [17], [2].

6) See [24].

It is immediately seen that $\{\psi_j\}_{j\in\mathbf{Z}_+}$ is a partition of unity in $\mathbf{R}^N$ and that $\text{supp}\,\psi_0 \subset \{\xi;\ |\xi|\leq 3R\}$, $\text{supp}\,\psi_j \subset \{\xi;\ 2Rj^\sigma \leq |\xi| \leq 3R(j+1)^\sigma\}$, $j=1,\dots,$

$$|D^\alpha\psi_j(\xi)| \leq 2(c/Rj^{\sigma-1})^{|\alpha|}\ ,\ |\alpha| \leq j \in \mathbf{Z}_+.$$

On the other hand, given a phase function ϕ, the transpose of

$$L = \sum_{h=1}^{\nu} a_h\partial_{x_h} + \sum_{j=1}^{N} b_j\,\partial_{\xi_j} + a_0 + b_0$$

where $a_h = i\theta\partial_{x_h}\phi$, $b_j = i|\xi|^2\theta\partial_{\xi_j}\phi$, $a_0 = \sum_{h=1}^{\nu}\partial_{x_h}a_h$, $b_0 = \sum_{j=1}^{N}\partial_{\xi_j}b_j$, leaves $e^{i\phi}$ unchanged. Thus if a and u are as indicated in (1.2)

$$I_\phi(au) = \sum_{j=0}^{\infty}\iint e^{i\phi(x,\xi)}a(x,\xi)\psi_j(\xi)u(x)dx\,đ\xi = \sum_{j\geq 0} I_j \tag{1.4}$$

for any $R > 0$ in (1.2) and

$$I_j = \iint e^{i\phi(x,\xi)}L^j(a(x,\xi)\psi_j(\xi)u(x))dx\,đ\xi,\ j = 1,\dots\ . \tag{1.4'}$$

<u>LEMMA 1.19</u>: Let $u \in G_0^{(\sigma),A_u}(X')$, $X' \subset\subset X$ and let $a \in C^\infty(X\times\mathbf{R}^N) \cap S^{\infty,\sigma,\mu}_{b,N}(X')$ and I_j as in (1.4'). Then there exist $R > 0$, $c > 0$ such that for any $\varepsilon \in\,]0,\ 1/6R^{1/\sigma}[$

$$\sum_{j\geq 0}|I_j| \leq c\,\|u\|_{X',A_u}\left(\sup_{X'\times\{|\xi|\leq 3R\}}|a(x,\xi)| + \|a\|^{A_a,R,R}_{X',\varepsilon}\right), \tag{1.5}$$

where c and R remain bounded when a,ϕ,u vary on bounded subsets of $S^{\infty,\sigma,\mu}_{b,N}(X')$, on the bounded subset of $\tilde{S}^{1,\sigma,\mu}_{b,N}(X')$ where the constant D in (1.1) remains bounded and on bounded subsets of $G_0^{(\sigma)}(X')$, respectively.

Let now $a \in C^\infty(X\times\mathbf{R}^N) \cap S^{\infty,\sigma,\mu}_N(X)$ and let $\chi(\xi)$ and $a_\rho(x,\xi)=a(x,\xi)\chi(\rho\xi)$, $\rho \in [0,1]$, be as in Example 1.6.

Since $a_\rho \in L^1(X'\times\mathbf{R}^N)$, $\rho \in\,]0,1]$, for every $X' \subset\subset X$ and the set $\{a_\rho, \rho \in [0,1]\}$ is bounded in $S^{\infty,\sigma,\mu}_N(X)$, then by (1.4) and (1.5), for $u \in G_0^{(\sigma),A_u}(X')$

$$|I_\phi(a_\rho u)| \leqq c\,\|u\|_{X',A_u}\big(\sup_{X'\times\{|\xi|\leqq 3R\}}|a_\rho(x,\xi)| + \|a_\rho\|^{A,R,R}_{X',\varepsilon}\big)$$

where c, A, R, ε do not depend on ρ. Noting that, as was indicated in Example 1.6, $a_\rho \to a$ in $C^\infty(X \times \mathbf{R}^N)$ and in $S_N^{\infty,\sigma,\mu}(X)$, we conclude that $\lim_{\rho\to 0^+} I_\phi(a_\rho u)$ exists in $\mathbb{C}$ for every $u \in G_0^{(\sigma)}(X)$ and is equal to $\sum_{j\geqq 0} I_j$ for suitable chosen $R > 0$. Thus we can give

DEFINITION 1.20: Let ϕ be a phase function and let $a \in C^\infty(X \times \mathbf{R}^N) \cap S_N^{\infty,\sigma,\mu}(X)$ and $u \in G_0^{(\sigma)}(X)$. Then we define

$$\begin{aligned} I_\phi(au) &= \mathrm{Os}-\iint e^{i\phi(x,\xi)}a(x,\xi)u(x)dx\,đ\xi = \\ &= \lim_{\rho\to 0^+}\iint e^{i\phi(x,\xi)}a(x,\xi)\chi(\rho\xi)u(x)dx\,đ\xi \qquad (1.6) \\ &= \sum_{j\geqq 0}\iint e^{i\phi(x,\xi)}a(x,\xi)\psi_j(\xi)u(x)dx\,đ\xi, \end{aligned}$$

where χ is as in Example 1.6 and the constant R in (1.3) is chosen as in Lemma 1.19.

Since $I_\phi(au)$ is estimated by the right-hand side of (1.5), we can conclude with

THEOREM 1.21: Let $\phi \in C^\infty(X \times \mathbf{R}^N) \cap \tilde{S}_N^{1,\sigma,\mu}(X)$ be real valued and let ϕ satisfy (1.1). Then the bilinear map

$$(a,u) \to I_\phi(au)$$

defined by (1.6) on $(C^\infty(X \times \mathbf{R}^N) \cap S_N^{\infty,\sigma,\mu}(X))\mathrm{x}G_0^{(\sigma)}(X)$ is separately continuous for the topology of $(C(X \times \mathbf{R}^N) \cap S_N^{\infty,\sigma,\mu}(X))\mathrm{x}G_0^{(\sigma)}(X)$, uniformly with respect to ϕ, when ϕ varies on the bounded subsets of $\tilde{S}_N^{1,\sigma,\mu}(X)$ where the constant D in (1.1) remains bounded. On these subsets the map $\phi \to I_\phi(au)$ is also continuous for the topology of $C^\infty(X \times \mathbf{R}^N)$ and this continuity is uniform when (a,u) varies on bounded subsets of $(C^\infty(X \times \mathbf{R}^N) \cap S_N^{\infty,\sigma,\mu}(X))\mathrm{x}G_0^{(\sigma)}(X)$.

Note now that if $a \in L^1(X' \times \mathbf{R}^N)$ for every $X' \subset\subset X$ then

$$I_\phi(au) = \int đ\xi \int e^{i\phi(x,\xi)}a(x,\xi)u(x)dx. \qquad (1.2')$$

On the other hand if we assume that the phase function ϕ is such that

$$|\nabla_x\phi(x,\xi)|^{-2} \leqq D \ |\xi|^{-2}, \quad (x,\xi) \in X' \times \mathbf{R}^N_{B_\phi}, \tag{1.7}$$

then, using the operator

$$L' = \sum_{h=1}^{\nu} a'_h \partial_{x_h} + a'_o$$

where $a'_h = i\,|\nabla_x\phi|^{-2}\partial_{x_h}\phi$, $a'_o = \sum_{h=1}^{\nu}\partial_{x_h} a'_h$, in place of L we can prove

PROPOSITION 1.22: Let ϕ be a phase functions satisfying (1.7) and assume that $a(\cdot,\xi) \in G_o^{(\sigma)}(X')$, $X' \subset\subset X$, $\xi \in \mathbf{R}^N_{B_o}$, and that there exists $A_a > 0$ such that for every $\varepsilon > 0$

$$\sup_{\beta\in\mathbf{Z}^\nu_+} A_a^{-|\beta|}\beta!^{-\sigma} \sup_{X'\times\mathbf{R}^N_{B_o}} |D_x^\beta a(x,\xi)|\exp(-\varepsilon|\xi|^{1/\sigma}) = c_a(\varepsilon) < +\infty.$$

Then there exist positive constants $\tilde{C}$, $\tilde{c}$, c_o, A such that for $|\xi| > \sup(B_o,B_\phi)$

$$\left|\int e^{i\phi(x,\xi)}a(x,\xi)dx\right| \leqq \tilde{C}|X'|c_a(\varepsilon)\exp((\varepsilon-\tilde{c}(c_oA)^{-1/\sigma})|\xi|^{1/\sigma}),$$

where $\tilde{C}$ and $\tilde{c}$ are independent of a,ϕ,ε, while c_o and A which depend on ϕ and on (a,ϕ) respectively remain bounded when this happens for

$$|\phi|^{A_\phi,B_\phi,0}_{X',1}, D, A_a.$$

From this proposition it follows

LEMMA 1.23: Let ϕ be a phase function satisfying (1.7), and let $u \in G_o^{(\sigma),A_u}(X')$, $X' \subset\subset X$, $a \in C^\infty(X\times\mathbf{R}^N) \cap S_b^{\infty,\sigma,\mu}(X'\times\mathbf{R}^N_{B_o,B};A_a)$. Then there exist $c' > 0$ and $\varepsilon > 0$ such that

$$\left|\int d\!\!\!{}^-\xi\int e^{i\phi(x,\xi)}a(x,\xi)u(x)dx\right| \leqq c'|X'| \ \|u\|_{X',A_u}\Big(\sup_{X'x\{|\xi|\leqq\sup(B_o,B_\phi)\}}|a(x,\xi)| + \|a\|^{A_a,B_o,B}_{X',\varepsilon}\Big).$$

Here c' and ε depend on ϕ, a, u, and are bounded with $|\phi|_{X',1}^{A_\phi,B_\phi,0}$, D, A_u, A_a.

Applying this lemma we conclude that if ϕ is a phase function satisfying (1.7) then for $a \in C^\infty(X \times \mathbf{R}^N) \cap S_N^{\infty,\sigma,\mu}(X)$, $u \in G_0^{(\sigma)}(X)$

$$I_\phi(au) = \lim_{\rho\to 0+} I_\phi(a_\rho u) = \int đ\xi \int e^{i\phi(x,\xi)} a(x,\xi)u(x)dx. \tag{1.8}$$

Finally if ϕ is a phase function let X_ϕ be the open subset of X defined by

$$X_\phi = \{x \in X;\ \exists D > 0,\ B > 0,\quad |\nabla_\xi \phi|^{-2} \leqq D \quad \text{for } |\xi| > B\}\ .$$

Noting that it can be proved as in Lemma 1.19 that an estimate similar to (1.5) holds for

$$\sum_{j \geqq 0} \int e^{i\phi(x,\xi)} a(x,\xi)\psi_j(\xi) đ\xi$$

when $a \in C^\infty(X \times \mathbf{R}^N) \cap S_N^{\infty,\sigma,\mu}(X)$ and $x \in X' \subset\subset X_\phi$,we can define

$$I_\phi(a)(x) = \mathrm{Os} - \int e^{i\phi(x,\xi)} a(x,\xi) đ\xi =$$

$$= \lim_{\rho\to 0+} \int e^{i\phi(x,\xi)} a_\rho(x,\xi) đ\xi = \sum_{j\geqq 0} \int e^{i\phi(x,\xi)} a(x,\xi)\psi_j(\xi) đ\xi, \tag{1.9}$$

where a_ρ is as in Example 1.6 and the constant R in the definition of ψ_j is as in Lemma 1.19.

Moreover

$$|I_\phi(a)(x)| \leqq c\Big(\sup_{X'\times\{|\xi|\leqq 3R\}} |a(x,\xi| + \|a\|_{X',\varepsilon}^{A_a,R,R}\Big),\ x \in X' \subset\subset X_\phi,$$

where c, R, ε are as in Lemma 1.19 [7] and

$$I_\phi(au) = \int (I_\phi a)(x)u(x)dx, \quad u \in G_0^{(\sigma)}(X_\phi). \tag{1.10}$$

---

7) Obviously there is no dependence on u in this case.

2. FOURIER INTEGRAL OPERATORS OF INFINITE ORDER ON GEVREY SPACES

DEFINITION 2.1: Let Ω be an open subset of $\mathbf{R}^n$ and let $\sigma > 1$ and $\mu \in [1,\sigma]$. A function a defined on $\Omega \times \Omega \times \mathbf{R}^n$ will be called a σ-amplitude of infinite order on Ω if

i) $a \in \mathcal{B}_{loc}(\mathbf{R}^n; G^{(\sigma)}(\Omega \times \Omega))$

ii) $a \in C^\infty(\Omega \times \Omega \times \mathbf{R}^n) \cap S_n^{\infty,\sigma,\mu}(\Omega \times \Omega)$.

We shall denote by $\mathcal{A}^{\infty,\sigma,\mu}(\Omega \times \Omega)$ the set of all σ-amplitudes of infinite order on Ω and by $\tilde{\mathcal{A}}^{\infty,\sigma,\mu}(\Omega \times \Omega)$ the set of all $a \in \mathcal{A}^{\infty,\sigma,\mu}(\Omega \times \Omega)$ that satisfy ii) where $S_n^{\infty,\sigma,\mu}(\Omega \times \Omega)$ is replaced by $\tilde{S}_n^{\infty,\sigma,\mu}(\Omega \times \Omega)$.

Similarly we shall denote by $\mathcal{A}^{m,\sigma,\mu}(\Omega \times \Omega)$ and $\tilde{\mathcal{A}}^{m,\sigma,\mu}(\Omega \times \Omega)$, $m \in \mathbf{R}$, the sets of all σ-amplitudes of order m on Ω defined by replacing $S_n^{\infty,\sigma,\mu}(\Omega \times \Omega)$ in ii) with $S_n^{m,\sigma,\mu}(\Omega \times \Omega)$ and $\tilde{S}_n^{m,\sigma,\mu}(\Omega \times \Omega)$ respectively.

DEFINITION 2.2: A phase function on Ω is a real valued function $\phi \in \tilde{\mathcal{A}}^{1,\sigma,\mu}(\Omega \times \Omega)$ such that for every $\Omega' \subset\subset \Omega$ there exist $B_0 \geq 0$ and $D > 0$ such that for $(x,y,\xi) \in \Omega' \times \Omega' \times \mathbf{R}^N_{B_0}$

$$(|\nabla_x\phi|^2+|\xi|^2|\nabla_\xi\phi|^2)^{-1} \leq D|\xi|^{-2}, \quad (|\nabla_y\phi|^2+|\xi|^2|\nabla_\xi\phi|^2)^{-1} \leq D|\xi|^{-2}.$$

If $a \in \mathcal{A}^{\infty,\sigma,\mu}(\Omega \times \Omega)$ and ϕ is a phase function on Ω we define the Fourier integral operator A on $G_0^{(\sigma)}(\Omega)$ as an oscillatory integral according to Definition 1.20:

$$(Au)(x) = \mathrm{Os}\, -\!\!\iint e^{i\phi(x,y,\xi)}a(x,y,\xi)u(y)dy\, đ\xi, \quad x \in \Omega. \tag{2.1}$$

If we set

$$a_\beta(x,y,\xi) = e^{-i\phi(x,y,\xi)}D_x^\beta(e^{i\phi(x,y,\xi)}a(x,y,\xi)), \quad \beta \in \mathbf{Z}^n_+,$$

and apply Proposition 1.9 we see that

$$a_\beta \in C(\Omega' ;C^\infty(\Omega \times \mathbf{R}^n) \cap \mathcal{B}(\Omega'; S_n^{\infty,\sigma,\mu}(\Omega))$$

and that for every $\Omega'' \subset\subset \Omega$ there exist $A' > 0$, $B_0' \geq 0$ such that for $A'' = \sup\,(A_\phi(|\phi|^{A_\phi,B_\phi,0}_{\Omega'\times\Omega''}+1),\ 2^\sigma A_a)$ and a constant c

$$\sup_{x\in\Omega'} \|a_\beta(x,\cdot,\cdot)\|^{A',B_0',B}_{\Omega'',\varepsilon} \leq (CA'')^{|\beta|}\, \varepsilon^{-\sigma|\beta|}\, \beta!^{\sigma}\, \|a\|^{A_a,B_0,B}_{\Omega'\times\Omega'',\varepsilon} . \tag{2.2}$$

Thus by Corollary 1.5 and Theorem 1.21

$$(D_x^\beta Au)(x) = \text{Os} - \iint e^{i\phi(x,y,\xi)} a_\beta(x,y,\xi)u(y)dy\, đ\xi, \quad x \in \Omega.$$

This and the inequalities (1.5) and (2.2) prove that A is a continuous linear map from $G_0^{(\sigma)}(\Omega)$ to $G^{(\sigma)}(\Omega)$.

Since this result also holds for the transpose ${}^tA$ of A defined by

$$({}^tAv)(y) = \text{Os} - \iint e^{i\phi(x,y,\xi)} a(x,y,\xi)v(x)dx\, đ\xi, \quad v \in G_0^{(\sigma)}(\Omega),$$

we conclude with

THEOREM 2.3: Let ϕ be a phase function on Ω and let a be a σ-amplitude of infinite order on Ω (see Definitions 2.1 and 2.2).

Then (2.1) defines a continuous linear map from $G_0^{(\sigma)}(\Omega)$ to $G^{(\sigma)}(\Omega)$ which extends to a continuous linear map from $G^{(\sigma)'}(\Omega)$ to $G_0^{(\sigma)'}(\Omega)$ with kernel $K_A \in G_0^{(\sigma)'}(\Omega\times\Omega)$ defined by

$$K_A(w) = \text{Os} - \iiint e^{i\phi(x,y,\xi)} a(x,y,\xi)w(x,y)dx\, dy\, đ\xi, \quad w \in G_0^{(\sigma)}(\Omega\times\Omega).$$

Let now

$$R_\phi = \{(x,y) \in \Omega\times\Omega;\ \exists\, B_0 > 0,\ D > 0:\ |\nabla_\xi\phi|^{-2} \leq D,\ \forall\, |\xi| > B_0\}$$

and according to (1.9)

$$I_\phi(a)(x,y) = \text{Os} - \int e^{i\phi(x,y,\xi)} a(x,y,\xi)đ\xi, \quad (x,y) \in R_\phi.$$

With the same arguments used for proving Theorem 2.3 it can be proved that $I_\phi(a) \in G^{(\sigma)}(R_\phi)$. Thus by (1.10) $K_A \in G^{(\sigma)}(R_\phi)$, and we have

THEOREM 2.4: Let ϕ be a phase function on Ω and let a be a σ-amplitude of infinite order on Ω. Then for $u \in G^{(\sigma)'}(\Omega)$

$$\sigma\text{-singsupp } Au \subset CR_\phi \circ \sigma\text{-singsupp } u$$

$$= \{x \in \Omega \; ; \; \exists\, y \in \sigma\text{-singsupp } u; \quad (x,y) \in CR_\phi\}.$$

DEFINITION 2.5: A continuous linear map from $G_0^{(\sigma)}(\Omega)$ to $G^{(\sigma)}(\Omega)$ is said to be a σ-regularizing operator in Ω if it extends to a continuous linear map from $G^{(\sigma)'}(\Omega)$ to $G^{(\sigma)}(\Omega)$.

Note that, as has been proved in [15], an operator A from $G^{(\sigma)'}(\Omega)$ to $G_0^{(\sigma)'}(\Omega)$ is -regularizing if and only if its kernel $K_A \in G^{(\sigma)}(\Omega \times \Omega)$.

The following characterization of σ-regularizing operators holds.

THEOREM 2.6: Let $\phi \in L^\infty_{loc}(\mathbb{R}^n; G^{(\sigma)}(\Omega \times \Omega))$ be a real valued function such that for every pair of relatively compact open subsets Ω', Ω'' of Ω there exist $A_\phi > 0$, $B_\phi \geq 0$ such that

$$|D_x^\beta D_y^\gamma \phi(x,y,\xi)| \leq A_\phi^{|\alpha+\beta|+1}(\beta!\gamma!)^\sigma(1+|\xi|), \; (x,y,\xi) \in \Omega' \times \Omega'' \times \mathbb{R}^n_{B_\phi} \; .$$

Then a continuous linear map A from $G_0^{(\sigma)}(\Omega)$ to $G^{(\sigma)}(\Omega)$ is σ-regularizing on Ω if and only if it can be represented in the form (2.1) with $a \in L^1_{loc}(\mathbb{R}^n; G^{(\sigma)}(\Omega \times \Omega))$ such that for every Ω', $\Omega'' \subset\subset \Omega$ there exist $A_a > 0$, $B_a \geq 0$, $h > 0$ such that

$$|D_x^\beta D_y^\gamma a(x,y,\xi)| \leq A_a^{|\gamma+\beta|+1}(\beta!\gamma!)^\sigma \exp(-h|\xi|^{1/\sigma}), \; (x,y,\xi) \in \Omega' \times \Omega'' \times \mathbb{R}^n_{B_a} \; .$$

From this theorem and Proposition 1.14 it follows in particular

COROLLARY 2.7: Let ϕ satisfy the conditions of Theorem 2.6 and let $a \sim 0$ in $FS_n^{\infty,\sigma,\mu}(\Omega \times \Omega)$. Then the operator (2.1) is σ-regularizing on Ω.

We restrict ourselves now to considering phasefunctions $\phi(x,y,\xi) = \phi(x,\xi) - \langle y,\xi\rangle$ and σ-amplitudes a independent of y. The sets of these amplitudes will be denotec by $\mathbb{A}^{\infty,\sigma,\mu}(\Omega)$, $\mathbb{A}^{m,\sigma,\mu}(\Omega)$, etc. instead of $\mathbb{A}^{\infty,\sigma,\mu}(\Omega \times \Omega)$, $\mathbb{A}^{m,\sigma,\mu}(\Omega \times \Omega)$, respectively. We shall also assume that $\phi \in \mathbb{P}_{loc}$, where, following [16], $\mathbb{P}_{loc}$ is defined by

DEFINITION 2.8: $\mathbb{P}_{loc}$ will denote the set of all real valued functions defined on $\Omega \times \mathbb{R}^n$ such that $\phi \in \mathbb{A}^{1,\sigma,\mu}(\Omega)$ and for every $\Omega' \subset\subset \Omega$ there exists

$\tau_{\Omega'} \in [0,1]$ and $B_o > 0$ such that

$$\sum_{|\alpha+\beta|\leq 2} \sup_{\substack{x\in\Omega' \\ |\xi|\geq B_o}} |D_\xi^\alpha D_x^\beta[\phi(x,\xi)-\langle x,\xi\rangle]|(1+|\xi|)^{|\alpha|-1}| \leq \tau_{\Omega'} .$$

All functions $\Phi = \phi(x,\xi) - \langle y,\xi\rangle$, $\phi \in \mathcal{P}_{loc}$, are phase functions on Ω according to Definition 2.2. Moreover if $a \in \mathcal{A}^{\infty,\sigma,\mu}(\Omega)$, then by (1.8) the operator A defined by (2.1) can be written as

$$(Au)(x) = \int e^{i\phi(x,\xi)} a(x,\xi)\tilde{u}(\xi)đ\xi, \quad u \in G_0^{(\sigma)}(\Omega). \tag{2.3}$$

The following result on the composition of operators of type (2.3) will be used later.

<u>THEOREM 2.9</u>: Let Ω be convex and P_1, P_2 be defined on $G_0^{(\sigma)}(\Omega)$ by

$$(P_1u)(x) = \int e^{i\langle x,\xi\rangle} p_1(x,\xi)\tilde{u}(\xi)đ\xi,$$

$$(P_2u)(x) = \int e^{i\phi(x,\xi)} p_2(x,\xi)\tilde{u}(\xi)đ\xi, \; x \in \Omega,$$

where $\phi \in \mathcal{P}_{loc}$, $p_1 \in \tilde{\mathcal{A}}^{\infty,\sigma,1}(\Omega)$, $p_2 \in \mathcal{A}^{\infty,\sigma,\mu}(\Omega)$, and let $h \in G_0^{(\sigma)}(\Omega)$ and $h \equiv 1$ on an open neighbourhood of $\Omega' \subset\subset \Omega$. Then there exists $P_{\Omega'}$ defined on $G_0^{(\sigma)}(\Omega')$ by

$$(P_{\Omega'}u)(x) = \int e^{i\phi(x,\xi)} p_{\Omega'}(x,\xi)\tilde{u}(\xi)đ\xi$$

and a σ-regularizing operator on Ω', $R_{\Omega'}$, such that

$$(P_1hP_2u)(x) = (P_{\Omega'}u)(x) + (R_{\Omega'}u)(x), \quad x \in \Omega', \; u \in G_0^{(\sigma)}(\Omega'),$$

where $p_{\Omega'} \in \mathcal{A}^{\infty,\sigma,\mu}(\Omega')$ and

$$p_{\Omega'}(x,\xi) \sim \sum_{j\geq 0} q_j(x,\xi) \quad \text{in} \quad FS_n^{\infty,\sigma,\mu}(\Omega'),$$

$$q_j(x,\xi) = \sum_{|\alpha|=j} \alpha!^{-1} D_y^\alpha[D_\xi^\alpha p_1(x,\tilde{\nabla}_x\phi(x,y,\xi))p_2(y,\xi)]_{y=x},$$

$$\tilde{\nabla}_x\phi(x,y,\xi) = \int_0^1 \nabla_x\phi(y+\theta(x-y),\xi)d\theta.$$

When $\phi(x,\xi) = \langle x,\xi\rangle$ the same result holds for $p_i \in A^{\infty,\sigma,1}(\Omega)$, $i = 1,2$ [8].

We recall that a continuous linear operator A from $G_0^{(\sigma)}(\Omega)$ to $G_0^{(\sigma)'}(\Omega)$ is called properly supported if for every compact set $K \subset \Omega$ there exists a compact set $K' \subset \Omega$ such that

$$\text{supp } u \subset K \Rightarrow \text{supp } Au \subset K'; \quad u = 0 \text{ on } K' \Rightarrow Au = 0 \text{ on } K.$$

From Theorem 2.3 it follows that if A is given by (2.1) and is properly supported then it maps each of the spaces $G_0^{(\sigma)}(\Omega)$, $G^{(\sigma)'}(\Omega)$, $G_0^{(\sigma)'}(\Omega)$, $G^{(\sigma)}(\Omega)$ continuously into themselves.

Thus from Theorem 2.9, it follows

<u>COROLLARY 2.10</u>: Let P_1, P_2 be as in Theorem 2.9 and assume that one of them is properly supported. Then there exists $p(x,\xi) \in A^{\infty,\sigma,\mu}(\Omega)$, $p(x,\xi) \sim \sum_{j\geq 0} q_j(x,\xi)$ in $FS_n^{\infty,\sigma,\mu}(\Omega)$, q_j as in Theorem 2.9 such that for every $\Omega' \subset\subset \Omega$

$$(P_1P_2u)(x) = (Pu)(x) + (R_{\Omega'}u)(x), \quad x \in \Omega', \ u \in G_0^{(\sigma)}(\Omega'),$$

where

$$(Pu)(x) = \int e^{i\phi(x,\xi)}p(x,\xi)\tilde{u}(\xi)d\xi$$

and $R_{\Omega'}$ is a σ-regularizing operator on Ω'.

We can also prove

<u>LEMMA 2.11</u>: Let $\phi \in \mathcal{P}_{loc}(\Omega)$ be homogeneous of degree one with respect to ξ for large $|\xi|$ and let A be defined by (2.3) and $u \in G^{(\sigma)'}(\Omega)$. Assume that for $x^0 \in \Omega$ there exists $r > 0$ such that $\tau_{B(x^0,r)} < 1/2$ [9]. Then

---

8) See [24].

9) See Definition 2.8.

i) there exist $D > 0$ and $C > 0$ such that for every $\xi \in \mathbf{R}^n_D$ and $x \in B(x^o,r)$ there exists a unique $\eta \in \mathbf{R}^n_C$ such that $\xi = \nabla_x\phi(x,\eta)$;

ii) let $\xi^o \in \mathbf{R}^n_D$ and $\xi^o = \nabla_x\phi(x^o,\eta^o)$. If $(\nabla_\eta\phi(x^o,\eta^o),\eta^o) \notin WF_{(\sigma)}(u)$, then $(x^o,\xi^o) \notin WF_{(\sigma)}(Au)$.

<u>COROLLARY 2.12</u>: Let A be given by (2.3), $\phi \in \mathfrak{P}_{loc}(\Omega)$ and assume that there exists $\psi \in \mathfrak{P}_{loc}(\Omega)$ homogeneous of degree one with respect to ξ for $|\xi|$ large such that $\phi-\psi \in \tilde{\mathbb{A}}^{q,\sigma,\mu}(\Omega)$, $q \in [0,\mu/\sigma[$. Then Lemma 2.11 holds for ϕ replaced by ψ.

REFERENCES

1. T. Aoki, Calcul exponentiel des opérateurs microdifférentiels d'ordre infini I, Ann. Inst. Fourier, Grenoble, 33, 4 (1983), 227-250; The exponential calculus of microdifferential operators of infinite order, II, III, IV, V. Proc. Japan Acad: 58A (1982), 154-157; 59A (1983), 79-82; 186-187; 60A (1984), 8-9.
2. P. Bolley, J. Camus and G. Metivier, Régularité Gevrey et itérés pour une classe d'opérateurs hypoelliptiques, Rend. Sem. Mat. Univ. Politecn., Torino, numero speciale 1983.
3. L. Boutet de Monvel, Opérateurs pseudo-differentiels analytiques et opérateurs d'ordre infinie, Ann. Inst. Fourier, Grenoble, 22, 3 (1973), 229-268.
4. L. Boutet de Monvel and P. Krée, Pseudo-differential operators and Gevrey classes, Ann. Inst. Fourier, Grenoble, 17, 1 (1967), 295-323.
5. L. Cattabriga and L. Zanghirati, Parametrix of infinite order and propagation of Gevrey singularities for solutions of the Cauchy problem for an operator with hyperbolic principal part, to appear.
6. T. Gramchev, The stationary phase method in Gevrey classes and Fourier integral operators on ultradistributions, Banach Sem. on Partial Differential Equations, Warsaw 1984, to appear in Banach Sem. Publ.
7. S. Hashimoto, T. Matsuzawa and Y. Morimoto, Opérateurs pseudo-différentiels et classes de Gevrey, Comm. Partial Differential Equations 8 (1983), 1277-1289.
8. L. Hörmander, Fourier integral operators I, Acta Math. 127 (1971), 79-183.

9. V. Iftimie, Opérateurs hypoelliptiques dans des espaces de Gevrey, Bull. Soc. Sic. Math. R.S. Roumanie 27 (1983), 317-333.
10. H. Kumano-go, Psuedo-differential operators, MIT Press 1981.
11. G. Metivier, Analytic hypoellipticity for operators with multiple characteristics, Comm. in partial differential equations 6 (1981), 1-90.
12. Y. Morimoto and K. Taniguchi, Propagation of wave front sets of solutions of the Cauchy problem for hyperbolic equations in Gevrey classes, to appear.
13. K. Taniguchi, Pseudo-differential operators acting on ultradistributions, Math. Japonica 30 (1985), 719-741.
14. F. Treves, Introduction to pseudo-differential and Fourier integral operators, vol. I, Plenum Press, 1981.
15. L.R. Volevic, Pseudo-differential operators with holomorphic symbols and Gevrey classes, Trudy Moskov. Mat. Obšč, 24 (1971), 46-68, Trans. Moscow Math. Soc., 24 (1974), 43-72.
16. L. Zanghirati, Pseudo-differential operators of infinite order and Gevrey classes, Ann. Univ. Ferrara, Sez. VII, 31 (1985), 197-219.

This work was supported by the Ministero della Rubblica Istruzione, Italy.

L. Cattabriga
Dipartimento di Matematica
Piazza di Porta S Donato 5
40127 Bologna
Italy.

E DE GIORGI

Some open problems in the theory of partial differential equations

In this lecture we shall present some problems and conjectures of general character for linear and nonlinear differential equations of arbitrary orders.

Naturally we do not exclude that an answer, at least partial, to some of the questions that we shall pose can already be found in the literature and I shall be thankful if they are brought to my attention. We shall begin by stating a conjecture concerning the characterization of differential operators.

CONJECTURE 1: Let Ω be an open set in $\mathbf{R}^n$.

a) Let $T : C^\infty(\Omega) \to C^\infty(\Omega)$ be a local operator (that is, T is such that if B is an open subset of Ω, u, w $\in C^\infty(\Omega)$ with $u|_B = w|_B$ then $Tu|_B = Tw|_B$.)

b) Let T be continuous for the usual topologies of $C^\infty(\Omega)$.

Under this hypothesis, the following conclusion holds:

For every compact subset K of Ω there exists an integer ν_K and a function ψ_K such that

$$\forall x \in K, \forall u \in C^\infty(\Omega)$$

we have

$$Tu(x) = \psi_K(x, u(x), \nabla u(x), \dots \nabla^{\nu_K} u(x)) \qquad (1)$$

where $\nabla^h u$ (the h-th power of the gradient operator ∇) denotes the vector having for its components all the partial derivatives of the function u of order h.

We observe that in the case of linear operators the theorem was proved by L. Schwartz under the hypotheses a), b) and successively by J. Peetre under only hypothesis a). Even though we do not have any counter examples to exclude the possibility of proving the assertion under only hypothesis a), the hypothesis b) seems a reasonable one to facilitate the proof in the non-linear case.

We shall now pass on to the consideration of different types of solutions of the equation

$$Tu = f \tag{2}$$

where T satisfies the hypothesis of the Conjecture 1 and $f \in C^\infty(\Omega)$. We shall say that a function u_n is a punctual solution of order n of the equation at a point $\bar{x} \in \Omega$ if the following condition holds:

$$\lim_{x \to \bar{x}} \frac{Tu_n(x) - f(x)}{(x-\bar{x})^n} = 0.$$

We shall say that a function u_∞ is a solution of order ∞ at the point $\bar{x}$ if

$$\lim_{x \to \bar{x}} \frac{Tu_\infty(x) - f(x)}{(x-\bar{x})^n} = 0, \text{ for all } n.$$

We can now state our next conjecture

CONJECTURE 2: If the equation (2) admits, for each integer n, a punctual solution of order n at a point $\bar{x}$ then it also admits a punctual solution of order ∞ at the same point.

A function $u \in C^\infty(\Omega)$ will be called a local solution of the equation (2) at a point $\bar{x}$ if $Tu(x) = f(x)$ is satisfied in a neighbourhood of $\bar{x}$.

It is evident that local solutions are also punctual solutions of order ∞.

We shall now add, to the hypothesis made on the operator T in Conjecture 1, an analyticity hypothesis, and state the following conjecture:

CONJECTURE 3: Denoting by $\mathbb{A}(\Omega)$ the space of analytic functions in Ω, suppose that for every $u \in \mathbb{A}(\Omega)$ we have $Tu \in \mathbb{A}(\Omega)$. Suppose now that f is an analytic function and that the equation $Tu = f$ admits a punctual solution of order ∞ at $\bar{x}$. Then it is also possible to find a local solution of the equation (2) at $\bar{x}$.

Finally, we shall call a function u, such that the equation (2) is satisfied at every $x \in \Omega$, a global solution.

One can now pose several problems concerning the existence of global solutions under various stronger or weaker hypotheses on T, u and f.

For example, one can ask whether there exist global analytic solutions for every analytic function f; whether there exist global solutions of a Gevrey class for every f of a Gevrey class; whether there exist global C^∞ solutions for every $f \in C^{\infty}$. But one can also ask the following question:

CONJECTURE 4: If, for every analytic u, Tu is also analytic and for every analytic f the equation Tu = f admits a global solution (respectively, a local solution at $\bar{x}$) does there exist a Gevrey class such that the same equation admits a global solution (respectively, a local solution at $\bar{x}$) for every f belonging to such a Gevrey class?

Passing on from the problems of existence to those of uniqueness, we remark, first of all, that, when we speak of uniqueness of punctual solutions of order n, we understand that if two solutions u and v satisfy the condition

$$\lim_{x \to \bar{x}} \frac{Tu(x) - f(x)}{(x-\bar{x})^n} = \lim_{x \to \bar{x}} \frac{Tv(x) - f(x)}{(x-\bar{x})^n} = 0$$

then they satisfy the condition

$$\lim_{x \to \bar{x}} \frac{u(x) - v(x)}{(x-\bar{x})^n} = 0.$$

Analogously, one can define the uniqueness of punctual solutions of order ∞ at a point $\bar{x}$, the uniqueness of local solutions and that of global solutions. We note that the uniqueness of the solution of the equation (2) without any further conditions is rather an exceptional fact, satisfied, for example, for the equation

$$u^2 + |\nabla u|^2 = 0.$$

For equations which occur frequently, for example, the hyperbolic equations, besides the condition Tu = f it would be necessary to consider additional conditions of the type

$$T_i u = \phi_i \text{ on } E_i, \quad i = 1,\ldots,k, \tag{3}$$

with $E_i \subseteq \Omega$ and the operators T_i satisfying the hypothesis made on the operator T of the Conjecture 1.

We shall call a function u, a punctual solution of (3) of order n at a point $\bar{x}$, if it satisfies the conditions

$$T_i u(\bar{x}) = \phi_i(\bar{x}) \quad \text{for } \bar{x} \in E_i.$$

and

$$\lim_{\substack{x \to \bar{x} \\ x \in E_i - \{\bar{x}\}}} \frac{T_i u(x) - \phi_i(x)}{(x-\bar{x})^n} = 0 \quad \text{for} \quad \bar{x} \in \overline{E_i - \{\bar{x}\}}.$$

Analogously one can define solutions of order ∞ at $\bar{x}$, local solutions at $\bar{x}$ and global solutions.

It is now possible to give a definition of an operator hyperbolic at a point $\bar{x}$:

We shall say that T is hyperbolic at $\bar{x}$ if one can find sets $E_1,\ldots,E_k$ and operators $T_1,\ldots,T_k$ such that for all choices of f and $\phi_i \in C^\infty(\Omega)$ the equations (2), (3) admit a local solution at $\bar{x}$ and two local solutions at $\bar{x}$ coincide in a neighbourhood of such a point (perhaps, in a neighbourhood smaller than the ones where the two solutions satisfy (2), (3)).

AN OPEN PROBLEM: Compare this characterization of the notion of hyperbolicity with other characterizations used in different contexts.

(It might perhaps be necessary to impose in the definition of hyperbolicity some restrictions in the choice of the sets E_i.)

We can also add to this the problems of characterizing elliptic and hypoelliptic equations.

We shall say that the operator T is elliptic in an open set A of Ω if, for any analytic function f in A every global solution of (2) is also an analytic function in A.

CONJECTURE 5: If T is elliptic in A and if f belongs to a given Gevrey class in A then every solution of (2) is of the same Gevrey class in A.

We shall say that the operator T is hypoelliptic in A if for every f of a Gevrey class in A all the solutions of (2) are also of a Gevrey class in A (the solution may, possibly, belong to a Gevrey class different from that of f).

We have always spoken, until now, only of strong solutions of the equation (2). If we wish to impose the problem of weak solutions with sufficient generality, we should consider two families of topological spaces S_A and S'_A

which depend on the open subset A of Ω; for example, one can take

$$S_A = H^{1,p}(A), \quad S'_A = L^p(A).$$

Moreover, we assume that for $A \supseteq A'$ there exist two mappings

$$\rho_{A,A'} : S_A \to S_{A'}$$

$$\rho'_{A,A'} : S'_A \to S'_{A'}$$

satisfying the usual properties of the restriction map.

We shall, in addition assume that $C^\infty(A)$ is contained in S_A as well as in S'_A, with continuous immersions and that, for $f \in C^\infty(A)$, we have $\rho_{A,A'}(f) = f|_{A'}$.

Having fixed the operator T, we can consider, for every open subset A of Ω, the set

$$F_A = \{(u,f) \in C^\infty(\Omega)^2 \,|\, Tu(x) = f(x) \quad \forall x \in A\}$$

and the closure $\bar{F}_A$ of F_A in the space $S_A \times S'_A$.

There arise two problems analogous to the problems of semi-continuity and of localness in the Calculus of Variations.

PROBLEM 1: What are the conditions on T, S_A, and S'_A in order that the following holds:

$$\bar{F}_A \cap C^\infty(A)^2 = F_A.$$

PROBLEM 2: To determine conditions on T, S_A , S'_A in order that the following localness property holds:

$$\text{if } A = \bigcup_{i \in I} A_i, \ (u,f) \in \bar{F}_A \Rightarrow (\rho_{A,A_i} u, \rho'_{A,A_i} f) \in \bar{F}_{A_i} \qquad \forall i.$$

Finally, one can ask what are the conditions under which $\bar{F}_A$ is functional (that is, for every $u \in S_A$ there exists at most one $f \in S'_A$ such that $(u,f) \in \bar{F}_A$). One can be satisfied if one can show that $\bar{F}_A \cap C^\infty(A)^2$ is functional.

One may further require that the dom $\bar{F}_A$ is equal to S_A or that the image of $\bar{F}_A = S'_A$.

In order to have a better understanding of the analogy that exists between these problems and the problem of relaxation in the Calculus of Variations, it would be enough to associate to the equation (2) the functional

$$\Phi(A,u,f) = \int_A J\,(Tu - f)dx \qquad (4)$$

where $J(0) = 0$ and $J(t) = +\infty \; \forall \; t \in \mathbf{R} - \{0\}$.

(A counter example to the property of functionality can probably be easily constructed, following an idea of H. Brezis, by considering the equation

$$Tu = \Delta u - u^3 = f$$

and assuming

$$S_A = L^1(A), \quad S'_A = {}_w\mathfrak{m}(A),$$

where ${}_w\mathfrak{m}(A)$ is the space of all measures on A provided with the topology of weak convergence.)

We note that taking sums of ordinary functionals of the Calculus of Variations and functionals of the type (4) we can be led to several problems of Control theory.

If we wish to go into further connections between the Calculus of Variations and hyperbolic differential equations one can make a systematic study of hyperbolic equations which arise as Euler equations of some functionals; for example, we can start by considering the functionals of the type

$$\int [(\frac{\partial u}{\partial t})^2 - (\frac{\partial u}{\partial x})^2 + f(x,u)]dx \qquad (5)$$

and see if it is possible to obtain, by the direct methods of the Calculus of Variations, results comparable to those obtained in the theory of hyperbolic equations.

It is to be remarked that a direct study of the extremals of integrals of the type (5) does not seem to be easy; in fact, even for fairly simple integrals the following conjecture appears to be still open.

CONJECTURE 6: Let $f \in C^1(\mathbb{R}^n)$ be a convex function; then for every $(a,b) \in (\mathbf{R}^n)^2$ there exists a unique solution of the Euler equation of the functional

$$\int [(\frac{du}{dt})^2 - f(u(t))]\, dt \qquad (6)$$

satisfying the conditions

$$u(0) = a \quad \text{and} \quad \frac{du}{dt}(0) = b. \qquad (7)$$

We observe that, in the case of $f \in C^2$ the proof of the conjecture is rather trivial. For $f \in C^1$ the conjecture was proved by Piccinini for the case of f which depends only on the distance of x from a given point $\bar{x}$, that is,

$$f(x) = \phi(|x - \bar{x}|). \qquad (8)$$

We also observe that an affirmative or a negative answer to Conjecture (6) would probably also shed more light on the solutions of Euler equations of integrals of the type (6) which depend on a function u(t) with values in a Banach space.

E. De Giorgi
Scuola Normale Superiore
Piazza dei Cavalieri 7
56100 Pisa
Italy.

V IVRII

On the number of negative eigenvalues of Schrödinger operators with singular potentials

In this paper we give the estimates from above and from below for the number of negative eigenvalues of the Schrödinger operator with singular potentials. In some cases when the operator depends on parameters these estimates lead to the precise Weylian asymptotics for the eigenvalue distribution function. Moreover we consider the case of the strong magnetic field when the asymptotics may be non-Weylian and discuss the plan of its investigation.

1. Let X be a domain in $\mathbf{R}^d$, $d \geq 3$. On $C_0^\infty(X)$ let us consider the quadratic form

$$Q(u) = \int [g^{jk}(D_j - V_j)u \cdot \overline{(D_k - V_k)u} + V|u|^2]dx \qquad (1)$$

where $g^{jk} = g^{kj}$, V_j, V are real-valued, V_j, $g^{jk}V_jV_k + V \in L^1_{loc}(X)$, there is the summation with respect to repeating indices and

$$(H_1) \quad c^{-1} \leq |\xi|^{-2} g^{jk}(x)\,\xi_j\xi_k \leq c \quad \forall x \in X,\ \xi \in \mathbf{R}^d \setminus 0.$$

Let us assume that there are given functions γ, ρ on X such that

$$(H_2) \quad \gamma \geq 0, \quad |\gamma(x) - \gamma(y)| \leq |x-y|, \quad \rho \geq 0$$

and if $y \in X' = \{\rho\gamma \geq 1\}$ then for every $x \in X \cap B(y, \gamma(y))$ the following conditions are fulfilled:

$$(H_3) \quad c^{-1} \leq \rho(x)/\rho(y) \leq c, \quad |D_j\rho| \leq c\rho\gamma^{-1},$$

$$(H_4) \quad |D^\alpha g^{jk}| \leq c\gamma^{-|\alpha|},$$

$$|D^\alpha V_j| \leq c\,\rho\gamma^{-|\alpha|},$$

$$|D^\alpha V| \leq c\,\rho^2\gamma^{-|\alpha|} \quad \forall\, \alpha: |\alpha| \leq K(d) < \infty.$$

(H_5) $\partial X \cap B(y,\gamma(y)) = \{x_k = \phi(x_{\hat{k}})\} \cap B(y,\gamma(y)).$

$$|D^\alpha \phi| \leqq c\, \gamma^{1-|\alpha|} \quad \forall\, \alpha: \quad |\alpha| \leqq K(d)$$

where $B(y,\gamma)$ is the ball with the radius γ and the centre y, $x_{\hat{k}} = (x_1,\ldots,x_{k-1}, x_{k+1},\ldots,x_d)$.

Moreover let us assume that:

(H_6) $Q(u) \geqq c^{-1} \int (\sum_j |D_j u|^2 - W|u|^2)dx$

$$\forall\, u \in C_0^\infty(X'')$$

where $X'' = \{\rho\gamma \leqq 2\} \cup \{V \geqq c^{-1}\, \rho^2\}$, $W \geqq 0$.

Finally let us assume that the quadratic form $Q(u)$ is semi-bounded from below: $Q(u) \geqq -L\, \|u\|^2$ where $\|\cdot\|$ is L^2-norm. Let $A: L^2(X) \to L^2(X)$ be a self-adjoint operator corresponding to the quadratic form $Q(u)$ and N a dimension of the negative invariant subspace of A, $N = \infty$ if $\mathbf{R}^-$ contains some point of the essential spectrum of A.

<u>THEOREM 1:</u> Let conditions (H_1) - (H_6) be fulfilled. Then the following estimates hold:

$$-CR_1 \leqq N - M \leqq C(R_1 + R_2) \tag{2}$$

where

$$M = (2\pi)^{-d}\, \omega_d \int_{X'} V_-^{d/2} \sqrt{g}\ dx$$

$\sqrt{g}\, dx$ is the Riemannian density on X corresponding to the quadratic form $g^{jk}\, \xi_j\, \xi_k$ on T^*X $g^{-1} = \det(g^{jk})$, ω_d is the volume of the unit ball in $\mathbf{R}^d$, $V_\pm = \max(\pm V, 0)$.

$$R_1 = \int_{X' \cap \{V \leqq c^{-1}\, \rho^2\}} \rho^{d-1}\, \gamma^{-1}\, dx, \quad R_2 = \int_{X''} W^{d/2}\, dx,$$

$C = C(d,c)$.

There exist more refined estimates correcting (2) in the same degree as the asymptotics $N(\lambda) = \kappa_0 \lambda^{ld} + (\kappa_1 - o(1))\lambda^{l(d-1)}$ for the eigenvalue distribution function correct the asymptotics $N(\lambda) = \kappa_0 \lambda^{ld} + O(\lambda^{l(d-1)})$ (etc.). However for these more precise estimates one has need of the condition of the global nature concerning the Hamiltonian billiards generated by the Hamiltonian $H(x,\xi) = g^{jk}(\xi_j - V_j)(\xi_k - v_k) + V$ on the surface $\Sigma = \{(x,\xi) \in T^*X, \rho\gamma \geq 1, H(x,\xi) = 0\}$. We do not discuss these results here but refer the reader to [1] where they (Theorem 2) are announced as well as Theorem 1.

REMARK 1: In Theorem 1 (as well as in Theorem 2 [1] one can replace $(H_4)_2$ by a weaker condition

$$(H_4)_2: \quad |D^\alpha V_j| \leqq c\, \rho\gamma^{-|\alpha|} \ \forall\, \alpha : 0 < |\alpha| \leqq K(d).$$

The proof of Theorem 1 is based on the dilatations applied to the precise quasi-classical spectral asymptotics for the Schrödinger operators with the small parameter h with regular potentials [4-6], etc); the proof of the estimate from above also uses the variational estimates for the eigenvalue distribution functions in small domains [7]; in both cases, an important role is played by the boundedness of the propagation speed for the wave equation. The proof of the more refined estimates uses the fact that generic oscillatory fronts of solutions of the wave equation propagate along the Hamiltonian billiards. In less advanced form, similar considerations are contained in [8,9].

If the operator A depends on the parameter then Theorem 1 leads to the asymptotics of N; the following methods of introducing the parameter are of the most interest: the substitution $V_j \to h^{-1}V_j$, $V \to h^{-2}V$ with $h \to +0$ (the quasi-classical asymptotics), the substitution $V \to V-\lambda$ with $\lambda \to +\infty$ (the asymptotics of the eigenvalues accumulating to $+\infty$), the substitution $V \to V + \lambda$ with $\lambda \to +0$ (the asymptotics of the eigenvalues accumulating to -0). All these asymptotics as well as the asymptotics with two parameters are derived under different conditions in [1-3]; all these asymptotics are Weylian.

2. Let us turn to the case of the strong magnetic field. In this case Theorem 1 is either badly applicable or not applicable at all and no similar

theorem has been proved yet. However the first step in this direction has been made. Let us consider the quadratic form

$$Q_{B,r}(u) = \int [g^{jk}(hD_j - Bv_j)u.\overline{(hD_k - Bv_k)u} + V|u|^2]ex \tag{3}$$

obtained from (1) by the substitution $V_j \to Bh^{-1}V_j$, $V \to h^{-2}V$ and by the inessential multiplication by h^2; here $h \to +0$ and $\beta \to \infty$.

Let us assume that the quadratic form (3) is semi-bounded from below for every admissible (β,h) and let $A_{\beta,h}$ be a corresponding self-adjoint projector to the negative invariant subspace of $A_{\beta,h}$. Then

$$N_{\beta,h} = \int e_{\beta,h}(x,x)dx.$$

In the case of the bounded domain X with $\partial X \in C^\infty$ (or more generally in the case of the compact C^∞-manifold X with C^∞-boundary ∂X), V, $V_j \in C^\infty$ Theorem 1 together with Remark 1 imply the asymptotics

$$N_{B,h} = \kappa_0 h^{-d} + O(\beta h^{1-d}) \text{ as } h \to +0,\ \beta h \to 0. \tag{4}$$

However, we would like to derive an asymptotic with the remainder estimate $O(h^{1-d})$. The first step to this asymptotic is

THEOREM 2: Let $d = 3$, condition (H_1) be fulfilled, $\sigma > 0$, $y \in X$, $\gamma > 0$, $B(y,\gamma) \subset X$ and let in the ball $B(y,\gamma)$ the following conditions be fulfilled: (H_4) with $K = K(\sigma) < \infty$,

(C_1) $-V \geqq c^{-1}$,

(C_2) $\sum_{j<k} |D_jV_k - D_kV_j| \geqq c^{-1}\gamma^{-1}$.

Let $\psi \in C_0^\infty(B(y,\gamma/2))$, $\psi \geqq 0$ and

$$|D^\alpha \psi| \leqq c\gamma^{-|\alpha|} \quad \forall\alpha: \ |\alpha| \leqq K(\sigma).$$

Then the following estimate holds for $(1 + |\beta|)h \leqq c\gamma$:

$$|\int \psi(x)(e_{\beta,h}(x,x) - \frac{2}{3}(2\pi)^{-2}h^{-3} V_-^{3/2} \sqrt{g})\, dx| \leq \qquad (5)$$

$$C(h^{-2} \gamma^2 + h^{-3} \gamma^3 (\beta h/\gamma)^{3/2-\sigma}).$$

$C = C(\sigma,c)$.

This theorem implies

THEOREM 3: Let X be a compact closed three-dimensional Riemannian C^∞-manifold, the quadratic form $Q_{\beta,h}$ be given on $C^\infty(X)$ by (3) with the Riemannian density $\sqrt{g}\,dx$ instead of dx, g^{jk} an inverse metric tensor, V_j, $V \in C^\infty$ satisfy (C_1), (C_2). Then the following asymptotics holds:

$$N_{\beta,h} = \kappa_0 h^{-3} + O(h^{-2} + h^{-3}(\beta h)^{3/2-\sigma}) \text{ as } h \to +0, \quad \beta h \to 0, \qquad (6)$$

$$\kappa_0 = \frac{2}{3}(2\pi)^{-2} \int V_-^{3/2} \sqrt{g}\, dx.$$

3. One can easily show that if all the conditions of Theorem 2 (excluding perhaps d = 3 and (C_1)) are fulfilled with $K = K(l) < \infty$ then the following estimate holds for $h \leq c\gamma$, $|\beta| \geq Ch^{-1}\gamma$:

$$|\int \psi(x)\, e_{\beta,h}(x,x)dx| \leq C' \, |\beta|^{-l} h^{-d} \gamma^d$$

where $C = C(d,c)$, $C' = C'(d, c, l)$, l is arbitrary.

Therefore it is not interesting to consider a magnetic field which is too intensive.

The author plans to prove in future that if d = 3, conditions of Theorem 2 are fulfilled with a certain number $K < \infty$ then the following estimate holds for $h(1 + |\beta|) \leq c\gamma$:

$$|\int \psi(x)(e_{B,h}(x,x) - 2(2\pi)^{-2}\, \theta(x,|\beta|h)h^{-3} \sqrt{g})dx| \leq \qquad (7)$$

$$C(h^{-1}\gamma)^2$$

where $C = C(c)$, $\theta(x,t)$ is the function introduced by H. Tamura [10]:

$$\theta(x,t) = \sum_{n=0}^{\infty} (V + (2n+1)bt)_-^{1/2}\, bt,$$

$b = (g_{jk}b^j b^k)^{1/2}$ is a scalar intensity of the magnetic field in the given point x, g_{jk} is the metric tensor, $g_{jk}g^{kl} = \delta^l_j$, $b^j = \varepsilon^{jkl}(D_k V_l - D_l V_k)$ is a vector intensity of the magnetic field, ε^{jkl} is the absolutely anti-symmetric tensor with $\varepsilon^{123} = g^{-1/2}$.

One can observe that for the operator

$$A_{B,h} = h^2 D_1{}^2 + h^2 D_2{}^2 + (hD_3 - \beta x_2)^2$$

this estimate holds.

When (7) is proved then the author plans (by means of the summation with respect to an admissible decomposition of unity and variational estimates) to prove a theorem similar to Theorem 1; finally from this theorem he plans to derive asymptotics in the spirit of [1-3] but in the presence of the strong magnetic field: these asymptotics may be non-Weylian and precise in contrast to non-precise asymptotics obtained in [10].

It should be noted that Theorem 2 and the hypothetical estimate (7) do not automatically extend to the case $d \neq 3$.

Addendum (February 28, 1987)

All this program has been fulfilled now [11, 12].

REFERENCES

1. - 3. V. Ivrii, Les estimations pour le nombre des valeurs propres negatives de l'opérateur de Schrödinger avec des potentials singuliers: I (theoremes principaux et les asymptotiques semi-classiques), II (application aux asymptotiques des valeurs propres qu s'accumulent vers l'infini), III (application aux asymptotiques des valeurs propres qui s'accumulent vers -0, aux asymptotiques biparametriques et la densité des états) - C.R. Acad. Sci. Paris, t.302, Sér I, 1986, 467-470, 491-494, 535-538.

4. J. Chazarain, Spectre d'un hamiltonian quantique et mécanique classique. - Communs. in P.D.E., 1980, v. 5, No. 6, 595-644.

5. V. Ivrii, On the quasi-classical spectral asymptotics for Schrödinger operators on manifolds with the boundary and for h-pseudo-differential operators acting in fiberings. Soviet Math. Dokl., 1982, v. 266, No. 1, 14-18.

6. V. Ivrii, Precise quasi-classical spectral asymptotics for h-pseudo-differential operators on manifolds with the boundary (in Russian) - to appear in Sibirskii Mat. J.

7. G. Rosenblyum, Distribution of the discrete spectrum of singular differential operators. - Matematika (Izvestiya vyssh. uchebn. zsved.) 1976, No. 1, 75-86.

8. V. Ivrii, Asymptotical Weyl formula for the Laplace-Beltrami operators in Riemannian polyhedra and in domains with conical singularities of the boundary (in Russian) - Soviet Math. Dokl, 1986, 34, No. 1, 35-38.

9. V. Ivrii and S. Fedorova, Dilatations and the eigenvalue asymptotics for spectral problems with singularities (in Russian) - Funkt. Analys i Ego Pril, 1986, 20, No. 4, 25-34.

10. H. Tamura, Asymptotic distribution of eigenvalues for Schrödinger operators with magnetic fields - Preprint, 1985, 31pp.

11. V. Ivrii, Estimates for a number of negative eigenvalues for Schrödinger operator with singular potentials. - to appear in Proc. International Congress Math., Berkeley, 1986.

12. V. Ivrii, Estimates for a number of negative eigenvalues for Schrödinger operator with intensive magnetic field (in Russian) - to appear in Soviet Math. Dokl.

13. Y. Colin de Verdierre, L'asymptotique de Weyl pour les bouteilles magnétiques. - Commun. Math. Phys., 1986, 105, 327-335.

V. Ivrii
Magnitogorsk Institute of
Mining and Metallurgy
Department of Mathematics
Magnitogorsk
455000 USSR.

N IWASAKI

Examples of effectively hyperbolic equations

1.0 INTRODUCTION

One of the theoretical meanings of effectively hyperbolic equations is that they are equivalent to strongly hyperbolic equations with respect to single equations. Here, we shall try to approach from another point of view to clarify the situation of effectively hyperbolic equations on the Cauchy problem. I develop some examples from among the subjects treated in the classic book by Courant and Hilbert [2]. Therefore, they are not entirely new. However, they will show that we are able to treat more critical situations than in usual cases, where strict hyperbolicity or the symmetric hyperbolicity has been assumed. We choose three subjects, nonlinear wave equations, the Monge-Ampère equations and the compressible Euler equation.

We understand that the first equations are the canonical equations of given Hamiltonians under some canonical one forms. Under this, we shall find some typical examples of effectively hyperbolic equations. The equation giving the Gauss curvature of a 2-dimensional hypersurface in $\mathbb{R}^3$ is typical for the second type of equation. The Cauchy problem here is well posed if the curvature is strictly negative because in this case the equation is strictly hyperbolic. We show that it is possible to treat cases where the curvature vanishes somewhere. For the last type of equation, we also consider the best known case, namely, the compressible, irrotational and barotropic fluid. However, the equation of state will include the case where it admits a minor phase transition of state.

All cases will be proved as corollaries of a general theorem, which follows the usual pattern, the so-called Nash-Moser implicit function theorem, that if the linearizations are well posed, then the origianl nonlinear equation is well posed. However, the set of effectively hyperbolic equations is not an open set in the case of partial differential equations under the usual topology with respect to coefficients, though it is open in the case of hyperbolic partial differential equations. Therefore, we should note that we required some improvement of the expression of the Nash-Moser implicit function theorem.

Refer to N. Iwasaki [3,4] for precise information and historical remarks on effective hyperbolicity.

§1. DEFINITION AND THE MAIN THEOREM

First, we define effective hyperbolicity on single linear partial differential operators. This is a notation with respect to the principal symbol P_m of the partial differential operator P. This fact is important in finding examples because only principal symbols make invariant sense under easy symbol representations of partial differential operators.

DEFINITION: Let p_m be hyperbolic with respect to the direction $\theta \neq 0$. p_m is said to be effectively hyperbolic (with respect to the direction $\theta \neq 0$) if the fundamental matrix at any critical point of p_m has non zero real eigenvalues.

REMARK: Naturally, p_m is effectively hyperbolic if it is strictly hyperbolic.

At multiple characteristics ($p_m = \nabla p_m = 0$: critical points) the fundamental matrix $\mathcal{F}$ is defined by the Hessian of p_m. Let Q be a quadratic form $\langle H_p X, X\rangle$ defined by the Hessian H_p of p_m. Then

$$\sigma(X, \mathcal{F}X) = Q(X),$$

where $X = (x,\xi)$ and σ is the canonical two form $\sum d\xi_j \wedge dx_j$. More directly,

$$\mathcal{F} = \begin{pmatrix} \partial_x\partial_\xi p_m, & \partial_\xi\partial_\xi p_m \\ -\partial_x\partial_x p_m, & -\partial_x\partial_\xi p_m \end{pmatrix}$$

The hyperbolicity yields the properties of the fundamental matrix $\mathcal{F}$ that the eigenvalues of $\mathcal{F}$ are only on the purely real and purely imaginary axes. The non zero real eigenvalues, if they exist, are only one by one on the positive part and the negative part of the real axis, respectively.

EXAMPLES:

1) $\quad -\xi_0^2 + x_0^2(\xi_1^2 + \xi_2^2) + a^2x_1^2(\xi_1^2 + \xi_2^2) + b^2\xi_1^2 \quad$ on $\mathbf{R}^3$

is an effectively hyperbolic operator. (Roughly speaking, to be effectively hyperbolic means to include the term $-\xi_0^2 + x_0^2|\xi|^2$.)

2) Let $a(x_0,x',\xi') = \sum_{i,j=1}^n a_{ij}(x_0,x')\xi_i\xi_j$ be a symbol of elliptic operators in x of the second order and f be infinitely differentiable.

$$-\xi_0^2 + f(x_0,x')a(x_0,x',\xi') \quad \text{on } \mathbf{R}^{n+1}$$

is effectively hyperbolic if $f \geqq 0$ and if $\partial_0^2 f \neq 0$ at the points where f vanishes.

3) Let us put $z = \nabla f/|\nabla f|$ $(\nabla f \neq 0)$.

$$-\xi_0^2 - z_0\xi_0\langle z,\xi'\rangle + |\xi'|^2 - \langle z,\xi'\rangle^2$$

is strictly hyperbolic if $\partial_0 f \neq 0$ and effectively hyperbolic if ∇f and $\nabla\partial_0 f$ are linearly independent at the points where $\partial_0 f = 0$.

Let us consider an $\ell X \ell$ system of nonlinear partial differential operators

$$Pu = (p_i), \tag{1.1}$$

where

$$u = (u_1,\ldots,u_\ell)$$

is a real vector valued unknown function and

$$p_i = p_i(x,\partial^\alpha u_j(x)|_{|\alpha|\leqq\alpha_i+\beta_j})$$

$$(= p_i(x,\partial^\alpha u))$$

is a nonlinear partial differential operator with order $\alpha_i + \beta_j$ at most in u_j, where two sets of indices of real numbers $\{\alpha_j\}$ and $\{\beta_j\}$ satisfy $\sum_{j=1}^{\ell}(\alpha_j + \beta_j) = m$. That is, $p_i(x,\eta_{j,\alpha})$ is a function in $(x,\eta_{j,\alpha}|_{|\alpha|\leqq\alpha_i+\beta_j} : j=1,\ldots,\ell)$ and $p_i(x,\partial^\alpha u)$ is a function in which $\partial^\alpha u_j(x)$ is substituted for $\eta_{j,\alpha}$. The Fréchet derivative of P in u is denoted by DP, that is,

$$DP\phi = \sum_{j=1}^{\ell} \sum_{\alpha}((\partial/\partial\eta_{j,\alpha})P)\partial^{\alpha}\phi_j = (p_{ij})\phi. \qquad (1.2)$$

P_{pr} stands for the principal symbol of DP (and also called the one of P), following the definition that, the system of symbols $P_{pr} = \{p_{pr,ij}\}$, where $p_{pr,ij}$ is the principal symbol of p_{ij} with the order $\alpha_i + \beta_j$. It is clear that det P_{pr} is independent of the choice of (α_i,β_j) for fixed m while P_{pr} depends on the choice of (α_i,β_j).

DEFINITION: We call a nonlinear operator P effectively hyperbolic with respect to the direction dx_0 at $(x^{\sim}, u^{\sim}, h^{\sim})$ if there exist linear partial differential operators Q and R with the type (1.1-2), which are a parametrix and its remainder of the linearization DP in the sense that 1) - 5) following hold for all u belonging to a neighbourhood U of $u^{\sim}$:

1) The coefficients of Q and R are functions in (x,η_β) and in $(x,\eta_\beta,\zeta_\beta)$, respectively, where a finite number of unknown functions u and their drivatives $\partial^{\beta}u$ are substituted for η_β, and where a finite number of parameter functions h and their derivatives $\partial^{\beta}h$ are substituted for ζ_β.

2) The order indices (α_i,β_j) for P, Q and R are taken independently of the variance of unknown functions u and parameter functions h.

3) $DP = Q + R$ with $h = Pu - h^{\sim}$.

4) $\emptyset = \{Q$: for all u belonging to $U\}$ is a set of effectively hyperbolic operators at a neighbourhood of $x^{\sim}$ with respect to the direction dx_0.

5) $R \equiv 0$ at $h \equiv 0$.

REMARK: 1) The essential points are 3) - 5). 2) We call systems effectively hyperbolic if the principal symbols are effectively hyperbolic single symbols times the identity matrix or ones are reducible to this, for example, when det P_{pr} is effectively hyperbolic. 3) We call P effectively hyperbolic at a set K of $(u^{\sim}, h^{\sim})$ if there exists a common U such that 4) of the Definition holds for the union of $\emptyset$ with respect to elements of K. It is naturally assumed that all Q and R have a common bound of their derivatives of coefficients and other.

THEOREM 1 (Unique extension): Let a nonlinear system P be effectively hyperbolic with respect to dx_0 at $(x^\sim, u^\sim, h^\sim)$. If there exists a neighbourhood Ω_0 of $x^\sim$ such that $u^\sim$ is a solution of $Pu^\sim = h^\sim$ at $\{x_0 \leqq x_0^\sim\} \cap \Omega_0$, then there exists a unique solution u of $Pu = h^\sim$ on a neighbourhood Ω of $x^\sim$ such that $u = u^\sim$ on $\{x_0 \leqq x_0^\sim\} \cap \Omega$. (It is assumed that $u^\sim$, $h^\sim$ and also u are suitably smooth. The uniqueness holds under such smoothness. If all data are infinitely differentiable, then the solution u is also.)

The existence theorem in the usual sense for the Cauchy problem is deduced by assuming a stronger condition.

COROLLARY (Unique existence): Let P be effectively hyperbolic with respect to dx_0 at $(x^\sim, u, Pu)$ for all u in a neighbourhood of $u^\sim$. If $u^\sim$ is a formal solution of $Pu^\sim = 0$ at $x_0 = x_0^\sim$, then there exists a unique solution u of $Pu = 0$ at a neighbourhood of $x^\sim$ such that $u - u^\sim$ is flat at $x_0 = x_0^\sim$.

In fact, we define a function f as $f = 0$ at $x_0 \geqq 0$ and $f = Pu^\sim$ at $x_0 < 0$, and we consider $P^\sim = P - f$. Then $P^\sim$ is effectively hyperbolic at $(x^\sim, u^\sim, 0)$.

REMARK: The assumption of the Corollary is satisfied if $\{DP\}$ is effectively hyperbolic. Put $Q = DP$ and $R = 0$.

§2. A NON-LINEAR WAVE EQUATION

We shall find similar types of equations in equations of string and membrane.

$$\partial_0^2 u - \sum_{j=1}^n \partial_j(\partial_j u/V), \quad V = \sum_{k=1}^n (|\partial_k u|^2 + 1)^{1/2}.$$

Let us consider a function $L(x_0, x', v, u_j, u)$ as Lagrangian and put

$$H = -vL_v + L.$$

We use the notations that $f_{(j)} = (\partial/\partial x_j)f$, $f_v = (\partial/\partial v)f$, $f_j = (\partial/\partial u_j)f$ and $f_u = (\partial/\partial u)f$. We find, by formal calculation, a canonical equation of the Hamiltonian

$$\mathcal{H} = \int H(x_0, x', v, \nabla u, u)dx'$$

under the canonical one form

$$\Phi(q) = \int L_v(x_0,x',v,\nabla u,u)q\,dx'.$$

Then, the canonical equation $\partial_0 u = F^{(q)}$ and $\partial_0 v = F^{(p)}$ is

$$\begin{aligned} &P(u) && (2.1)\\ &= \partial_0^2 u + L_{vv}^{-1}\,[\textstyle\sum_{j,k=1}^{n} L_{jk}\nabla_j\nabla_k u + \sum_{j=1}^{n} 2L_{vj}\nabla_j\partial_0 u \\ &\qquad + \textstyle\sum_{j=1}^{n} L_{ju}\nabla_j u + \sum_{j=1}^{n} L_{j(j)} - H_u] \\ &= 0, \end{aligned}$$

where $(\partial_0 u,\partial_j u)$ are substituted for (v,u_j) of L, H and their derivatives. The principal part of this equation is

$$\begin{aligned} p_2(u) &= \xi_0^2 + L_{vv}^{-1}\,[\textstyle\sum_{j,k=1}^{n} L_{jk}\xi_j\xi_k + \sum_{j=1}^{n} 2L_{vj}\xi_j\xi_0] && (2.2)\\ &= (\xi_0 + \textstyle\sum_{j=1}^{n} L_{vv}^{-1}L_{vj}\xi_j)^2 - \sum_{j,k=1}^{n} a_{jk}\xi_j\xi_k. \end{aligned}$$

where

$$a_{jk} = L_{vv}^{-2}\,L_{vj}L_{vk} - L_{vv}^{-1}L_{jk}. \qquad (2.3)$$

We assume that

$$L_{vv} < 0 \qquad (2.4)$$

and

$$\{a_{jk}\}_{j,k=1,\dots,n} \geqq 0 \qquad (2.5)$$

as functions in (x_0,x',v,u_j,u). Then P is hyperbolic.

THEOREM 2: Let $u^{\sim}$ be a formal solution of $P(u) = 0$ (2.1) at $x = 0$ satisfying an initial datum $(u^{\sim}, \partial_0 u^{\sim})|_{x_0=0} = (u_0,u_1)$. We assume (2.4-5) for a_{jk} (2.3), (namely, p_2 (2.2) is hyperbolic) and also that $p_2(u^{\sim})$ is effectively hyperbolic. Then there exists a unique smooth local solution of $P(u) = 0$ at a neighbourhood of the origin satisfying the initial datum.

REMARK: We assume that H and $\sum_{j=1}^{n} H_{j(j)} - H_u$ are functions in (x_0,x) with compact support at $(v,u_j,u) = 0$, and that the initial datum (u_0,u_1) is with a compact support in x. If the assumptions of Theorem 2 are satisfied for all $(0,x)$, then there exists a function with a compact support such that u is a solution of $P(u) = 0$ near $x_0 = 0$. Therefore it satisfies

$$\int H(x_0,x',\partial_0 u,\partial_j u,u)dx - \int H(0,x',\partial_0 u,\partial_j u,u)dx'$$

$$= \int_0^{x_0} dx_0 \int H_{(0)}(x_0,x',\partial_0 u,\partial_j u,u)dx'$$

However, this identity is not sufficient to get the solvability of the Cauchy problem.

EXAMPLE 1: Let L be

$$L = 2^{-1}(-v^2 + \sum_{j,k=1}^{n} a_{jk}(u_j + c_j u)(u_k + c_k u)) + f,$$

where $a_{jk} = a_{jk}(x_0,x')$, $c_j = c_j(x_0,x')$ and $f = f(x_0,x',u)$. Then

$$P(u) = \partial_0^2 u - \sum_{j,k=1}^{n} (\partial_j - c_j)\{a_{jk}(\partial_k u + c_k u)\} + f_u = 0.$$

This is semilinear. So if the principal part

$$p_2 = \xi_0^2 - \sum_{j,j=1}^{n} a_{jk}(x_0,x')\xi_j\xi_k$$

is effectively hyperbolic, then it has a solution for any smooth initial datum.

EXAMPLE 2:

$$L = -2^{-1}v^2 + 2^{-1}(V-1)^2,$$

where

$$V = (\sum_{j=1}^{n} (\partial_j u)^2 + 1)^{1/2}$$

$$P(u) = \partial_0^2 u - \sum_{j=1}^{n} \partial_j^2 u + \sum_{j=1}^{n} \partial_j (V^{-1} \partial_j u) = 0.$$

The principal symbol is

$$p_2 = \xi_0^2 - \sum_{j=1}^{n} |\xi_j|^2 + V^{-1} (\sum_{j=1}^{n} \xi_j^2 - (\sum_{j=1}^{n} b_j \xi_j)^2),$$

where

$$b_j = V^{-1} \partial_j u.$$

Then p_2 is hyperbolic. If $(\partial_j u)_{j=1,\dots,n} \neq 0$, then p_2 is strictly hyperbolic. At $(\partial_j u)_{j=1,\dots,n} = 0$, p_2 has double characteristics. If $(\partial_0 \partial_j u)_{j=1,\dots,n} \neq 0$, at $(\partial_j u)_{j=1,\dots,n} = 0$, then p_2 is effectively hyperbolic.

§3. THE REAL MONGE-AMPERE EQUATION

This is one of the typical nonlinear equations closely related to geometry. It appears, for example, in the local construction of a piece of hypersurface with a given Gauss curvature and in the local embedding on $\mathbf{R}^3$ of a 2-dimensional manifold with given smooth Riemannian metric. (Refer to M. Spivak [5] vol. 5 and S.T. Yau [6] problem section no. 54).

The n+1 dimensional Monge-Ampère equation is as follows because we consider local problems.

$$\Phi(u) = \det(\nabla^2 u + C(x,u,\nabla u)) - f(x,u,\nabla u) = 0, \tag{3.1}$$

where u is a unknown real valued function,

$$\nabla u = ((\partial/\partial x_j)u)_{j=0,\dots,n},$$

$$\nabla^2 u = ((\partial^2/\partial x_j \partial x_k)u)_{j,k=0,\dots,n},$$

$C(x,v,w)$ is a $(n+1) \times (n+1)$ real symmetric matrix valued infinitely differentiable function on $\mathbf{R}^{n+1} \times \mathbf{R} \times \mathbf{R}^{n+1}$, and $f(x,v,w)$ is a real valued infinitely differentiable function on $\mathbf{R}^{2n+3}$. For example, the Gauss curvature of a hypersurface of $\mathbf{R}^{n+1}$ denoted by K satisfies the equation

$$\det(\nabla^2 u) = K(x)(1 + |\nabla u|^2)^{(n+2)/2}$$

if a hypersurface of $\mathbf{R}^{n+1}$ is given by a function $y = u(x)$ on $\mathbf{R}^n$.

Let us put it as

$$A(u) = (a_{ij})_{i,j=0,\ldots,n} = \nabla^2 u + C,$$

and denote minor matrices of $n \times n$ with respect to a_{ij} and the cofactor matrix by

$$A_{ij} = (a_{k\ell})_{k,\ell\neq i,j}$$

and

$$A^{co} = (a_{ij}^{co}), \quad a_{ij}^{co} = (-1)^{i+j}\det A_{ji}.$$

So the equation is written as

$$\Phi = \det A - f.$$

The Fréchet derivative $D\Phi\phi$ of Φ in u has a form

$$D\Phi\phi = \mathrm{Tr}(A^{co}\nabla^2\phi) + \text{lower terms}$$

$$= A^{co}(\partial)\phi + \ldots,$$

where a second order partial differential operator defined by a quadratic form H is denoted by

$$H(\partial)\phi = \mathrm{Tr}(H\cdot\nabla^2\phi).$$

We assume that the equation (3.1) is Kowalevskian so that the cofactor $\det A_{00} = a_{00}$ should not vanish, because we investigate the non characteristic Cauchy problem with the initial surface $\{x_0 = 0\}$. The initial condition

$$(u,(\partial/\partial x_0)u)|_{x_0=0} = (g_0,g_1) \tag{3.2}$$

has also to be restricted, because we treat the hyperbolic cases. We assume that the matrix $A_{00}(u)|_{x_0=0}$, which is determined by the initial datum (g_0,g_1), is strictly positive.

$$A_{00}(u)|_{x_0=0} > 0, \tag{3.3}$$

and that the function f is non positive,

$$f \leqq 0. \tag{3.4}$$

The linearization $D\Phi(u)\phi$ is hyperbolic under (3.4) if u is a solution satisfying (3.1 - 3). In order to make it effectively hyperbolic, we require one more condition

$$(\mathcal{V})^2[f(x,u,\nabla u)] < 0 \tag{3.5}$$

at the origin, when $f(x, u, \nabla u)$ vanishes there, where $\mathcal{V}$ is a vector field defined by

$$\mathcal{V} = \sum_{j=0}^{n} a_{0j}^{co}(\partial/\partial x_j).$$

The purpose is to deduce the existence of a solution from the conditions (3.2 - 5). The linearizations are not always hyperbolic except for the case where f is negative, though these conditions are stable under a small change of unknown functions. The linearizations are however effectively hyperbolic in the sense of Definition at the previous section. So we get a solution of (3.1 - 2) through the unique extension theorem and a lemma backing it up. In fact, we can show that the principal parts of linearizations are written as

$$A^{co}(\partial) = Q_0(\partial) + R(\partial),$$

where

$$Q_0(\partial) = (w_0 \cdot \partial)^2 + fE(\partial),$$

$$R(\partial) = \Phi E(\partial),$$

w_0 is a nonsingular vector and there exists another non singular vector v_0 such that $w_0 \cdot v_0 \neq 0$, $E(v_0) = 0$ and E is strictly negative on the transversal directions to v_0. We can see that $Q_0(\partial)$ is effectively hyperbolic with respect to the direction v_0 also dx_0 since $w_0 \cdot \partial$ is parallel to $\mathcal{V}$ at f = 0.

So, we can conclude under the condition (3.2 - 5) that the linearizations $D\Phi$ of Φ are effectively hyperbolic with respect to dx_0 at $(x,u,\phi) = (0,u^{\sim},0)$ if we put $R(x,h,u) = hE(\partial)$ and $Q(x,u) = D\Phi - \phi E(\partial)$ with the principal part $Q_0(\partial)$.

THEOREM 3: Let $u^{\sim}$ be a formal solution at $x_0 = 0$ of the Monge-Ampère equation (3.1) $\Phi(u) = 0$ satisfying the conditions (3.2 - 3). If the conditions (3.4 - 5) hold at a neighbourhood of $(x,u) = (0,u^{\sim})$, then there exists a unique solution of $\Phi(u) = 0$ on a neighbourhood of the origin $x = 0$ such that $u - u^{\sim}$ is flat at $x_0 = 0$ $(\partial^{\alpha}(u-u^{\sim})|_{x_0=0} = 0$ for any $\alpha)$.

EXAMPLE: Let M be a two dimensional Riemannian manifold. If the curvature K of M is non positive at a neighbourhood of a point x and if the Hessian $\nabla^2 K$ of K does not absolutely vanish at points where K vanishes, then some neighbourhood of x is isometrically embeddable into $\mathbf{R}^3$. (This is equivalent to finding a solution of the Darboux equation. See M. Spivak.)

§4. THE COMPRESSIBLE EULER EQUATION

We consider the compressible, irrotational and barotropic fluid. The equations may be written as

$$(\partial_t + v\cdot\nabla)\rho + \rho\nabla\cdot v = 0$$

$$(\partial_t + v\cdot\nabla)v + \rho^{-1}\nabla p = 0 \tag{4.1}$$

$$\nabla \times v = 0.$$

We give here the equation of state by

$$p = F(\rho). \tag{4.2}$$

The equation (4.1) is reduced to a hyperbolic system, if $(d/d\rho)F \geqq 0$, especially, to a strictly hyperbolic system if $(d/d\rho)F > 0$. We consider the case that $(d/d\rho)F$ may vanish somewhere, namely, a minor phase transition may arise at some value of density ρ. An example is the isothermal state of water with the temperature not less than a critical value 374°C. The equation of state at 374°C is critical at the point of pressure 218 atmospheres and density about 0.4 gm/cm^3. (See G.K. Batchelor [1], 1.8.)

THEOREM 4: We assume $(d/d\rho)F \geqq 0$, and $(d/d\rho)^3 F > 0$ at ρ such that $(d/d\rho)F = 0$. If a smooth initial datum (ρ_0, v_0), satisfying $\rho_0 > 0$ and $\nabla \times v_0 = 0$, keeps the relation that $\nabla \cdot v_0 \neq 0$ at x such that $(d/d\rho)F(\rho_0(x)) = 0$, then there exists a unique local smooth solution of (4.1 - 2) satisfying the initial datum.

AN EXAMPLE: Let us consider the van der Waals' equation of state,

$$p = R\rho T/(1-b\rho) - a\rho^2, \quad (0 \leqq \rho < 1/b \ (= \infty \text{ if } b = 0)),$$

where $T \geqq 0$ is the temperature, $R > 0$ is the gas constant, and $a, b \geqq 0$ are also constants for a given gas. If $bRT \geqq (2/3)^3 a$, then it satisfies the conditions for $p = F(\rho)$ at $0 \leqq \rho < 1/b$ ($= \infty$ if $b = 0$). It is critical at $\rho = 1/3b$ if $bRT = (2/3)^3 a$ and $a \neq 0$. (Also see G.K. Batchelor [1], §1.7.)

Now we put $\rho = \exp\phi$. Then the equation of continuity is transformed to

$$(\partial_t + v \cdot \nabla)\phi + \nabla \cdot v = 0. \tag{4.3}$$

We may replace $\rho^{-1}\nabla p$ by ∇f, where f is a function of ϕ. The velocity v is written by the velocity potential ψ as

$$v = \nabla\psi$$

because v is rotation free. Then we obtain two equations

$$(\partial_t + \nabla\psi \cdot \nabla)^2 \phi - f^{(1)} \nabla\phi - (f^{(1)} + f^{(2)}) |\nabla\phi|^2 |\nabla^2 \psi|^2 = 0$$

and

$$(\partial_t + \nabla\psi \cdot \nabla)^2 \psi - f^{(1)}(\phi)\Delta\psi = g,$$

where g is a function depending only on t and we use the notation that $f^{(j)} = (d/d\phi)^j f$.

We take the linearization of this system.

$$DP \begin{pmatrix} u \\ v \end{pmatrix} = \begin{pmatrix} (\partial_t + \nabla\psi \cdot \nabla)^2 - f^{(1)}\Delta, & 0 \\ 0 & , (\partial_t + \nabla\psi \cdot \nabla)^2 - f^{(1)}\Delta \end{pmatrix} \begin{pmatrix} u \\ v \end{pmatrix} + C \begin{pmatrix} u \\ v \end{pmatrix},$$

where C is the lower terms. If $f^{(1)} > 0$, then this system is strictly hyperbolic. If $f^{(1)} \geqq 0$ and if

$$(\partial_t + \nabla\psi\cdot\nabla)^2 f^{(1)} = f^{(3)}|(\partial_t+\nabla\psi\cdot\nabla)\phi|^2 \ (= f^{(3)}|\Delta\psi|^2) > 0,$$

at $f^{(1)}(\phi) = 0$, then it is effectively hyperbolic.

REFERENCES

1. Batchelor, G.K., An introduction to fluid dynamics, Cambridge, 1967.
2. Courant, R. and Hilbert, D., Methods of mathematical physics, vol. II, Interscience, New York, 1962.
3. Iwasaki, N., The Cauchy problem for hyperbolic equations with double characteristics, Publ. RIMS ,Kyoto Univ., 19 (1983), 927-942.
4. Iwasaki, N., The strongly hyperbolic equations and their applications, PATTERNS AND WAVES - Qualitative Analysis of Nonlinear Differential Equations -, North-Holland, 1986, 11-36.
5. Spivak, M., A comprehensive introduction to differential geometry, vol. 5 (second edition), Publish or Perish, Inc., Berkeley, 1979.
6. Yau, S.-T., Seminar on differential geometry, Princeton Univ. Press, Princeton, 1982.

Nobuhisa Iwasaki
Research Institute for Mathematical Sciences
Kyoto University
Kyoto, 606
Japan.

B LASCAR

Propagation des singularités Gevrey pour des opérateurs hyperboliques

0. INTRODUCTION ENONCE DES RESULTATS

On considére dans ce travail des résultats de propagation de singularités Gevrey pour des équations hyperboliques.

Le problème de Cauchy hyperbolique dans les classes de Gevrey est un problème classique pour lequel il existe une trés vaste bibliographie, dont il est impossible ici de faire état Du reste, nous ne nous interesserons ici qu'à l'aspect purement microlocal; on peut ainsi considerer qu'un thèoréme de propagation de singularités hyperbolique est une version microlocale du résultat d'unicité correpondant.

L'avantage de ce point de vue est, qu'au prix de certaines difficultés, il permet un énoncé pour un opérateur pseudo-differentiel de régularite G^s en (x,ξ) sur le front d'onde G^s pour le méme s, des solutions.

Notre méthode présente la particularité d'obtenir la régularité Gevrey, a partir d'une estimation d'énergie, sans itérations mais en utilisant des poids d'ordre infini et variables. Ceci nous permet de discuter le role des termes d'ordre inferieurs, pour les différentes valeurs de s, dans le cadre d'une même méthode. Nous pensons que ceci représente une simplification conceptuelle substantielle pour ce probléme.

Nous ne considerons ici que des cas ou la multiplicité μ des caractéristiques est au plus double; l'indice s critique vaut donc 2. Ceci essentiellement parceque pour les opérateurs à caractérisque de multiplicité plus grande, on ne sait dans un cadre géneral (par exemple quand les caractéristiques ne sont pas C^∞) à peu prés rien sur le role des termes d'ordre inférieur.

La preuve consiste à appliquer une transformation canonique complexe, qui respecte les opérateurs pseudo-differentiels de régularité Gevrey, qui exprime dans ce contexte le fait de conjuguer l'opérateur par des poids microlocaux d'ordre infini et variables. La formalisation que nous préférons est, convenablement adaptée au cadre Gevrey, celle dûe a Sjöstrand qui consiste à introduire une fonction de poids dans une réalisation de l'identité Dans le cadre C^∞, il s'agit du calcul de l'opérateur $P_s = e_s P e_{-s}$ ou $e_s = op_{1/2}(\exp(s(x,\xi)L(g\langle\xi\rangle))$, e'_s étant une paramétrixe de e_s; qui résulte du calcul de Weyl d'Hörmander [6].

Notre travail s'appuie d'une part sur les méthodes d'énergies Hörmander [4], Ivrii [5] (1) et (2), Lascar et Lascar [7], d'autre part sur des travaux de Sjöstrand [12] et [13] concernant les résolutions de l'identité et les singularites analytiques.

On va maintenant énoncer les résultats.

On did que $\sigma(x,\xi)$ est un symbole Gevrey s de degre m si

$$|D_x^{\alpha} D_\xi^{\beta}\sigma(x,\xi)| \leq C\, A^{|\alpha|+|\beta|}(\alpha!)^s(\beta!)^s\langle\xi\rangle^{m-|\beta|} \tag{0.1}$$

On considére dans la suite un opérateur pseudo-différentiel P dont le symbole de Weyl s'écrit:

$\sigma(x,\xi) = p_m(x,\xi) + p_{m-1}(x,\xi) + q(x,\xi)$ pour ξ grand, ou q est symbole Gevrey s de degré m-2,p_m (resp. p_{m-1}) est positivement homogéne de degré m (resp. m-1).

Soit Σ une variété G^s homogéne passant par $\rho_0 \ni T^*\mathbf{R}^n$ privé de la fibre nulle. On envisage les hypothéses suivantes:

$(H_1)_a$ En tout point $\rho \in \Sigma$, $dp(\rho) = p(\rho) = 0$, $\nabla^2 p(\rho)$ a la signature hyperbolique, si $F_p(\rho)$ est la matrice fondamentale, on a $\mathrm{Ker}F_p(\rho) = T_\rho\Sigma$.

On rappelle que $\nabla^2 p(\rho)(t,t') = \sigma(t,F_p(\rho)t')$ définit la matrice fondamentale

$(H_1)_b$ En tout point $\rho \in \Sigma$, $Sp(F_p(\rho)) \subset i\mathbf{R}$, en ρ_0 il n'y a pas de sous espace spectral de dimension quatre relatif à la valeur propre 0.

Voir [5] pour la classification des formes quadratiques hyperboliques dans un espace symplectique.

$(H_1)_c$ La dimension de $T_\rho\Sigma \cap (T_\rho\Sigma)^\perp$ est constante

Les hypothèses sur les termes d'ordre inférieur sont notées (H_2).

$(H_2)_s$ Si $\rho \in \Sigma$, $\mathrm{Im}p_{m-1}{}^s(\rho) = 0$, et $p^s_{m-1} + 1/2\mathrm{tr}^+(F(\rho)) > 0$.

Ce qui est la condition d'Ivrii-Petkov stricte.

$(H_2)_1$ Si $\rho \in \Sigma$, $\mathrm{Im}p_{m-1}{}^s(\rho) = 0$, et $p_{m-1}{}^s + 1/2(\mathrm{tr}^+(F(\rho)) \geq 0$.

Ce qui est la condition nécessaire d'Ivrii-Petkov.

On notera $WF^{(s)}(u)$ le front d'onde Gevrey s de u.

On dit que la direction H_ψ est micro-hyperbolique pour p en $\rho \in \Sigma$ si:

$$\nabla^2 p(\rho)(H_\psi, H_\psi) < 0 \qquad (0.2)$$

THEOREME: Soit P un opérateur pseudo-differentiel Gevrey s de degré m admettant un symbole principal p et un symbole sous-principal homogénes. Soit $\psi \in C^2$ $\psi(\rho_0) = 0$, une fonction telle que H_ψ est une direction micro-hyperbolique. Sous les hypothèses:

$(H_1)_a, (H_1)_b, (H_1)_c$ et $(H_2)_s$ si $s > 2$;

$(H_1)_a, (H_1)_b, (H_1)_c$ et $(H_2)_1$ si $s = 2$;

$(H_1)_a$ si $s < 2$;

si $u \in E'(\mathbb{R}^n)$, ω un voisinage conique de ρ_0

$\rho_0 \notin WF^{(s)}(Pu)$ et $WF^{(s)}(u) \cap \{\psi > 0\} \cap \omega = \emptyset$ entrainent $\rho_0 \notin WF^{(s)}(u)$.

1. ESQUISSE DE LA PREUVE

La preuve comprend quatre étapes que nous évoquerons briévement. La première consiste à décrire les relations canoniques complexes que nous utilisons. La deuxième consiste en un calcul sur des O.I.F. associés à ces relations; on doit notamment calculer comment un o.p.d. est transformé par conjuguaison. La troisième est de prouver une estimation d'énergie. Enfin on conclut en prouvant le thèoréme.

1.1 Description des relations canoniques

Soit $\varepsilon > 0$ un petit paramétre, $\alpha \in \mathbb{R}^{2n}$ on décrit une transformation canonique réelle et analytique $\alpha \to H(\alpha)$ à l'aide de la phase:

$$\phi_\varepsilon(x,y,\alpha) = -\chi(y)\alpha_\xi + x.\xi(\alpha) + g(\alpha) + i\varepsilon/2((\chi(y)-\alpha_x)^2 + (x-x(\alpha))^2);$$

si χ désigne un changement de variables quadratique à fixer plus loin pour assurer des conditions de transversalité, $\alpha \to H_1(\alpha) = (x(\alpha), \xi(\alpha))$ est une transformation canonique réelle et analytique, $g(\alpha)$ est déterminée par:

$$\omega = dg = -{}^t\partial\xi/\partial y(\alpha).x(\alpha)d\alpha_x + (\alpha_x - {}^t\partial\xi/\partial\eta(\alpha).x(\alpha))d\alpha_\xi.$$

$g(\alpha)$ est ainsi déterminée à une constante prés. On fixera $\mathcal{H}_1$ par $\mathcal{H}_1 = \mathcal{H}\circ\bar{X}^{-1}$, $\bar{X}(\alpha) = (\chi(\alpha), {}^t\chi^{-1}(\alpha_x)\alpha_\xi)$.

On a trouvé ici une maniére de paramétrer une relation canonique réelle à l'aide d'une phase complexe, mais d'une façon plus commode et plus globale que ne le permet, en général la théorie des opérateurs intégraux de Fourier à phase réelle.

On introduit la relation canonique complexe associée à la phase: $\Phi_{\varepsilon,\mu}(x,y,\alpha) = \Phi_\varepsilon(x,y,\alpha) + i\varepsilon\mu_0\phi(\alpha)$; $\mu = \varepsilon\mu_0$ où μ_0 est un petit paramétre. Le résultat du pemier paragraphe est qu'il y a une fonction $\phi_\mu(\beta)$ telle que la relation canonique associée à:

$$\psi_{\varepsilon,\mu}(x,y,\beta) = \psi_\varepsilon(x,y,\beta) + i\varepsilon\mu_0\phi_\mu(\beta) \text{ où } \psi_\varepsilon(x,y,\beta) = -\phi(y,x,\beta)$$

$$+ i\varepsilon\psi(y,x,\beta), \phi \text{ et } \psi$$

étant les parties réelles et imaginaires de Φ_ε; inverse la relation associée a $\Phi_{\varepsilon,\mu}$ au moins pour $\mathcal{H} = \mathrm{Id}$. De plus on peut assurer que ϕ_μ dépend analytiquement de $(\varepsilon,\mu_0,\beta)$ et que $\phi_\mu(\beta) = -\phi(\beta) + \mathcal{O}(\varepsilon)$.

1.2 <u>Calcul des opérateurs</u>

On introduit un grand paramétre λ, on prendra $\varepsilon = \lambda^{-1+1/s}s > 1$. De sorte que la partie imaginaire des phases introduites plus haut a été aplatie.

On dit que $a(x,\lambda)$ est un symbole de degré m Gevrey s si:

$$|D_x^\alpha a(x,\lambda)| \leqq CA^{|\alpha|}(\alpha!)^s \text{ pour tout } \lambda > 1.$$

Soit

$$F = \int a(x,y,\alpha,\lambda)e^{i\lambda\Phi_{\varepsilon,\mu}(x,y,\alpha)}\,\lambda^{3n/2}\,d\alpha;$$

un O.I.F. associé à $\Phi_{\varepsilon,\mu}$ et à un symbole a Gevrey s de degré m.

Un opérateur pseudo-différentiel s'écrit:

$$P = \int p(x + y/2,\xi,\lambda)e^{i\lambda(x-y)\xi}\,(\lambda/2\pi)^{n/2}\,d\xi.$$

$$G = \int b(x,y,\beta,\lambda)e^{i\lambda\psi_{\varepsilon,\mu}(x,y,\beta)}\,\lambda^{3n/2}\,d\beta.$$

Le résultat de ce paragraphe est que:

$$GPF = \int \sigma(x + y/2,\xi,\lambda)e^{i\lambda(x-y)\xi}(\lambda/2\pi)^{n/2}\, d\xi.$$

Où σ est la somme d'un symbole Gevrey s de degré m q et d'un reste $r(x,\xi,\lambda)$ satisfaisant à:

$$\exists\, C > 0 \text{ et } \forall(\alpha,\beta,\eta)\ \exists\, C_{\alpha,\beta,\eta} \quad \text{telle que:}$$

$$|D_x^{\alpha} D_{\xi}^{\beta} r(x,\xi,\lambda)| \leqq C_{\alpha,\beta,\eta} \quad \langle x,\xi\rangle^{-n} e^{-1/C\lambda^{1/s}}$$

On dit alors que r est à decroissance exponentielle 1/s dans S. On trouve qu'au voisinage de ρ_0:

$$q(x,\xi,\lambda,\varepsilon,\mu) = \lambda^m[p(x,\xi)-i\mu dp(x,\xi)H_{\psi}(x,\xi)-\mu^2/2\nabla^2 p(x,\xi)(H_{\psi}(x,\xi),H_{\psi}(x,\xi))$$
$$+ \mathcal{O}(\mu^2\varepsilon) + \mathcal{O}(\mu^3)] +$$

$$\Sigma_{|\alpha|+|\beta|=1}\ \partial_x^{\ \alpha}\partial_{\xi}^{\ \beta} p(x,\xi)\mathcal{O}(\lambda^{m-1}+\lambda^m\varepsilon\mu)+\lambda^{m-1}\ p_{m-1}(x,\xi)+\mathcal{O}(\lambda^{m-1}\varepsilon).$$

Avec la relation $\psi = \phi \circ \bar{X}$.

On voit apparaitre ici la condition de micro-hyperbolicité dans le troisième terme, on voit en comparant μ^2 et λ^{-1} intervenir l'indice critique $s = 2$.

La mèthode consiste à réduire par une méthode de phase stationnaire l'intégrale donnant σ à partir du noyau de GPF. On a fait ce qu'il fallait pour que le point critique complexe ne soit pas trop loin du réel, en outre il faudra par des changements de contours se ramener à une phase rélle non dégénérée (et pas à ix^2 comme dans la méthode utilisée en C^{∞} ou en analytique), enfin utiliser les extensions presqu'analytiques que l'on peut construire à l'aide du résultat de Carleson [3], pour obtenir des restes à décroissance exponentielle 1/s.

1.3 Estimation d'énergie

On obtient une estimation d'énergie pour l'opérateur Q de symbole q,en calculant Im(Qu,Mu), pour un multiplicateur M convenablement choisi. Pour le choix de M, on fait intervenir la discussion géométrique que permettent les hypothèses $(H_1)_a$, $(H_1)_c$ dans le cas $s \geqq 2$, si $s < 2$ on choisira directement M. Il faut analyser les termes que l'on obtient, utiliser selon les cas les inégalités de Melin ou de Gårding pour discuter du role des termes d'ordre inférieur. Nous n'avons pas la place ici de détailler ces arguments.

1.4 Fin de la preuve

On modifie par un argument de "convexification" la fonction ψ de l'énoncé du thèoréme. On introduit dans l'estimation d'énergie obtenue plus haut G_1 u où G_1 est de la même forme que G mais est une paramétrixe à droite de F. Il y a ensuite des arguments assez classiques pour contrôler des commutateurs et obtenir la propagation de la régularité Gevrey.

BIBLIOGRAPHIE

1. L. Boutet de Monvel- P. Krée, Pseudo-differential operators and Gevrey classes. Ann. Institut Fourier 17.1 (1967) 295-323.
2. M.D. Bronstein, The Cauchy problem for hyperbolic operators with variable multiple characteristics. Math. Obsc. 41 (1980), 83-99.
3. L. Carleson. On universal moment problems. Math. Scand. 9 (1961), 197-206.
4. V. Ja. Ivrii, Wave fronts of solutions of certain hyperbolic pseudo-differential operators (1) et (2). Trudi Mosk Obs. 39 (1979) 49-82 et 83-112.
5. L. Hörmander, On the Cauchy problem for differential operators with double characteristics. Journal d'Analyse Mathematique (1977).
6. L. Hörmander, Weyl calculus of pseudo-differential operators. Cours d'été à Stanford en 1977.
7. B. Lascar-R. Lascar, Propagation des singularités pour des opérateurs pseudo-differentiels à symboles réels, C.R. Acad. Sc. Paris. t. 300 1.n°12 (1985), 389-391.
8. R. Lascar, Distributions de Denjoy Carleman, C.R. Acad. Sc. Paris A.283 (1976).
9. A. Melin, Lower bounds for pseudo-differential operators. Arkiv for Mathematik, 9.1 (1971), 117-140.
10. A. Melin-J.Sjöstrand, Fourier integral operators with complex phase function. Springer Lecture Notes in Maths 459, 121-223.
11. Y. Morimoto-K. Taniguchi, Propgation of wave front sets of solutions of the Cauchy problem for hyperbolic systems in Gevrey classes. Preprint 1984.

12. J. Sjöstrand, Propagation of analytic singularities for second order Dirichlet problems. Comm. in P.D.E.5.1 (1980), 41-94.

13. J. Sjöstrand, Analytic singularities and micro-hyperbolic boundary value problems. Mat. Ann. 254 (1981), 499-567.

14. S. Wakabayashi, Singularities of solutions of hyperbolic Cauchy problem in Gevrey classes. Proc. Japan, Acad. 59 Ser. A (1983), 182-185.

B. Lascar
Centre de Mathématiques
Ecole Normale Supérieure
45 rue d'Ulm
75230 Paris Cedex 05
France.

T NISHITANI

On strong hyperbolicity of systems

1. INTRODUCTION (*)

In this note, we study strong hyperbolicity of a first order differential operator L on $C^\infty(\Omega,C^N)$, C^∞ sections of the trivial bundle $\Omega \times C^N$, where Ω is an open set in R^{d+1} with coordinates $x = (x_0,x_1,\dots,x_d)$. Let $t(x) \in C^\infty(\Omega)$, $dt(x) \neq 0$ in Ω, be real valued. We say that L is hyperbolic at $\bar{x} \in \Omega$ w.r.t. t(x) if the following conditions are fulfilled:

$$\lim_{\lambda\to\infty} \lambda^{-1} e^{-\lambda t(x)} L(e^{\lambda t(x)} u) \qquad (1.1)$$

is a surjection onto C^N at $\bar{x}$.

There are a neighbourhood $\omega \subset \Omega$ of $\bar{x}$ and a positive number ε such that

$$L \text{ gives an isomorphism on } E_\tau \text{ when } |\tau| < \varepsilon \text{ where} \qquad (1.2)$$

$$E_\tau = \{v \in C^\infty(\omega,C^N) : v = 0 \text{ in } t(x) < t(\bar{x}) + \tau\}.$$

We shall say that L is strongly hyperbolic at $\bar{x} \in \Omega$ w.r.t. t(x) if for any differential operator Q of order 0 on $C^\infty(\Omega,C^N)$, L + Q is hyperbolic w.r.t. t(x) at $\bar{x}$.

Using frames in C^N and coordinates (x,ξ) in the cotangent bundle $T^*\Omega$, the principal symbol of L is given by

$$L_1(x,\xi) = \sum_{j=0}^{d} A_j(x)\xi_j,$$

where $A_j(x)$ are square matrices of order N whose entries are in $C^\infty(\Omega)$. We denote by $h(x,\xi)$ the determinant of $L_1(x,\xi)$ which is a function on $T^*\Omega$. We shall give an analogue of the Ivrii-Petkov-Hörmander condition for first

(*) A part of these results is announced in Proc. Japan Acad. 61, (1985) where N must be replaced by 2.

order systems. As a corollary, we show that if L is strongly hyperbolic at $\bar{x} \in \Omega$ w.r.t. t(x) then L_1 is effectively hyperbolic or the rank of L_1 is less than or equal to N-2 at every multiple characteristic on $T^*_{\bar{x}}\Omega\setminus 0$. Conversely, if $h(x,\cdot)$ is hyperbolic near $\bar{x}$ w.r.t. dt(x) and L_1 is effectively hyperbolic at every multiple characteristic on $T^*_{\bar{x}}\Omega\setminus 0$, we know that L is strongly hyperbolic at $\bar{x}$ w.r.t. t(x) (see [8], [9]). In the case where the rank of L_1 is less than or equal to N-2 on the multiple characteristics, supposing that all characteristics are at most double, we shall show under some assumptions on the doubly characteristic set that L is strongly hyperbolic at $\bar{x}$ w.r.t. t(x).

2. NOTATIONS AND RESULTS

Taking the same frames in C^N and the coordinates (x,ξ) on $T^*\Omega$ as in §1, the full symbol of L is given by

$$L(x,\xi) = L_1(x,\xi) + L_0(x). \tag{2.1}$$

Let $\rho \in T^*\Omega\setminus 0$ be a multiple characteristic of h. Following [2], we introduce a map $\mathcal{L}(\rho) \in \mathrm{Hom}(C^N,C^N)/L_1(\rho)\mathrm{Hom}(C^N,C^N)$ which is given in terms of these frames and coordinates, by

$$\mathcal{L}(x,\xi) = L^s(x,\xi)\,{}^{co}L_1(x,\xi) - \frac{i}{2}\{L_1, {}^{co}L_1\}(x,\xi)$$

where

$$L^s(x,\xi) = L_0(x) + \frac{i}{2}\sum_{j=0}^{d} (\partial^2 L_1/\partial x_j\partial\xi_j)(x,\xi),$$

$$\{L_1, {}^{co}L_1\} = \sum_{j=0}^{d} \{(\partial L_1/\partial\xi_j)(\partial\,{}^{co}L_1/\partial x_j) - (\partial L_1/\partial x_j)(\partial\,{}^{co}L_1/\partial\xi_j)\},$$

and ${}^{co}L_1(x,\xi)$ denotes the cofactor matrix of $L_1(x,\xi)$. We notice that $\mathcal{L}$ is well defined on the multiple characteristics (see [10], [1]). We denote by $F_h(\rho)$ the Hamilton map of h at ρ (see [4], [3]) and set

$$\mathrm{Tr}^+h(\rho) = \Sigma\mu_j,$$

where $i\mu_j$ are eigenvalues of $F_h(\rho)$ which are on the positive imaginary axis repeated according to their multiplicities. L_1 is said to be effectively hyperbolic at ρ if $F_h(\rho)$ has non-zero real eigenvalues. We shall say that

L_1 satisfies the condition (H) at a multiple characteristic ρ if there exists a real number α with $|\alpha| \leq 1$ such that

$$\mathcal{L}(\rho) + \alpha \mathrm{Tr}^+ h(\rho) I = 0$$

in $\mathrm{Hom}(C^N, C^N)/L_1(\rho)\mathrm{Hom}(C^N, C^N)$ where I denotes the identity. This is an analogue of the Ivrii-Petkov-Hörmander condition (see [3]). We remark that this condition is independent of local coordiantes in $T^*\Omega$ and local frames in C^N (cf. [10], [1]).

At first we study necessary conditions for the hyperbolicity.

THEOREM 2.1: Assume that L is hyperbolic at $\bar{x} \in \Omega$ w.r.t. t(x). If L_1 is not effectively hyperbolic and the rank of L_1 is equal to N-1 at a multiple characteristic $\rho \in T^*_{\bar{x}}\Omega \setminus 0$ then the condition (H) is necessary at ρ.

In the case ρ is a double characteristic and $F_h(\rho)$ is nilpotent, the condition (H) yields the Levi condition.

From this theorem it follows that

COROLLARY 2.1: Suppose that L is strongly hyperbolic at $\bar{x}$ w.r.t. t(x). Then there is a neighbourhood U of $\bar{x}$ such that L_1 is effectively hyperbolic or the rank of L_1 is less than or equal to N-2 at every multiple characteristic in $T^*U \setminus 0$.

REMARK 2.1: In the case d=1 and necessarily $\mathrm{Tr}^+ h(\rho) = 0$, this result was shown in [7].

By virtue of the following Lemma, to prove Theorem 2.1, it suffices to treat the case where ρ is a double characteristic (if the multiplicity of ρ is greater than 2 we have $\mathrm{Tr}^+ h(\rho) = 0$).

LEMMA 2.1: Let $\rho \in T^*_{\bar{x}}\Omega \setminus 0$ be a characteristic with multiplicity greater than 2. Suppose that the rank of $L_1(\rho)$ is equal to N-1. Then for that L to be hyperbolic at $\bar{x}$ w.r.t. t(x) it is necessary that

$$\mathcal{L}(\rho) = 0$$

in $\mathrm{Hom}(C^N, C^N)/L_1(\rho)\mathrm{Hom}(C^N, C^N)$.

REMARK 2.2: If we denote by $L_1(\rho)|V_0$ the restriction of $L_1(\rho)$ on the eigenspace associated to the eigenvalue 0 of $L_1(\rho)$ then it follows from Lemma 2.1 that the condition

$$(L_1(\rho)|V_0)^2 = 0 \tag{2.2}$$

is necessary for strong hyperbolicity if the rank of $L_1(\rho)$ is equal to N-1. It seems that (2.2) is necessary for strong hyperbolicity without any assumptions. In the case d=1 and where the rank of $L_1(\rho)$ is equal to N-2, this is true. Here we give another example

EXAMPLE 2.1: Let d=1. Suppose that the eigenspace V_0 associated to 0 is decomposed into a sum of invariant subspaces W_i,

$$V_0 = W_1 \oplus W_2,$$

with $(L_1(\rho)|W_2)^k = 0$ for some $k \in N$ where W_1 cannot be decomposed into a sum of invariant subspaces. Then for strong hyperbolicity, the following condition is necessary,

$$(L_1(\rho)|W_1)^{k+1} = 0.$$

Next we study sufficient conditions for strong hyperbolicity.

THEOREM 2.2 ([8], [9]): Suppose that $h(x,\cdot)$ is hyperbolic w.r.t. $dt(x)$ near $\bar{x}$ and L_1 is effectively hyperbolic at every multiple characteristic on $T^*_{\bar{x}}\Omega\setminus 0$. Then L is strongly hyperbolic at $\bar{x}$ w.r.t. $t(x)$.

Now taking into account Corollary 2.1 and Theorem 2.2, we study the case where the rank of L_1 is less than or equal to N-2 at every multiple characteristic. In the following we assume that all characteristics are at most double. We impose on the doubly characteristic set the same assumptions under which the hyperbolicity for non effectively hyperbolic operators was studied in [3], [5].

(C) The doubly characteristic set $\Sigma = \{(x,\xi); h(x,\xi) = dh(x,\xi) = 0\}$ is a C^∞ manifold such that the codimension of Σ is equal to the rank of the Hessian of h at every point of Σ.

THEOREM 2.3: Suppose that $h(x,\cdot)$ is hyperbolic w.r.t. $dt(x)$ near $\bar{x}$ and assumption (C) is realized. If L_1 is real (or the codimension of Σ is less than or equal to 3) and one of the following conditions is verified at every double characteristic $\rho \in T^*_{\bar{x}}\Omega \setminus 0$,

$$L_1 \text{ is effectively hyperbolic at } \rho, \tag{2.3}$$

$$\text{the rank of } L_1 \text{ is less than or equal to } N-2 \text{ on } \Sigma \text{ near } \rho. \tag{2.4}$$

Then L is strongly hyperbolic at $\bar{x}$ w.r.t. $t(x)$.

Next we study the propagation of wave front sets. Let $\rho \in T^*_{\bar{x}}\Omega \setminus 0$ be a characteristic. We denote by $h_\rho(x,\xi)$ the homogeneous part w.r.t. (x,ξ) of the lowest degree in the Taylor expansion of h at ρ. It is well known that $h_\rho(x,\xi)$ is a hyperbolic polynomial on $T(T^*\Omega)$ w.r.t. $dt(\bar{x})$ (see [4], [3]). We also denote by $\Gamma(h,\rho)$ the component of $dt(\bar{x})$ in $\{(x,\xi); h_\rho(x,\xi) \neq 0\}$ and by H_ϕ the Hamilton vector field of $\phi(x,\xi) \in C^\infty(T^*\Omega)$. For a distribution section $u \in \mathcal{D}'(\Omega,C^N)$ we set

$$WF(u) = \cup\, WF(u_i)$$

where $u = \Sigma u_i e_i$ with local frames $e_1,\ldots,e_N$ in C^N and $WF(u_i)$ is the wave front set of u_i.

THEOREM 2.4: Assume that $h(x,\cdot)$ is hyperbolic near $\bar{x}$ w.r.t. $dt(x)$ and $\rho \in T^*_{\bar{x}}\Omega \setminus 0$ is a double characteristic. Suppose that assumption (C) is realized near ρ and L_1 is real (or the codimension of Σ is less than or equal to 3) and one of the conditions (2.3) and (2.4) is verified. Let $\phi(x,\xi) \in C^\infty(T^*\Omega \setminus 0)$ be real valued, vanishing at ρ, such that

$$-H_\phi(\rho) \in \Gamma(h,\rho),$$

and let ω be a sufficiently small conic neighbourhood of ρ. Then it follows from

$$\rho \notin WF(Lu), \quad \omega \cap WF(u) \cap \{\phi(x,\xi) < 0\} = \emptyset$$

that

$$\rho \notin WF(u)$$

for any distribution section u.

Finally, we give an analogue of the result of Vaillant [12] (also see [11]) when $N = 2$. Let $\rho \in T^*\Omega \setminus 0$ be a double characteristic. We denote by $L_\rho(x,\xi)$ the homogeneous part w.r.t. (x,ξ) of degree 1 in the Taylor expansion of $L_1(x,\xi)$ at ρ. Then we have

PROPOSITION 2.1: Let $N = 2$. Suppose that $\rho \in T^*_{\bar{x}}\Omega \setminus 0$ be a double characteristic and assumption (C) is verified near ρ. If L is strongly hyperbolic at $\bar{x}$ w.r.t. $t(x)$ and L_1 is not effectively hyperbolic on Σ near ρ then $L_\rho(D_x,D_\xi)$ is strongly hyperbolic w.r.t. $dt(\bar{x})$ in R^{2d+2}.

3. PROOF OF THEOREM 2.3

We choose local coordinates (x,ξ) in $T^*\Omega$, $x = (x_0,x_1,\dots,x_d) = (x_0,x')$, $\xi = (\xi_0,\xi_1,\dots,\xi_d) = (\xi_0,\xi')$ so that $t(x) = x_0$ near $\bar{x}$ and $\bar{x} = 0$. Then in terms of these coordinates, L is given by

$$L = \sum_{j=0}^{d} A_j(x)D_j + L_0(x),$$

where $D_j = -i(\partial/\partial x_j)$ and the condition (1.1) implies that $A_0(0)$ is not singular. Since L is strongly hyperbolic at 0 w.r.t. x_0 if $A_0(x)^{-1}L$ is also, we may assume that $-A_0(x) = I_N$, the unit matrix of order N. To show that L is strongly hyperbolic at 0 w.r.t. x_0 it suffices to prove the existence of a parametrix at every $(0,\xi')$, $\xi' \neq 0$ with finite propagation speed of wave front sets (see [9]). Then in the following, fixing $\bar{\xi}' \neq 0$ arbitrarily, we show the existence of such a parametrix for any $L_0(x)$ at $(0,\bar{\xi}')$.

From the assumptions that all characteristics are at most double, we can find a matrix valued classical elliptic pseudo differential operator $N(x,D')$ of order 0 such that

$$LN = N\tilde{L}, \quad \tilde{L} = \Big(\sum_{j=1}^{s} \oplus L^{(j)}\Big) \oplus \Big(\sum_{j=1}^{t} \oplus \ell^{(j)}\Big),$$

modulo a matrix valued operator which is in $S^{-\infty}$ near $(0,\bar{\xi}')$ depending smoothly on x_0. Here $L^{(j)}(x,\xi)$, $\ell^{(j)}(x,\xi)$ have symbols $-\xi_0 I_2+A^{(j)}(x,\xi')$, $-\xi_0+a^{(j)}(x,\xi')$ respectively. Moreover $A^{(j)}(x,\xi')$ (resp. $a^{(j)}(x,\xi')$) is the (2×2) matrix valued (resp. scalar) symbol of classical pseudo differential operators of order 1 near $(0,\bar{\xi}')$. The existence of the parametrix of L at

$(0,\bar{\xi}')$ follows from the existence of such a parametrix of each $L^{(j)}$ at $(0,\bar{\xi}')$ (see [9]). Therefore we may assume that L is a direct sum of $L^{(j)}$ and $\ell^{(j)}$. Denote by $\Sigma^{(j)}$ the doubly characteristic set of $L^{(j)}$ then apparently $\Sigma = \cup \Sigma^{(j)}$. Let ρ_j be the double characteristic on $\Sigma^{(j)}$ whose projection off ξ_0 is $(0,\bar{\xi}')$. If L is effectively hyperbolic at ρ_j then $L^{(j)}$ is also effectively hyperbolic at ρ_j. Consequently $L^{(j)}$ has such a parametrix at $(0,\bar{\xi}')$ (see [8], [9]). If not, from the assumptions of Theorem 2.3, $L^{(j)}$ and $\Sigma^{(j)}$ satisfy a local version of assumptions (C) and (2.4). Here we reproduce these assumptions.

Let $L(x,\xi) = -\xi_0 I_2 + A(x,\xi')$ where $A(x,\xi')$ is a (2×2) matrix valued symbol homogeneous of degree 1 in ξ' in a conic neighbourhood of $(0,\bar{\xi}')$. We denote by $h(x,\xi)$ and Σ the determinant of $h(x,\xi)$ and the doubly characteristic set of h. Now the assumptions are as follows.

the equation in ξ_0, $h(x,\xi_0,\xi') = 0$ has only real roots for any (x,ξ') near $\sigma = (0,\bar{\xi}')$ and has double roots $\bar{\xi}_0$ at σ. (3.1)

Σ is a C^∞ manifold near $\rho = (0, \bar{\xi}_0,\bar{\xi}')$ such that the codimension of Σ is equal to the rank of the Hessian of h on Σ, (3.2)

the rank of L is equal to zero on Σ near ρ. (3.3)

Since $L^{(j)}$ and $\Sigma^{(j)}$ satisfy (3.1), (3.2) and (3.3) with $\rho_j = \rho$, admitting the following Lemma, $L^{(j)}$ is symmetrizable near $(0,\bar{\xi}')$. In this case the existence of such a parametrix of $L^{(j)}$ at $(0,\bar{\xi}')$ is well known and this completes the proof of Theorem 2.3.

<u>LEMMA 3.1</u>: Let $L(x,\xi)$ be as above. Suppose that L is real (or the codimension of Σ is less than or equal to 3) and (3.1), (3.2) and (3.3) are satisfied. Then $L(x,\xi)$ is symmetrizable near σ, that is, there exists a (2×2) matrix valued symbol $S(x,\xi')$ homogeneous of degree 0 in ξ' near σ such that

$$S(x,\xi') = S^*(x,\xi') > 0$$

$$S(x,\xi')L(x,\xi) = L^*(x,\xi)S(x,\xi'),$$

where A^* denotes the adjoint matrix of A.

PROOF: We set

$$L(x,\xi) = -(\xi_0 - 2^{-1}\mathrm{Tr}A(x,\xi')) + \tilde{A}(x,\xi')$$

$$g(x,\xi') = \det\tilde{A}(x,\xi'),\ \Sigma' = \{(x,\xi');\ g(x,\xi') = 0\}.$$

Here we notice that $\mathrm{Tr}\tilde{A}(x,\xi') = 0$ near σ. The condition (3.2) implies that Σ' is a C^∞ manifold near σ such that the codimension of Σ' is equal to the rank of the Hessian of g. Then one can express g as follows

$$g(x,\xi') = -\sum_{j=1}^{k} \ell_j(x,\xi')^2, \tag{3.4}$$

near σ where $d\ell_j(\sigma)$ is linearly independent and k is the codimension of Σ'. From condition (3.3), $\tilde{A}(x,\xi')$ vanishes on Σ' near σ; then it follows that

$$\tilde{A}(x,\xi') = \sum_{j=1}^{k} H_j(x,\xi')\ell_j(x,\xi'), \tag{3.5}$$

with (2×2) matrices $H_j(x,\xi')$ homogeneous of degree 0 in ξ'. If $\mathrm{codim}\Sigma = 1$ $(\mathrm{codim}\Sigma' = 0)$, one has $\tilde{A}(x,\xi') = 0$ (zero matrix) and hence

$$L(x,\xi) = -(\xi_0 - 2^{-1}\mathrm{Tr}A(x,\xi'))I_2.$$

In this case L is already symmetric since $\mathrm{Tr}A(x,\xi')$ is real near σ from the hyperbolicity (3.1). If $\mathrm{codim}\Sigma = 2$ $(\mathrm{codim}\Sigma' = 1)$, we have $\tilde{A}(x,\xi') = H_1(x,\xi')\ell_1(x,\xi')$. On the other hand, taking the determinant of each term of this equality, we have

$$\det \tilde{A}(x,\xi') = -\ \ell_1(x,\xi')^2 = \{\det H(x,\xi')\}\ell_1(x,\xi')^2.$$

This gives that $\det H(x,\xi') = -1$ near σ. Therefore taking into account that $\mathrm{Tr}\, H(x,\xi') = 0$ near σ, there is a (2×2) matrix $T(x,\xi')$ homogeneous of degree 0 in ξ' such that

$$T^{-1}(x,\xi')H_1(x,\xi')T(x,\xi') = \begin{pmatrix} 1 & 0 \\ 0 & -1 \end{pmatrix},$$

and this proves the symmetrizability of L in the case of codimΣ = 2 because the symmetrizability is invariant under similar transformations by elliptic symbols.

From Lemma 4.1 in the next section, the codimension of Σ is at most 3 if L is real. Then it remains to treat the case of codimΣ = 3 (codimΣ' = 2). Denoting by $K_1(x,\xi')$ the restriction of H_1 on $\ell_2 = 0$ one can rewrite (3.5) as follows

$$\tilde{A}(x,\xi') = K_1(x,\xi')\ell_1(x,\xi') + K_2(x,\xi')\ell_2(x,\xi').$$

Taking into account (3.4) and setting $\ell_2 = 0$, we obtain det $K_1(x,\xi') = -1$, Tr $K_1(x,\xi') = 0$ near σ. Hence there is a (2×2) matrix $N(x,\xi')$ such that

$$N^{-1}(x,\xi')K_1(x,\xi')N(x,\xi') = \begin{pmatrix} 1 & 0 \\ 0 & -1 \end{pmatrix},$$

and then we have

$$N^{-1}\tilde{A}N = \begin{pmatrix} 1 & 0 \\ 0 & -1 \end{pmatrix} (\ell_1 + a\ell_2) + \begin{pmatrix} 0 & b \\ c & 0 \end{pmatrix}\ell_2.$$

From the Taylor expansion of det $\tilde{A}(x,\xi')$ at σ, it is easy to see that $a(\sigma) = 0$, $b(\sigma)c(\sigma) = 1$ and consequently we can define the matrix

$$M = \begin{bmatrix} 1 & 0 \\ 0 & c(x,\xi')^{-1} \end{bmatrix}$$

near σ. Taking $T(x,\xi') = N(x,\xi')M(x,\xi')$ and writing

$$a(x,\xi') = \alpha(x,\xi') + i\beta(x,\xi'), \; b(x,\xi')c(x,\xi') = 1 + \psi(x,\xi')$$

with real $\alpha(x,\xi')$, $\beta(x,\xi')$, we get

$$T^{-1}\tilde{A}T = \begin{bmatrix} 1 & 0 \\ 0 & -1 \end{bmatrix} (\ell_1 + \alpha\ell_2 + i\beta\ell_2) + \begin{bmatrix} 0 & 1+\psi \\ 1 & 0 \end{bmatrix}\ell_2. \tag{3.6}$$

Taking the determinant of each term in the above equality, we obtain

$$-\det \tilde{A}(x,\xi') = (\ell_1 + \alpha\ell_2 + i\beta\ell_2)^2 + (1+\psi)\ell_2^2 = \ell_1^2 + \ell_2^2,$$

and this gives that $\mathrm{Im}\psi\cdot\ell_2 = -2\beta(\ell_1 + \alpha\ell_2)$. Since $d\ell_1(\sigma)$ and $d\ell_2(\sigma)$ are linearly independent one has

$$\beta = \tilde{\beta}\,\ell_2, \quad \mathrm{Im}\psi = -2\tilde{\beta}(\ell_1 + \alpha\ell_2), \tag{3.7}$$

with some symbol $\tilde{\beta}(x,\xi')$ homogeneous of degree -1 in ξ'. Now we define S by

$$S = \begin{bmatrix} 1 & -i\tilde{\beta}\ell_2 \\ i\tilde{\beta}\ell_2 & 1+\mathrm{Re}\psi \end{bmatrix}$$

Using (3.6), (3.7) and the fact $\psi(\sigma) = 0$, $\ell_j(\sigma) = 0$, it is easy to see that this S is a desired symmetrizer of L near σ.

4. PROOF OF PROPOSITION 2.1

We choose the same local coordinates (x,ξ) as in Section 3. With these local coordinates, $L_1(x,\xi)$ is given by

$$L_1(x,\xi) = \sum_{j=0}^{d} A_j(x)\xi_j.$$

From Corollary 2.1, it follows that, under our assumptions, $L_1(x,\xi)$ vanishes on $\Sigma = \{(x,\xi);\ h(x,\xi) = dh(x,\xi) = 0\}$ near ρ where $h(x,\xi) = \det L_1(x,\xi)$. Therefore we get $L_\rho(x,\xi) = A_0(0)\tilde{L}(x,\xi)$ with $\tilde{L}(x,\xi) = A_0^{-1}(x)L_1(x,\xi)$. Since $A_0(0)$ is non singular it suffices to show strong hyperbolicity of $\tilde{L}_\rho(x,\xi)$ w.r.t. $(1,0,\ldots,0)$ on R^{2d+2}, and hence we may supposethat $-A_0(x) = I_2$. In this situation, we shall show that there exists a (2×2) constant matrix T such that

$$T^{-1}L_\rho(x,\xi)T = \text{Hermitian matrix}, \tag{4.1}$$

for all $(x,\xi)\in R^{2d+2}$.

Since $L_1(x,\xi)$ and Σ satisfy (3.1), (3.2) and (3.3), using the same notation as in the proof of Lemma 3.1, we obtain (3.4) and (3.5). Comparing the homogeneous part of degree 2 in the Taylor expansion of $g(x,\xi')$ and $\det\tilde{A}(x,\xi')$ at σ, one has

$$\det\left(\sum_{j=1}^{k} H_j(\sigma)d\ell_j(\sigma)(x,\xi')\right) = -\sum_{j=1}^{k} d\ell_j(\sigma)(x,\xi')^2,$$

where $d\ell(\sigma)(x,\xi') = \Sigma(\partial\ell(\sigma)/\partial\xi_j)\xi_j + (\partial\ell(\sigma)/\partial x_j)x_j$.

Since $d\ell_j(\sigma)$ is linearly independent, one can apply the following Lemma with $H_j(\sigma) = A_j$. The result obtained is that there is a matrix T such that

$$T^{-1}H_j(\sigma)T = \text{Hermitian matrix},$$

for any j. On the other hand we have

$$dL_1(\sigma)(x,\xi) = -\{\xi_0 - 2^{-1}(dTrA)(x,\xi')\}I_2 + \sum_{j=1}^{k} H_j(\sigma)d\ell_j(\sigma)(x,\xi').$$

Then remarking that the first term of the right side is a real scalar matrix, we see that this T is the desired one.

LEMMA 4.1: Let A_j be (2×2) constant matrices with $TrA_j = 0$, $1 \leqq j \leqq k$. Assume that

$$Q(x) = \det\left(\sum_{j=1}^{k} A_j x_j\right)$$

is a quadratic form which is negative definite in R^k. Then there is a constant matrix T such that

$$T^{-1}A_jT = \text{Hermitian matrix},$$

for all j. Moreover k (which is the rank of Q) is at most 3 (at most 2 if all A_j are real).

PROOF: By a change of basis in R^k, if necessary, we can assume that

$$Q(x) = \det\left(\sum_{j=1}^{k} A_j x_j\right) = -\sum_{j=1}^{k} x_j^2, \quad TrA_j = 0,$$

where k is the rank of Q. Since $\det A_1 = -1$, $TrA_1 = 0$, one can diagonalize A_1;

$$A_1' = N_1^{-1}A_1N_1 = \begin{pmatrix} 1 & 0 \\ 0 & -1 \end{pmatrix}.$$

If $k = 1$ this proves the Lemma. If $k \geqq 2$, denoting $A_2' = N_1^{-1}A_2N_1 = (b_{ij})$ and taking $x_1 = -b_{11}x_2$, $x_j = 0$, $j \geqq 3$ we obtain $b_{11} = b_{22} = 0$, $b_{12}b_{21} = 1$. Setting

$$N_2^{-1} = \begin{pmatrix} 1 & 0 \\ 0 & b_{12} \end{pmatrix}$$

it follows that

$$N_2^{-1}A_1'N_2 = A_1', \quad N_2^{-1}A_2'N_2 = \begin{pmatrix} 0 & 1 \\ 1 & 0 \end{pmatrix}.$$

If $k = 2$, $N = N_1N_2$ is the desired one. If $k \geqq 3$, writing $N^{-1}A_jN = A_j' = (b_{n\,m}^{(j)})$, $j \geqq 3$ and taking $x_1 = -b_{11}^{(3)}x_3$, $x_j = 0$ $j \geqq 4$ we get $b_{11}^{(3)} = b_{22}^{(3)} = 0$, $b_{12}^{(3)} = \pm i$. The same procedure gives

$$A_j' = \varepsilon_j \begin{pmatrix} 0 & i \\ -i & 0 \end{pmatrix} \quad (\varepsilon_j = 1 \text{ or } -1),\ j \geqq 3.$$

This proves the first assertion with $T = N$. To show the second assertion, it suffices to remark that

$$N^{-1}\Big(\sum_{j=1}^{k} A_jx_j\Big)N = \begin{pmatrix} 1 & 0 \\ 0 & -1 \end{pmatrix} x_1 + \begin{pmatrix} 0 & 1 \\ 1 & 0 \end{pmatrix} x_2 + \begin{pmatrix} 0 & i \\ -i & 0 \end{pmatrix}\Big(\sum_{j=3}^{k} \varepsilon_jx_j\Big), \quad (4.2)$$

$$-\det\Big(\sum_{j=1}^{k} A_jx_j\Big) = x_1^2 + x_2^2 + \Big(\sum_{j=3}^{k} \varepsilon_jx_j\Big)^2 = \sum_{j=1}^{k} x_j^2. \quad (4.3)$$

The equality (4.3) holds only if $k \leqq 3$. If all A_j are real, we can take N real and (4.2) implies that $k \leqq 2$. These complete the proof of the second assertion.

REMARK 4.1: If $L_1(x,\xi)$ has constant coefficients, assumption (C) ia always satisfied and $L_\rho(x,\xi) = L_1(\xi)$. In this case, assertion (4.1) has been proved in [11] (Theorem 5).

REFERENCES

1. R. Berzin and J. Vaillant, Systèmes hyperboliques à caractéristiques multiples, J. Math pures et appl., 58, (1974), 165-216.
2. Y. Demay, Le problème de Cauchy pour les systèmes hyperboliques à caractéristiques doubles, C.R. Acad. Sc. Paris, 278, (1974), 771-773.
3. L. Hörmander, The Cauchy problem for differential equations with double characteristics, J. Analyse Math., 32, (1977), 118-196.
4. V. Ja. Ivrii and V.M. Petkov, Necessary conditions for the Cauchy problem for non strictly hyperbolic equations to be well posed, Russian Math. Surveys, 29, (1974), 1-70.
5. V. Ja. Ivrii, The Cauchy problem for non strictly hyperbolic operators III: the energy integrals, Trans. Moscow Math. Soc., 34, (1978), 149-168.
6. K. Kasahara and M. Yamaguchi, Strongly hyperbolic systems of linear partial differential equations with constant coefficients, Mem. Col. Sci. Univ. Kyoto, 33, (1960), 1-23.
7. N.D. Koutev and V.M. Petkov, Sur les systèmes régulièrement hyperboliques du premier ordre, Ann. Sofia Univ. Math. Fac., 67, (1976), 375-389.
8. T. Nishitani, On the Cauchy problem for effectively hyperbolic systems, Proc. Japan Acad., 61, (1985), 125-128.
9. ————————, Systèmes effectivement hyperboliques, Equations aux dérivées partielles et holomorphes, Séminaire J. Vaillant, 1984-85, to appear.
10. V.M. Petkov, Sur la condition de Levi pour des systèmes hyperboliques à caractéristiques de multiplicite variable, Serdica Bulg. math. publ., 3, (1977), 309-317.
11. G. Strang, On strong hyperbolicity, J. Math. Kyoto Univ., 6. (1967), 397-417.
12. J. Vaillant, Symétrisabilité des matrices localisées d'une matrice fortement hyperbolique en un point multiple, Ann. Scuo. Sup. Pisa, 5, (1978), 405-427.

T. Nishitani
Department of Mathematics
College of General Education
Osaka University
Japan.

Y OHYA & S TARAMA

Le problème de Cauchy à caractéristiques multiples dans la classe de Gevrey II

INTRODUCTION

L'objet de cet article est de résumer des résultats concernant le problème de Cauchy pour les équations hyperboliques, dont les coefficients sont moins réguliers par rapport à t et dans la classe de Gevrey par rapport à x, à caractéristiques multiples, d'abord de multiplicité variable et ensuite de multiplicité constante. En particulier, on montre l'optimalité d'hypothèse par rapport à l'indice de classe de Gevrey pour le cas dernier.

NOTATIONS

Considérons le problème de Cauchy

$$\begin{cases} P[u(t,x)] = f(t,x) & \text{dans } \Omega = [0,T] \times \mathbf{R}^{\ell} \\ D_t^j u(0,x) = \phi_j(x) & j = 0,1,\dots,m-1, \end{cases} \qquad \text{(E)}$$

où $P(t,x;D_t,D_x) = D_t^m + \sum_{\substack{j+|\nu|\leq m \\ j<m}} a_{j\nu}(t,x) D_t^j D_x^{\nu}$, étant $D_t = \frac{1}{i}\frac{\partial}{\partial t}$ et $D_{x_j} = \frac{1}{i}\frac{\partial}{\partial x_j}$.

Pour préciser les énoncés, nous donnons

DEFINITION: $C^{\kappa}([0,T]; \gamma^s_{loc}(\mathbf{R}^{\ell}))$, où $0 < \kappa \leqq 2$ et $1 < s < \infty$, est l'espace de fonctions composées de, d'abord

i) $\gamma^s_{loc}(\mathbf{R}^{\ell}) \ni f(x)$ signifie; pour tout ensemble compact κ de $\mathbf{R}^{\ell}$ et tout multi-indice α, il existe deux constantes positives A et C telles que l'on a

$$\sup_{\kappa} |D_x^{\alpha} f(x)| \leqq AC^{|\alpha|}|\alpha|!^s. \qquad \text{Ensuite,}$$

ii) $C^\kappa([0,T]; \gamma^s_{loc}(\mathbf{R}^\ell)) \ni g(t,x)$ signifie: pour tout ensemble compact κ de $\mathbf{R}^\ell$, tout α et tout t, s $\in [0,T]$, il existe deux constantes positives A et C telles que l'on a

$$\sup_\kappa |D^\alpha_x\, g(t,x) - D^\alpha_x\, g(s,x)| \leq AC^{|\alpha|}|\alpha|!^s|t-s|^\kappa.$$

NOTE: On entend que, pour $1 < \kappa \leq 2$, $g(t,x) \in C^\kappa([0,T]; \gamma^s_{loc}(\mathbf{R}^\ell))$ signifie que $D_t g(t,x) \in C^{\kappa-1}([0,T]; \gamma^s_{loc}(\mathbf{R}^\ell))$.

HYPOTHESES

I) On suppose que $P(t,x;D_t,D_x)$ soit hyperbolique; l'équation du polynôme caractéristique

$$P_m(t,x;\tau,\xi) = \tau^m + \sum_{\substack{j+|\nu|=m \\ j<m}} a_{j\nu}(t,x)\tau^j\, \xi^\nu = 0$$

n'a que des racines réelles par rapport à τ pour tout $(t,x;\xi) \in \Omega \times \mathbf{R}^\ell_\xi$. On désigne la multiplicité maximale de ces racines par r (≥ 2).

II) Les coefficients de P appartiennent aux espaces;

$$a_{j\nu}(t,x)(j + |\nu| = m) \in C^\kappa([0,T]; \gamma^s_{loc}(\mathbf{R}^\ell))$$

$$a_{j\nu}(t,x)(j + |\nu| < m) \in C^0([0,T]; \gamma^s_{loc}(\mathbf{R}^\ell)).$$

De plus, le second membre f(t,x) appartient à $C^0([0,T]; \gamma^s_{loc}(\mathbf{R}^\ell))$, et $\phi_j(x) \in \gamma^s_{loc}(\mathbf{R}^\ell)$ pour chaque j.

ENONCE

THEOREME 1: Sous les hypothèses I) et II), si s satisfait à l'inégalité

$$1 < s < \min\,(1 + \frac{\kappa}{r}\ ,\ \frac{r}{r-1}),$$

alors il existe une et une seule solution de (E) dans $C^m([0,T]; \gamma^s_{loc}(\mathbf{R}^\ell))$. Il y a le domaine d'influence.

HISTORIQUES

Pour les recherches de cette direction, d'une côté, on va citer tout d'abord l'article de F. Colombini - E. De Giorgi - S. Spagnolo [2] qui a montré l'existence unique de solution pour $1 < s < \frac{1}{1-\kappa}$ sous l'hypothèse d'hyperbolicité stricte de P où $a_{j\nu}(t,x)$ ne depend que de t et $m = 2$. Colombini - E. Jannelli - Spagnolo [3] l'a obtenu pour $1 < s < 1 + \frac{\kappa}{2}$ sous l'hypothèse d'hyperbolicité non stricte pour le même P que [2]. Ce dernier a considéré aussi la nécessité de cette inégalité s'inspirant de la méthode dûe à [2]. T. Nishitani [9] a étendu la partie de suffisance au cas de $a_{j\nu}(t,x)$ et a montré les inégalités énergétiques dans le cas général pour $\kappa = 1,2$ [10]. Jannelli [5] a étudié le cas général sous l'hypothèse d'hyperbolicité stricte.

D'autre côté, on a le résultat dû à M.D. Bronstein [1] qui a résolu (E) en construisant une paramétrice avec assez de régularité par rapport à t.

Etant données ces situations, nous avons montré le Théorème 1 en s'appuyant sur la méthode de Bronstein. Concernant cette démonstration, nous citons l'article de Ohya - Tarama [12].

Originalement, le problème de Cauchy a été étudié dans la classe de Gevrey comme le cas intermédiaire entre le théorème de Cauchy - Kowalewski et le problème de Cauchy C^∞ - bien posé, ou bien l'hyperbolicité stricte. Plus précisément, si l'on suppose que

$$\text{III)} \qquad p_m(t,x;\tau,\xi) = \prod_{j=1}^{k} (\tau - \lambda_j(t,x;\xi))^{\nu_j}$$

où ν_j est constant pour tout $(t,x;\xi) \in \Omega \times \mathbf{R}^\ell_\xi$, étant $\max_j \nu_j = r$, alors on pourra mettre p_m en

$$p_m(t,x;\tau,\xi) = \prod_{j=1}^{r} a_j(t,x;\tau,\xi),$$

où $a_j(t,x;\tau,\xi)$ sont les symboles strictement hyperboliques. On décompose

$$P = \prod_{j=1}^{r} A_j(t,x;D_t,D_x) + (P - \prod_{j=1}^{r} A_j),$$

$A_j(t,x;D_t,D_x)$ étant les opérateurs pseudo-différentiels associés aux a_j.

Si l'on désigne l'ordre de $P - \prod_{j=1}^{r} A_j$ par $m - r + q$ $(0 \leqq q \leqq r-1)$, alors on a pu montrer l'existence unique de solution de (E) pour $1 < s < \frac{r}{q}$ (Ohya

[11], J. Leray - Ohya [6]). On pourra dire que ce résultat nous a aidé de retrouver la condition de E.E. Levi (S. Mizohata - Ohya [8]), bien que son article [7] en 1909 nous a aussi bien guidé.

De ce point de vue, on a étudié (E) même sous l'hypothèse de multiplicité constante, puisque la condition de Levi est bien connue dans ce cas. On a obtenu le

THEOREME 2: Sous les hypothèses I) - III), si s satisfait à l'inégalité $1 < s < \min(1 + \kappa, \frac{r}{r-1})$ pour $0 < \kappa \leqq 1$, alors il existe une et une seule solution de (E) dans $C^m([0,T]; \gamma^s_{loc}(\mathbf{R}^\ell))$. Il y a le domaine d'influence.

NOTE: A cause de l'inégalité évidente $1 + \kappa \geqq \frac{r}{r-\kappa}$ pour $r \geqq 2$ et $0 < \kappa \leqq 1$, on peut l'affirmer aussi pour s tel que

$$1 < s < \min(\frac{r}{r-\kappa} , \frac{r}{r-1}).$$

DEMONSTRATION: Soit, pour $s\delta = 1$,

$$p_m(t,x; \tau-iH\langle\xi\rangle^\delta,\xi) = \prod_{j=1}^{k} (\tau - iH\langle\xi\rangle^\delta - \lambda_j(t,x;\xi))^{\nu_j}$$

où $\prod_{j=1}^{k} \nu_j = m$ et $r = \max_{1\leqq j\leqq k} \nu_j$, à cause de l'hypothèse III), H étant une constante déterminée tout à l'heure. En employant $\chi(s) \in C_0^\infty(\mathbf{R})$ telle que

$$\chi(s) = \begin{cases} 1 & \frac{1}{2} \leqq s \leqq 1 \\ 0 & s \leqq \frac{1}{3}, \quad s \geqq \frac{4}{3} \end{cases}$$

et $\int_{-\infty}^{\infty} \chi(s)ds = 1$, on désigne

$$\tilde{\lambda}_j(t,x;\xi) = \int_{-\infty}^{\infty} \lambda_j(s,x;\xi)\rho\chi(\rho(t-s))ds, \text{ et}$$

$$\tilde{p}_m(t,x; \tau-iH\langle\xi\rangle^\delta,\xi) = \prod_{j=1}^{k} (\tau - iH\langle\xi\rangle^\delta - \tilde{\lambda}_j(t,x;\xi))^{\nu_j}.$$

NOTE: Pour simplier l'écriture, on emploie

$$P_m(t,x;\ \tau-iH\langle\xi\rangle^\delta,\xi) = p_m(t)$$

$$\tilde{p}_m(t,x;\ \tau-iH\langle\xi\rangle^\delta,\xi) = \tilde{p}_m(t) \quad \text{etc.}$$

Soit $\mu(t,x;\xi)$ la racine r-tuple représentant une racine parmi $\{\lambda_j(t,x;\xi)\}$ pour $1 \leqq j \leqq k$, et on met

$$p_m(t) = (\tau - iH\langle\xi\rangle^\delta - \mu(t,x;\xi))^r\ a(t,x;\tau,\xi)$$

$$\tilde{p}_m(t) = (\tau - iH\langle\xi\rangle^\delta - \tilde{\mu}(t,x;\xi))^r\ \tilde{a}(t,x;\tau,\xi).$$

NOTE: Ceci ne perd aucune généralité compte tenu du calcul précis ci-après. La construction d'une paramétrice est complètement pareille à l'article précédent [12]; c'est-à-dire, on définit $Q(t,x;D_t,D)$ associé au symbole $q(t,x;\ \tau-iH\langle\xi\rangle^\delta,\xi) = \frac{1}{\tilde{p}_m(t)}$, compte tenu de l'hyperbolicité de P.

En posant $u = Qv$, on met l'équation (E) en $P[Qv] = f$, et on détermine R par $PQ = I + R$, où I est un opérateur d'identité; donc le symbole de $R(t,x;D_t,D)$ se calcule par

$$r(t,x;\ \tau-iH\langle\xi\rangle^\delta,\xi) = \sum_\alpha \frac{1}{\alpha!}\partial_\xi^\alpha\, p\, D_x^\alpha\, q - 1.$$

UN LEMME

LEMME: Pour tout ensemble compact K de $\mathbb{R}^\ell$, il existe une constante positive C telle que

i) $\quad |\tilde{\mu}(t,x;\xi) - \mu(t,x;\xi)| \leqq C\ \langle\xi\rangle\rho^{-\kappa}$

ii) $\quad |D_t\ \tilde{\mu}(t,x;\xi)| \leqq C\ \langle\xi\rangle\rho^{1-\kappa}$

pour tout $x \in K$ et $t \in [0,T]$.

PREUVE: Vu $\int_{-\infty}^{\infty} \rho\chi(\rho(t-s))ds = 1$, on aura

$$\tilde{\mu}(t,x;\xi) - \mu(t,x;\xi) = \int_{-\infty}^{\infty} [\mu(s,x;\xi) - \mu(t,x;\xi)]\rho\chi(\rho(t-s))ds;$$

d'où l'on tire

$$|\tilde{\mu}(t,x;\xi) - \mu(t,x;\xi)| \leq C\langle\xi\rangle \int_{-\infty}^{\infty} |t-s|^{\kappa} \rho\chi(\rho(t-s))ds$$

$$= C\langle\xi\rangle\rho^{-\kappa} \qquad \text{qui donne i).}$$

Compte tenu de

$$D_t\tilde{\mu}(t,x;\xi) = \int_{-\infty}^{\infty} \mu(s,x;\xi) \frac{1}{i} \rho^2\chi'(\rho(t-s))ds,$$

on obtient

$$|D_t\tilde{\mu}| \leq C\langle\xi\rangle \int_{-\infty}^{\infty} |s-t|^{\kappa} \rho^2|\chi'(\rho(t-s))|ds,$$

puisque l'on a $\int_{-\infty}^{\infty} \rho^2\chi'(\rho(t-s))ds = 0$; d'où il s'ensuit

$$|D_t\tilde{\mu}| \leq C\langle\xi\rangle\rho^{1-\kappa} \qquad \text{qui montre ii).}$$

NOTE: i) et ii) entraînent

i)' $$\left|\frac{\tau - iH\langle\xi\rangle^{\delta} - \mu}{\tau - iH\langle\xi\rangle^{\delta} - \tilde{\mu}}\right| \leq C\langle\xi\rangle^{1-\delta} \rho^{-\kappa}, \text{ et}$$

ii)' $$\left|\frac{D_t\tilde{\mu}}{\tau - iH\langle\xi\rangle^{\delta} - \tilde{\mu}}\right| \leq C\langle\xi\rangle^{1-\delta} \rho^{1-\kappa} \text{ respectivement.}$$

CALCUL PRECIS

(1) $$\sum_{k=0}^{m} p_k(t) \frac{1}{\tilde{p}_m(t)} - 1$$

$$= \frac{p_m(t) - \tilde{p}_m(t)}{\tilde{p}_m(t)} + \sum_{k=0}^{m-1} p_k(t) \frac{1}{\tilde{p}_m(t)}$$

$$= \frac{(\tau-iH\langle\xi\rangle^{\delta}-\mu)^r a - (\tau-iH\langle\xi\rangle^{\delta}-\tilde{\mu})^r\tilde{a}}{(\tau-iH\langle\xi\rangle^{\delta}-\tilde{\mu})^r\tilde{a}} + \sum_{k=0}^{m-1} p_k(t) \frac{1}{\tilde{p}_m(t)}$$

$$= \frac{\tilde{\mu} - \mu}{\tau-iH\langle\xi\rangle^{\delta}-\tilde{\mu}} \sum_{j=0}^{r-1} \left(\frac{\tau-iH\langle\xi\rangle^{\delta}-\mu}{\tau-iH\langle\xi\rangle^{\delta}-\tilde{\mu}}\right)^j a/\tilde{a} + \frac{a-\tilde{a}}{\tilde{a}} + \sum_{k=0}^{m-1} p_k(t) \frac{1}{\tilde{p}_m(t)}.$$

Le lemme précédent donne, en choisissant $\rho = \langle\xi\rangle^{\delta_1}$,

$$|p(t)\frac{1}{\tilde{p}_m(t)} - 1| \leqq C\{\langle\ \rangle^{1-\delta}\rho^{-\kappa}\sum_{j=0}^{r-1}(\langle\xi\rangle^{1-\delta}\rho^{-\kappa})^j$$

$$+\sum_{k=0}^{m-1}\langle\xi\rangle^k(\langle\xi\rangle^{-\delta})^r(\langle\xi\rangle)^{m-r}\};$$

ce qui donne, par le choix de δ_1 tel que $0 < \delta_1 < \delta$,

$$\frac{1}{\delta} < 1 + \kappa \quad \text{et } \frac{1}{\delta} < \frac{r}{r-1}\ .$$

$$(2) \qquad \partial_\tau(\sum_{k=0}^{m} p_k(t))D_t(\frac{1}{\tilde{p}_m(t)})$$

$$= r^2\{\frac{(\tau-iH\langle\xi\rangle^\delta-\mu)^{r-1}a}{(\tau-iH\langle\xi\rangle^\delta-\tilde{\mu})^r\tilde{a}}\ \frac{D_t\tilde{\mu}}{\tau-iH\langle\xi\rangle^\delta-\tilde{\mu}} - \frac{(\tau-iH\langle\xi\rangle^\delta-\mu)^{r-1}a}{(\tau-iH\langle\xi\rangle^\delta-\tilde{\mu})^r\tilde{a}}\ \frac{D_t\tilde{a}}{\tilde{a}}$$

$$+\frac{(\tau-iH\langle\xi\rangle^\delta-\mu)^r\partial_\tau a}{(\tau-iH\langle\xi\rangle^\delta-\tilde{\mu})^r\tilde{a}}\ \frac{D_t\tilde{\mu}}{\tau-iH\langle\xi\rangle^\delta-\tilde{\mu}} - \frac{(\tau-iH\langle\xi\rangle^\delta-\mu)^r\partial_\tau a}{(\tau-iH\langle\xi\rangle^\delta-\tilde{\mu})^r\tilde{a}}\ \frac{D_t\tilde{a}}{\tilde{a}}$$

$$+\sum_{k=0}^{m-1}\partial_\tau\, p_k(t)\cdot D_t(\frac{1}{\tilde{p}_m(t)}).$$

Compte tenu du lemme, on obtient

$$|\partial_\tau\ (\sum_{k=0}^{m} p_k(t))D_t(\frac{1}{\tilde{p}_m(t)})|$$

$$\leqq\ C\ \{(\langle\xi\rangle^{1-\delta}\rho^{-\kappa})^{r-1}\langle\xi\rangle^{-\delta}\langle\xi\rangle^{1-\delta}\rho^{\,1-\kappa} + (\langle\xi\rangle^{1-\delta}\rho^{-\kappa})^{r-1}\langle\xi\rangle^{-\delta}$$

$$+ (\langle\xi\rangle^{1-\delta}\rho^{-\kappa})^r\langle\xi\rangle^{-1}\ \langle\xi\rangle^{1-\delta}\rho^{1-\kappa} + (\langle\xi\rangle^{1-\delta}\rho^{-\kappa})^r\langle\xi\rangle^{-1}\}.$$

Les conditions que chaque puissance de $\langle\xi\rangle$ soit negative s'assurent par $r(1-\delta-\kappa\delta_1) - \delta + \delta_1 < 0$, vu le choix de $\rho = \langle\xi\rangle^{\delta 1}$.

Ceci se remplit par $\frac{1}{\delta} < 1 + \kappa$, compte tenu de $0 < \delta_1 < \delta < 1$.

$$\sum_{\alpha=1}^{\ell} \frac{\partial}{\partial\xi_\alpha} \left(\sum_{k=0}^{m} p_k(t) \right) D_{x_\alpha} \left(\frac{1}{\tilde{p}_m(t)} \right) \tag{3}$$

$$= - \sum_{\alpha=1}^{\ell} \frac{\frac{\partial}{\partial\xi_\alpha}\{(\tau - iH\langle\xi\rangle^\delta - \mu)^r a\}}{\tilde{p}_m(t)} \left\{ \frac{-rD_{x_\alpha}\tilde{\mu}}{\tau - iH\langle\xi\rangle^\delta - \tilde{\mu}} + \frac{D_{x_\alpha}\tilde{a}}{a} \right\}$$

$$- \sum_{\alpha=1}^{\ell} \sum_{k=0}^{m-1} \frac{\frac{\partial}{\partial\xi_\alpha} p_k(t)}{\tilde{p}_m(t)} \left\{ \frac{rD_{x_\alpha}\tilde{\mu}}{\tau - iH\langle\xi\rangle^\delta - \tilde{\mu}} + \frac{D_{x_\alpha}\tilde{a}}{\tilde{a}} \right\}$$

$$= - \sum_{\alpha=1}^{\ell} \left\{ r \frac{-iH\delta\langle\xi\rangle^{\delta-1} \frac{\xi_\alpha}{\langle\xi\rangle} - \frac{\partial}{\partial\xi_\alpha}\mu}{\tau - iH\langle\xi\rangle^\delta - \tilde{\mu}} \frac{(\tau - iH\langle\xi\rangle^\delta - \mu)^{r-1}}{(\tau - iH\langle\xi\rangle^\delta - \tilde{\mu})^{r-1}} \frac{a}{\tilde{a}} \right.$$

$$\left. + \frac{(\tau - iH\langle\xi\rangle^\delta - \mu)^r}{(\tau - iH\langle\xi\rangle^\delta - \tilde{\mu})^r} \frac{\frac{\partial}{\partial\xi_\alpha} a}{\tilde{a}} \right\} \left\{ \frac{-rD_{x_\alpha}\tilde{\mu}}{\tau - iH\langle\xi\rangle^\delta - \tilde{\mu}} + \frac{D_{x_\alpha}\tilde{a}}{\tilde{a}} \right\}$$

$$- \sum_{\alpha=1}^{\ell} \sum_{k=0}^{m-1} \frac{\frac{\partial}{\partial\xi_\alpha} p_k(t)}{\tilde{p}_m(t)} \left\{ \frac{-rD_{x_\alpha}\tilde{\mu}}{\tau - iH\langle\xi\rangle^\delta - \tilde{\mu}} + \frac{D_{x_\alpha}\tilde{a}}{\tilde{a}} \right\}$$

L'emploie du lemme nous donne

$$\left| \sum_{\alpha=1}^{\ell} \frac{\partial}{\partial\xi_\alpha} \left(\sum_{k=0}^{m} p_k(t) \right) D_{x_\alpha} \left(\frac{1}{\tilde{p}_m(t)} \right) \right|$$

$$\leqq C \left[\{ \langle\xi\rangle^{-\delta} (\langle\xi\rangle^{1-\delta}\rho^{-\kappa})^{r-1} + (\langle\xi\rangle^{1-\delta}\rho^{-\kappa})^r \langle\xi\rangle^{-1} \} \{ \langle\xi\rangle^{1-\delta} + 1 \} \right.$$

$$\left. + \sum_{k=0}^{m-1} \frac{\langle\xi\rangle^{k-1}}{(\langle\xi\rangle^\delta)^r \langle\xi\rangle^{m-r}} \{ \langle\xi\rangle^{1-\delta} + 1 \} \right]$$

La substitution de $\rho = \langle\xi\rangle^{\delta_1}$ où $0 < \delta_1 < \delta$ indique

$$\frac{1}{\delta} < 1 + \kappa + \frac{1-\kappa}{r}, \quad \frac{1}{\delta} < 1 + \kappa + \frac{1}{r} \text{ et } \frac{1}{\delta} < \frac{r}{r-1} + \frac{1}{r-1},$$

ces inégalités n'ajoutent rien d'autre que le résultat de (1).

(4) Finalement, pour l'éstimation de $\sum_{|\alpha|\geq 2} \frac{1}{\alpha!} \partial_\xi^\alpha \; p \; D_x^\alpha q$, on procède comme l'article [12].

L'OPTIMALITE D'HYPOTHESE

$$1 < s < \min\left(1 + \kappa, \frac{r}{r-1}\right)$$

se prouve comme il suit.

Considérons l'opérateur P dans $\Omega = [0,T] \times \mathbf{R}$;

$$P = D_t^2 - 2a(t)D_tD_x + a^2(t)D_x^2$$
$$= (D_t - a(t)D_x)^2 + D_ta(t)D_x$$

où a(t) est à valeurs réelles et appartient à $C^\kappa([0,T])$ pour $0 < \kappa \leq 1$; donc $\frac{r}{r-1} = 2$.

Or, on montre que le problème de Cauchy pour P n'est pas γ^s-bien posé pour $s > 1 + \kappa$, en choisissant a(t) convenablement.

On emploie la méthode dûe à Colombini - De Giorgi - Spagnolo [2].

Soient $\tau_n = (\frac{1}{2})^n$ et $t_n = \sum_{i=0}^{n-1} \tau_i + \frac{1}{2}\tau_n$, étant $t_0 = \tau_0 = 0$; donc $[0,1] = \bigcup_{k=0}^{\infty} [t_k - \frac{1}{2}\tau_k, t_k + \frac{1}{2}\tau_k]$.

On définit $\phi(s) = 1 - |s|$ pour $|s| \leq 2$, et étend $\phi(s)$ comme une fonction périodique de période 4 appartenant à $C^0(\mathbf{R})$.

Si l'on définit de plus a(t) pour $t_n - \frac{\tau_n}{2} \leq t \leq t_n + \frac{\tau_n}{2}$,

$$a(t) = \sum_{i=0}^{n-1} \frac{1}{\nu_i} \int_{\rho_i(-\frac{\tau_i}{2})}^{\rho_i(\frac{\tau_i}{2})} \phi(\tau)d\tau + \frac{1}{\nu_n} \int_{\rho_n(-\frac{\tau_n}{2})}^{\rho_n(t-t_n)} \phi(\tau)d\tau,$$

où ρ_n est une suite croissante tendant vers ∞ et $\nu_n = \rho_n^\kappa$, alors on peut constater $a(t) \in C^\kappa([0,1])$.

On va construire une solution de P[u] = 0 par

$$u(t,x) = e^{ik_nx} \exp\left[ik_n \int_0^t a(\tau)d\tau\right] v_n(t)$$

où l'on choisit $v_n(t)$ telle que $(\frac{d}{dt})^2 \ v_n(t) + ik_n a'(t)v_n(t) = 0$; c'est-à-dire,

$$v_n''(t) + i \frac{k_n \rho_n}{\nu_n} \ \phi(\rho_n(t-t_n))v_n(t) = 0 \text{ pour } t \in [t_n - \frac{\tau_n}{2} , \ t_n + \frac{\tau_n}{2}],$$

où $\phi(\rho_n(t-t_n)) = 1 - \rho_n|t-t_n|$ pour $\rho_n|t-t_n| \leqq 2$. On met cette équation à la forme

$$\tilde{v}_n''(s) + i \frac{k_n}{\nu_n \rho_n} \phi(s)\tilde{v}_n(s) = 0, \text{ en posant } s = \rho_n(t-t_n).$$

Alors, l'emploie du théorème de Floquet et du résultat de l'appendice à la fin de cet article donne

$$\tilde{v}_n(s) = \exp \ (d_n \ s) \ f_n(s)$$

où $d_n \sim d \ \sqrt{\frac{k_n}{\nu_n \rho_n}}$ asymptotiquement ($d > 0$) et $f_n(s)$ est une fonction périodique de période 4; donc on a

$$\tilde{v}_n(\rho_n(t-t_n)) \sim \exp \ (d\sqrt{\frac{k_n}{\nu_n \rho_n}} \ \rho_n(t-t_n)) \ f_n(\rho_n(t-t_n)),$$

pour $\frac{k_n}{\nu_n \rho_n} \to \infty$; ceci entraîne

$$\tilde{v}_n(\rho_n \ \frac{\tau_n}{2}) \sim \exp \ \{\frac{d}{2}\sqrt{\frac{k_n \rho_n}{\nu_n}} \ \tau_n\} \ f_n(\rho_n \ \frac{\tau_n}{2} \ )$$

$$\tilde{v}_n(-\rho_n \ \frac{\tau_n}{2}) \sim \exp \ \{- \ \frac{d}{2}\sqrt{\frac{k_n \rho_n}{\nu_n}} \ \tau_n\} \ f_n(-\rho_n \ \frac{\tau_n}{2} \ ),$$

en posant $t = t_n + \frac{\tau_n}{2}$ (resp. $t = t_n - \frac{\tau_n}{2}$).

Or, on pourra constater qu'il existe des constantes positives C_i et d_i ($i = 1,2$) telles que

$$|v_n(t_n + \frac{\tau_n}{2})| \geqq C_1 \ \exp(d_1 k_n^{1/s})$$

et

$$|v_n(0)| \leqq C_2 \ \exp(- \ d_2 \ k_n^{1/s})$$

pour $s > 1 + \kappa$, si l'on vérifie les trois propriétés suivantes;

(i) $\dfrac{k_n}{\nu_n \rho_n}$ tend vers l'infini,

(ii) $\displaystyle\sum_{i=0}^{n-1} \sqrt{\frac{k_n \rho_i}{\nu_i}}\ \tau_i \leqq C \sqrt{\frac{k_n \rho_n}{\nu_n}}\ \tau_n$ $(C > 0)$, et

(iii) $k_n^{1/s} \sim \sqrt{\dfrac{k_n \rho_n}{\nu_n}}\ \tau_n.$

Il n'est pas difficile de vérifier qu'elles sont remplies en choisissant

$k_n = \rho_n^{\frac{1-\kappa}{2-s} s}\ \tau_n^{\frac{2s}{2-s}}$ par exemple, si $s > 1 + \kappa$.

APPENDICE

On analyse la propriété de solution de $\tilde{v}_n(s)$ comme il suit.

Soit

(e) $\qquad w''(t) + i\gamma\phi(t)w(t) = 0,$

où $\gamma = \dfrac{k_n}{\nu_n \rho_n}$ et $\phi(t) = 1 - |t|$ pour $|t| \leqq 2$. Remarquez que, si $f(t)$ est une solution de $-2 \leqq t \leqq 0$, alors $f(-t)$ est aussi une solution de $0 \leqq t \leqq 2$, puisque $\phi(t)$ est une fonction paire.

Soient $f_1(t)$ et $f_2(t)$ les systèmes fondamentaux de (e) dans $[-2,0]$ et $\alpha = (\alpha_{ij})_{1 \leqq i,j \leqq 2}$ une matrice telle que

$$\begin{pmatrix} f_1(0) & f_2(0) \\ -f_1'(0) & -f_2'(0) \end{pmatrix} \alpha = \begin{pmatrix} f_1(0) & f_2(0) \\ f_1'(0) & f_2'(0) \end{pmatrix}$$

Or

$$F_1(t) = \begin{cases} f_1(t) & -2 \leqq t \leqq 0 \\ f_1(-t)\alpha_{11} + f_2(-t)\alpha_{21} & 0 \leqq t \leqq 2 \end{cases}$$

et

$$F_2(t) = \begin{cases} f_2(t) & -2 \leq t \leq 0 \\ f_1(-t)\alpha_{12} + f_2(-t)\alpha_{22} & 0 \leq t \leq 2 \end{cases}$$

font les systèmes fondamentaux de (e) pour [-2,2]. En définissant une matrice $\beta = (\beta_{ij})_{1 \leq i,j \leq 2}$ telle que

$$\begin{pmatrix} F_1(-2) & F_2(-2) \\ F_1'(-2) & F_2'(-2) \end{pmatrix} \beta = \begin{pmatrix} F_1(2) & F_2(2) \\ F_1'(2) & F_2'(2) \end{pmatrix} ,$$

on va trouver les valeurs propres de β; dét $(\lambda I - \beta) = \lambda^2 - \text{trace } \beta \cdot \lambda + \text{dét } \beta$. Il suffit de calculer tr β, car det $\beta = 1$, compte tenu de

$\frac{d}{dt}$ dét $\begin{pmatrix} F_1(t) & F_2(t) \\ F_1'(t) & F_2'(t) \end{pmatrix} = 0$. La définition β indique

$$\beta = \begin{pmatrix} F_1(-2) & F_2(-2) \\ F_1'(-2) & F_2'(-2) \end{pmatrix}^{-1} \begin{pmatrix} F_1(2) & F_2(2) \\ F_1'(2) & F_2'(2) \end{pmatrix}$$

$$= \begin{pmatrix} f_1(-2) & f_2(-2) \\ f_1'(-2) & f_2'(-2) \end{pmatrix}^{-1} \begin{pmatrix} f_1(-2) & f_2(-2) \\ -f_1'(2) & -f_2'(-2) \end{pmatrix} \alpha .$$

Si l'on définit

$$\Phi(t) = \begin{pmatrix} f_1(t) & f_2(t) \\ f_1'(t) & f_2'(t) \end{pmatrix} ,$$

alors, compte tenu de la définition α et

$$\begin{pmatrix} f_1(-2) & f_2(-2) \\ -f_1'(-2) & -f_2'(-2) \end{pmatrix} = \begin{pmatrix} 1 & 0 \\ 0 & -1 \end{pmatrix} \begin{pmatrix} f_1(-2) & f_2(-2) \\ f_1'(-2) & f_2'(-2) \end{pmatrix}$$

$$\begin{pmatrix} f_1(0) & f_2(0) \\ -f_1'(0) & -f_2'(0) \end{pmatrix} = \begin{pmatrix} 1 & 0 \\ 0 & -1 \end{pmatrix} \begin{pmatrix} f_1(0) & f_2(0) \\ f_1'(0) & f_2'(0) \end{pmatrix},$$

on aura

$$\beta = \Phi(-2)^{-1} \begin{pmatrix} 1 & 0 \\ 0 & -1 \end{pmatrix} \Phi(-2)\Phi(0)^{-1} \begin{pmatrix} 1 & 0 \\ 0 & -1 \end{pmatrix} \Phi(0)$$

$$= \Phi(-2)^{-1} \left\{ \begin{pmatrix} 1 & 0 \\ 0 & -1 \end{pmatrix} \Phi(-2)\Phi(0)^{-1} \begin{pmatrix} 1 & 0 \\ 0 & -1 \end{pmatrix} \Phi(0)\Phi(-2)^{-1} \right\} \Phi(-2);$$

donc on obtient

$$\mathrm{tr}\, \beta = \mathrm{tr} \begin{pmatrix} -1 & 0 \\ 0 & -1 \end{pmatrix} \Phi(-2)\Phi(0)^{-1} \begin{pmatrix} 1 & 0 \\ 0 & -1 \end{pmatrix} \Phi(0)\Phi(-2)^{-1}.$$

En posant $\Phi(0)\Phi(-2)^{-1} = \begin{pmatrix} a & b \\ c & d \end{pmatrix}$,

$$\mathrm{tr}\, \beta = \mathrm{tr} \begin{pmatrix} 1 & 0 \\ 0 & -1 \end{pmatrix} \begin{pmatrix} d & -b \\ -c & a \end{pmatrix} \begin{pmatrix} 1 & 0 \\ 0 & -1 \end{pmatrix} \begin{pmatrix} a & b \\ c & d \end{pmatrix},$$

vu $\text{dét}(\Phi(0)\Phi(-2)^{-1}) = ad - bc = 1$; D'où il s'ensuit

$$\mathrm{tr}\, \beta = 2\,(ad + bc).$$

Dans la suite, on s'appuie d'une propriété de fonction d'Airy qui est définie par $A_i''(z) - zA_i(z) = 0$; $A_i(z)$ se développe asymptotiquement

$$A_i(z) \sim \frac{1}{2\sqrt{\pi}}\, z^{-1/4} \exp(-\tfrac{2}{3} z^{\frac{3}{2}}) \text{ et}$$

$$A_i'(z) \sim \frac{-1}{2\sqrt{\pi}}\, z^{1/4} \exp(-\tfrac{2}{3} z^{\frac{3}{2}}), \text{ où}$$

$|\arg z| < \pi$, pour $|z|$ assez grand.

Si l'on définit

$f(t) = A_i(e^{\varepsilon\pi i}\, \gamma^{1/3}(-1-t))$ pour ε réel, alors on aura

$$f''(t) = e^{2\varepsilon\pi i}\, \gamma^{2/3}\, A_i''(e^{\varepsilon\pi i}\, \gamma^{1/3}(-1-t));$$

donc $f''(t) + i\gamma(1+t)f(t) = e^{2\varepsilon\pi i}\, \gamma^{2/3}\, \{e^{\varepsilon\pi i}\, \gamma^{1/3}(-1-t)A_i\} + i\gamma(1+t)A_i$.

Ceci implique, si l'on choisit $3\varepsilon\pi i = \frac{\pi}{2} i$ (resp. $-\frac{3}{2}\pi i$) - c'est-à-dire - $\varepsilon = \frac{1}{6}$ (resp. $-\frac{1}{2}$), alors $f(t)$ satisfait à $f''(t) + i\gamma(1+t)f(t) = 0$. Or

$$f_1(t) = A_i(e^{\frac{\pi}{6} i} \gamma^{1/3} (-1-t))$$

$$f_2(t) = A_i(e^{-\frac{\pi}{2} i} \gamma^{1/3}(-1-t))$$

font les systèmes fondamentaux de solution de (e). Donc on obtient

$$\Phi(-2) = \begin{pmatrix} A_i(e^{\frac{\pi}{6} i} \gamma^{1/3}) & A_i(e^{-\frac{\pi}{2}i} \gamma^{1/3}) \\ -e^{\frac{\pi}{6}i} \gamma^{1/3} A_i'(e^{\frac{\pi}{6}i} \gamma^{1/3}) & -e^{-\frac{\pi}{2}i} \gamma^{1/3} A_i'(e^{-\frac{\pi}{2}i}\gamma^{1/3}) \end{pmatrix}$$

et

$$\Phi(0) = \begin{pmatrix} A_i(e^{-\frac{5}{6}\pi i} \gamma^{1/3}) & A_i(e^{\frac{\pi}{2}i} \gamma^{1/3}) \\ -e^{\frac{\pi}{6}i} \gamma^{1/3} A_i'(e^{-\frac{5}{6}\pi i} \gamma^{1/3}) & -e^{-\frac{\pi}{2}i} \gamma^{1/3} A_i' (e^{\frac{\pi}{2}i} \gamma^{1/3}) \end{pmatrix}$$

en posant t = -2 et 0.

Ces égalités nous permettent de calculer $\Phi(0)\Phi(-2)^{-1}$; ceci nous donne finalement

$$\operatorname{tr} \beta \sim \exp(\frac{4\sqrt{2}}{3} \gamma^{1/2}) \text{ pour } \gamma \text{ assez grand.}$$

BIBLIOGRAPHIE

1. M.D. Bronstein, The Cauchy problem for hyperbolic operators with characteristics of variable multiplicity. Tpydi Mockob. M.S., 41 (1980), 87-103.
2. F. Colombini, E. De Giorgi and S. Spagnolo, Sur les équations hyperboliques avec des coefficients qui ne dépendent que du temps, Ann. Scuola Norm. Sup. Pisa, 6 (1979), 511-559.
3. F. Colombini, E. Jannelli and S. Spagnolo, Well-posedness in the Gevrey classes of the Cauchy problem for a non strictly hyperbolic equation with coefficients depending on time, Ann. Scuola Norm. Sup. Pisa, 10 (1983), 291-312.

4. F. Colombini and S. Spagnolo, An example of a weakly hyperbolic Cauchy problem not well posed in C^{∞}, Acta Math., 148 (1982), 243-253.
5. E. Jannelli, Regularly hyperbolic systems and Gevrey classes, Ann. Mat. Pura Appl., 4, Vol. CXL (1985), 133-145.
6. J. Leray and Y. Ohya, Systèmes linéaires, hyperboliques non stricts, Colloque sur l'Analyse Fonctionnelle, C.B.R.M., (1964), 105-144.
7. E.E. Levi, Caracteristiche multiple et problema di Cauchy, Ann. Mat. Pura Appl., 16 (1909), 109-127.
8. S. Mizohata and Y. Ohya, Sur la condition de E.E. Levi concernant des équations hyperboliques, Publ. Res. Inst. Math. Sci., 4 (1968), 511-526.
9. T. Nishitani, Sur les équations hyperboliques à coefficients hölderiens en t et de classes de Gevrey en x, Bull. Sci. Math., 107 (1983), 113-138.
10. T. Nishitani, Energy inequality for hyperbolic operators in the Gevrey class, J. Math. Kyoto Univ., 23 (1983), 739-773.
11. Y. Ohya, Le problème de Cauchy pour les équations hyperboliques à caractéristique multiple, J. Math. Soc. Japan, 16 (1964), 268-286.
12. Y. Ohya and S. Tarama, Le Problème de Cauchy à caractéristiques multiples dans la classe de Gevrey - coefficients hölderiens en t -, Proc. Taniguchi Internat. Symp. on Hyperbolic Equations and Related Topics, (1984), 273-302.

Y. Ohya and S. Tarama
Department of Applied Mathematics
and Physics
Kyoto University
Kyoto
606 Japan.

J PERSSON

Wave equations with measures as coefficients

1. INTRODUCTION

In many problems for the wave equation in one or more space variables one may allow some coefficients to be as irregular as signed Borel measures or Borel measures. The equation still has a physical interpretation. We think of such a problem. Then if the coefficients are regularized and if one takes the limit of the solutions of the corresponding problems one should expect that the limit is equal to the solution of the original problem. We shall give examples where this is the case. But we shall also give examples where this is not the case. In the latter case we also suggest a remedy. The examples mostly arise within the theory of ordinary measure differential equations or are suggested by analogy from that theory.

The phenomena will be illustrated by examples of vibrating string problems. They show that measure differential equations are relevant in physical models. The last of our examples is an example of a wave equation with three space variables and a signed Borel measure as potential.

First we describe known solutions when the coefficients are continuous functions. Then we see what happens when we allow some coefficients to be Borel measures or signed Borel measures. We look at the vibrating string. Its motion is described by

$$\rho(x)D_t^2u - D_x^2u + \mu(x,t)D_tu + \eta(x,t)u = F(x,t)\rho(x), \tag{1.1}$$

with $D_t = \partial/\partial t$ and $D_x = \partial/\partial x$. Here $\rho(x)$ is the density of the string $\mu(x,t)D_tu$ represents a friction, $\eta(x,t)u$ is a restoring force, and $F(x,t)\rho(x)$ is an outer force per unit length. One could also allow μ and η to take negative values.

In the first example we let $F = 0$, $\mu(x,t) = \mu(t)$, $\eta(x,t) = \eta(x)$ and then we separate variables in (1.1). We assume that $u(0,t) = u(1,t) = 0$ for all t. We get

$$X'' + (\lambda\rho-\eta)X = 0, \quad X(0) = X(1) = 0 \tag{1.2}$$

and

$$T'' + \mu T' + \lambda T = 0, \tag{1.3}$$

with suitable initial values for (1.3). The Sturm-Liouville theory is well known for (1.2) and so is the existence and uniqueness theorem for the Cauchy problem for (1.3).

In the second example we let $\rho = 1$ and $\mu = 0$. Then we look at the Cauchy problem for (1.1) with zero initial data. The solution is given by d'Alembert's formula.

$$u(x,t) = -2^{-1} \int_0^t \int_{x-t+s}^{x+t-s} u(r,s)d\eta(r,s) + 2^{-1} \int_0^t \int_{x-t+s}^{x+t-s} dF(r,s). \tag{1.4}$$

Here $d\eta(r,s) = \eta(r,s)drds$ and $dF(r,s) = F(r,s)drds$.

In the third example we let $\mu(x,t) = \mu(t)$, $\eta = 0$, and $\rho = 1$. Then the solution of (1.1) with zero initial values is given by

$$u(x,t) = -2^{-1} \int_0^t \int_{x-t+s}^{x+t-s} D_t u(r,s)drd\mu(s) + 2^{-1} \int_0^t \int_{x-t+s}^{x+t-s} dF(r,s), \tag{1.5}$$

with $d\mu(s) = \mu(s)ds$. Differentiation of (1.5) with respect to t gives

$$\begin{aligned} D_t u(x,t) &= -2^{-1} \int_0^t (D_t u(x+t-s,s) + D_t u(x-t+s,s))d\mu(s) + \\ &+ 2^{-1} \int_0^t (F(x+t-s,s) + F(x-t+s))ds. \end{aligned} \tag{1.6}$$

In three space variables let $L(x,t) = \{z;\ |x-z| \leqq t,\ z \in \mathbf{R}^3\}$. Then with $d\eta(z) = \eta(z)dz_1dz_2dz_3$ and $dF(z) = F(z)dz_1dz_2dz_3$

$$\begin{aligned} u(x,t) &= -\ (4\pi)^{-1} \iiint_{L(x,t)} u(z,t-|x-z|)|x-z|^{-1}d\eta(z) + \\ &+ (4\pi)^{-1} \iiint_{L(x,t)} |x-z|^{-1}dF(z) \end{aligned} \tag{1.7}$$

solves

$$(D_t^2 - D_{x_1}^2 - D_{x_2}^2 - D_{x_3}^2)u + \eta(x)u = F(x),\ x \in \mathbf{R}^3,\ t > 0, \tag{1.8}$$

with zero initial data.

We shall now study how the results above change when we allow the coefficients to be Borel measures or signed Borel measures.

Let ρ be a Borel measure and let η be a signed Borel measure. We interpret (1.2) as

$$X(x) = X'(0)x + \int_0^x \int_{0^+}^t X(s)d(\lambda\rho-\eta)(s)\,dt,\ X(1) = 0, \tag{1.9}$$

with $\int_{0^+}^t = \int_{(0,t]}$. Differentiation of (1.9) gives

$$X'(x) = X'(0) + \int_{0^+}^x X(t)d(\lambda\rho-\eta)(t). \tag{1.10}$$

It turns out that under certain extra conditions on ρ and η (1.9) has a complete set of eigenfunctions in $L^2([0,1],\rho)$, Persson [P1], [04]. In [P1] the results are obtained by regularization of ρ and η in (1.9). Then one gets the eigenfunctions of (1.9) as the limit of the eigenfunctions of the regularized problems. The same goes for the eigenvalues. As a special case in [P4] and also in a paper by Krein, see Kac, Krein [KK, p. 51] one gets the eigenvalues of a vibrating string without mass except at a finite number of points where point masses are attached to the string. This answers a question from the time of Johann Bernoulli. In [P4] one uses the Green's function of (1.2) to get the usual compact operator as is done for the homogeneous string in Coddington-Levinson [CL, Chapter 7, Section 3] with a continuous potential.

The success of regularization in [P1] could lead one to think that it works equally well in all cases with ordinary measure differential equations. The following example shows that this is not always the case. Let δ_1 be the Dirac measure at $x = 1$ and let a and b be constants. Then

$$u' + a\delta_1 u = b\delta_1,\ u(0) = 0, \tag{1.11}$$

is interpreted as

$$u(x) = -\,a \int_0^x u(t)d\delta_1(t) + b\int_0^x d\delta_1(t). \tag{1.12}$$

We see that $u(x) = 0$, $x < 1$ and $u(x) = b(1+a)^{-1}$, $x \geqq 1$. If u exists for $x \geqq 1$ then we must have

$$a \neq -1. \tag{1.13}$$

Condition (1.13) throws doubt on the theory. It is hard to justify that (1.13) must be fulfilled. If one regularizes the measures of (1.12) in a reasonable way and then takes the limit u of the solutions of the regularized problems one gets

$$u(x) = 0,\ x < 1,\ u(x) = b,\ x \geqq 1,\ a = 0,\ u(x) = b(1-e^{-a})/a,$$

$$x \geqq 1,\ a \neq 0.$$

Here we notice that the limit exists even for $a = -1$. It seems reasonable to take this u as the solution of (1.11). Then one could say that it is not interesting to look at (1.12) at all as long as $a \neq 0$. On the other hand, formally, everything goes well as long as $a \neq -1$. The remedy is to modify (1.12) so that the solution of the modified equation yields the same u. This can be done in a simple way. Let $g(s) = (e^s-1)/s$, $s \neq 0$, and let $g(0) = 0$. Then the required solution is given by

$$u(x) = -\int_0^x ag(a)u(t)d\delta_1(t) + \int_0^x bg(a)d\delta_1(t): \tag{1.14}$$

This is suggested in Persson [P6] and [P7]. We notice that $ag(a) \neq -1$ for all a. Thus (1.13) is never violated by the modified equation. At this point we would like to say something about the theory of ordinary measure differential equations.

We look at

$$u^{(n)} + a_{n-1}u^{(n-1)} + \dots + a_0u = f. \tag{1.15}$$

If f and all a_j are signed Borel measures and if

$$a_{n-1}(\{x\}) \neq -1,\ x \in \mathbf{R}, \tag{1.16}$$

then the Cauchy problem for (1.15) with initial values at say $x = 0$ has a unique solution u with $u^{(j)}$ continuous $0 \leqq j < n$, $0 \leqq j < n-1$, and with $u^{(n-1)}$ right continuous, Persson [P5], [P6], [P7]. The conjecture is that the limit of the solutions of the Cauchy problems of (1.15) with all a_j and f regularized is equal to the solution of the Cauchy problem of (1.15) where

a_j is replaced by $g(a_{n-1}(\{x\})a_j$ and f by $g(a_{n-1}(\{x\})f$. One notices that the modified equation always satisfies (1.16). The conjecture is proved in [P6], [P7], for n = 1. It is made plausible for other cases by examples. We shall meet the phenomenon in connection with (1.3) when we separate variables and we shall see that it also arises in connection with d'Alembert's formula, (1.4) and (1.6). We have no indication that the phenomenon exists in connection with examples with more space variables.

If one tries to extend Libri's theorem on the connection between a fundamental set of solutions of (1.15) with f = 0 and all a_j continuous to measure differential equations then (1.16) enters in that extension. It is proved in [P6], [P7], that the right continuous Wronskian of the fundamental set is bounded away from zero if (1.16) is fulfilled. On the other hand if u_j, $1 \leqq j \leqq n$, are functions such that $u_j^{(k)}$, $1 \leqq j \leqq n$, are continuous for $0 \leqq k < n-1$, and right continuous for $k = n-1$, with their Wronskian bounded away from zero, then they form a fundamental set of an equation of type (1.15) with f = 0. The coefficients are unique signed Borel measures and (1.16) is fulfilled. Also this is proved in [P6], [P7].

We look at (1.4). Let η and F be signed Borel measures in $\mathbb{R}^2$. If

$$\eta(\{(x,t)\}) \neq -2, \text{ all } (x,t), \tag{1.17}$$

then a unique solution of (1.4) exists, Persson [P3]. An example in Section 2 suggests that one should multiply η and F by $g(\eta(\{(x,t)\})$ with $g(s) = -2(\cosh\sqrt{-s} - 1)(s\cosh\sqrt{-s})^{-1}$, $s \neq 0$, and $g(0) = 1$. If (1.4) is modified in this way then the modified equation always fulfils (1.17).

If we let $D_t u(x,t) = v(x,t)$ and let μ be a signed Borel measure then (1.6) has a unique solution for all (x,t) if

$$\mu(\{t\}) \neq -1, \text{ all } t. \tag{1.18}$$

This is proved in Persson [P3]. So a solution of (1.5) exists too. An example in Section 3 suggests that μ should be multiplied by $g(\mu(\{t\}))$ in (1.5) and (1.6) as should also F. Here $g(s) = (e^s-1)/s$, $s \neq 0$, and $g(0) = 1$. In the example the limit of the solutions of the regularized versions of (1.6) is the solution of (1.6) modified in the way mentioned before. One notices that the same modification is suggested for (1.3). This also means that (1.18) is always fulfilled by the modified equation.

It is also obvious that one could choose η and F to be signed Borel measures in $\mathbb{R}^3$ in (1.7) under some restrictions on η and F, see Persson [P3], and Section 4 below. In Section 4 there are also some further comments on the vibrating string problem. For ordinary differential equations where some coefficients are distributions and not necessarily measures, see Persson [P2], [P5]. This theory just treats measure differential equations as long as the order $n \leqq 2$. I have no physical interpretation of such equations when they are not measure differential equations.

In Section 4 we also give some historical comments on the theory of measure differential equations.

2. REGULARIZATION OF THE POTENTIAL

Let $\delta = \delta_{(0,1)}$ be the Dirac measure at (0,1) in $\mathbb{R}^2$. Let $\eta = a\delta$ and $F = b\delta$ with a and b constants. Let

$$D(x,t) = \{(r,s);\ x-t+s \leqq r \leqq x+t-s,\ 0 \leqq s \leqq t\}.$$

We rewrite (1.4) as

$$u(x,t) = -2^{-1} \iint_{D(x,t)} u(r,s)d\eta(r,s) + 2^{-1}\iint_{D(x,t)} dF(r,s). \tag{2.1}$$

We see that $u(x,t) = 0$ if $D(x,t) \not\supset D(0,1)$ and $u(x,t) = -2^{-1}au(0,1) + 2^{-1}b$ if $D(x,t) \supset D(0,1)$. Especially one sees that $u(0,1) = b(2+a)^{-1}$. So $u(x,t) = b(2+a)^{-1}$ if $D(x,t) \supset D(0,1)$. Here we must require that $a \neq -2$, see (1.17).

We regularize δ. Let $\varepsilon > 0$. Let $g(x,t,\varepsilon) = \varepsilon^{-2}$, if $-1+t \leqq x \leqq 1-t$, $1-\varepsilon \leqq t \leqq 1$, and $g(x,t,\varepsilon) = 0$ elsewhere.

We let

$$v_0(x,t) = 2^{-1}\, b \iint_{D(x,t)} g(r,s,\varepsilon)drds \tag{2.2}$$

and

$$v_{j+1}(x,t) = -2^{-1}a \iint_{D(x,t)} v_j(r,s)g(r,s,\varepsilon)drds,\ j = 0,1,\dots\ . \tag{2.3}$$

We look at those points (x,t) with $-1+t \leqq x \leqq 1-t$, $1-\varepsilon \leqq t \leqq 1$. It follows from the definition of v_j that the values at these points determine v_j

everywhere. We get

$$v_0(x,t) = 2^{-1}b\varepsilon^{-2}\int_{1-\varepsilon}^{t}\int_{x-t+s}^{x+t-s} drds = b\varepsilon^{-2}\int_{1-\varepsilon}^{t}(t-s)ds =$$

$$= b(t-1+\varepsilon)^2(2\varepsilon^2)^{-1}.$$

Then we get

$$v_1(x,t) = -ab2^{-1}\varepsilon^{-4}\int_{1-\varepsilon}^{t}(t-s)(s-1+\varepsilon)^2 ds = -ab(4!\varepsilon^4)^{-1}(t-1+\varepsilon)^4$$

Induction then shows that

$$v_j = b((t-1+\varepsilon)/\varepsilon)^{2(j+1)}(-a)^j((2(j+1))!)^{-1},\ j = 0,1,\dots\ .$$

We let $v(x,t,\varepsilon) = \sum_{j=0}^{\infty} v_j$. Then $v(x,t,\varepsilon)$ tends to a limit $u(x,t)$ when $\varepsilon \to 0$. We notice that $v_j(x,t) = v_j(0,1)$ for all j when $D(x,t) \supset D(0,1)$. If $D(x,t) \not\supset D(0,1)$ then $v_j(x,t) = 0$, $j = 0,1,\dots$, for all ε less than a certain number depending on (x,t). One gets

$$v(0,1,\varepsilon) = b\sum_{j=0}^{\infty}(-a)^j((2(j+1)!)^{-1},$$

which is independent of ε. Then $u(0,1) = b$, $a = 0$, and for $a \neq 0$ $u(0,1) = -(b/a)(\cosh\sqrt{-a} - 1)$. It follows from above that $u(x,t) = u(0,1)$ if $D(x,t) \supset D(0,1)$ and that $u(x,t) = 0$ elsewhere.

We try to modify original signed measures in (2.1) in such a way that the solution of the modified equation is our limit u. We multiply our signed measures by a constant c. Then we get the solution $u(x,t) = bc(2+ca)^{-1}$ if $D(x,t) \supset D(0,1)$ and $u(x,t) = 0$ elsewhere. If we let

$$bc(2+ac)^{-1} = -(b/a)(\cosh\sqrt{-a} - 1)$$

then

$$c = -(2/a)(\cosh\sqrt{-a} - 1)(\cosh\sqrt{-a})^{-1}.$$

Let $g(s) = (-2/s)(\cosh\sqrt{-s} - 1)(\cosh\sqrt{-s})^{-1}$, $s \neq 0$, and $g(0) = 0$.

The limit of the regularization then suggests that the signed measures of (1.4) should be multiplied by $g(\eta(\{(x,t)\}))$. One notices that the modified equation always fulfils (1.17).

3. FRICTION AND REGULARIZATION

We look at the equation (1.6). Let $\mu = a\delta_1(t)$ and let $F = b\delta_1(t)$ with δ_1 the Dirac measure at $t = 1$ and a and b constants. We let $D_t u(x,t) = v(x,t)$. We get

$$v(x,t) = -2^{-1}a \int_0^t (v(x+t-s,s) + v(x-t+s,s))d\delta_1(s) + b \int_0^t d\delta_1(s). \tag{3.1}$$

One realizes that v is independent of x and that $v(x,t) = 0$, $t < 1$, and that $v(x,t) = -av(x,1) + b$, $t \geqq 1$. It follows that

$$v(x,t) = b(1+a)^{-1}, \quad t \geqq 1, \tag{3.2}$$

if $a \neq -1$.

We regularize μ and F in (3.1). We let $g(t,\varepsilon) = \varepsilon^{-1}$, $1-\varepsilon \leqq t \leqq 1$, and $g(t,\varepsilon) = 0$ elsewhere. We solve

$$v(x,t) = -2^{-1} a \int_0^t (v(x+t-s,s)+v(x-t+s,s))g(s,\varepsilon)ds + b \int_0^t g(s,\varepsilon)ds,$$

by successive approximations. Let

$$v_0(x,t) = b \int_0^t g(s,\varepsilon)ds,$$

and let

$$v_{j+1}(x,t) = -2^{-1}a \int_0^t (v_j(x+t-s)+v_j(x-t+s))g(s,\varepsilon)ds, \quad j = 0,1,\ldots .$$

One gets $v_0(x,t) = 0$, $0 \leqq t < 1-\varepsilon$, $v_0(x,t) = b(t-1+\varepsilon)/\varepsilon$, $1-\varepsilon \leqq t \leqq 1$, and $v_0(x,t) = b$, $t > 1$. Induction shows that

$$v_j(x,t) = b(-a)^j((t-1+\varepsilon)/\varepsilon)^{j+1}((j+1)!)^{-1}.$$

If we let $v(x,t,\varepsilon) = \sum_{j=0}^{\infty} v_j(x,t)$ then we see that $v(x,t,\varepsilon) = b(t-1+\varepsilon)/\varepsilon$, $1-\varepsilon \leqq t \leqq 1$ if $a = 0$. For $a \neq 0$

$$v(x,t,\varepsilon) = (-b/a)(\exp(-a((t-1+\varepsilon)/\varepsilon) - 1), \quad 1-\varepsilon \leqq t \leqq 1.$$

One sees that for $a \neq 0$ $v(x,t,\varepsilon) \to -b(e^{-a}-1)/a$, $1 \leqq t$, when $\varepsilon \to 0$. We also see that $v(x,t,\varepsilon) \to 0$, $0 \leqq t < 1$.

If we multiply the signed measures in (3.1) by a constant c then (3.2) gives the solution $cb(1+ca)^{-1}$, $t \geqq 1$. If we let this be equal to the value of the solutions of the regularized problem for $t \geqq 1$, then we get $c = (e^a - 1)/a$, $a \neq 0$ and $c = 1$, $a = 0$. Let $g(0) = 0$ and let $g(s) = (e^s-1)/s$, $s \neq 0$. The example suggests that we should modify equation (1.5) and (1.6). Both μ and F should be multiplied by $g(\mu(\{t\}))$, with μ a signed Borel measure. One notices that one arrived at the same suggestion for (1.3) parting from the general conjecture for ordinary measure differential equations.

4. FURTHER COMMENTS

Here we give some more precise information about the restrictions imposed on the coefficients of the various problems.

In the Strum-Liouville problem (1.9) in Persson [P1] one allows η to be a signed Borel measure. One restricts ρ by assuming that for some constant M

$$m([c,d]) \leqq M\rho([c,d]), \quad 0 \leqq c < d \leqq 1. \tag{4.1}$$

Here m is the Lebesgue measure.

In Persson [P4] in addition to (4.1) one also requires

$$|\eta|([c,d]) \leqq M\rho([c,d]), \quad 0 \leqq c < d \leqq 1, \tag{4.2}$$

Otherwise there are no restrictions on ρ but then one requires that η is a Borel measure. In both cases one gets a complete set of orthogonal eigenfunctions in $L^2_0([0,1],\rho)$. This space is equal to $L^2([0,1],\rho)$ if ρ has no mass at $x = 0$, and $x = 1$. It only contains those functions of $L^2([0,1],\rho)$ which are zero at $x = a$ if $\rho(\{a\}) \neq 0$, $a = 0, 1$. In [P1] one also gets estimates of the eigenvalues. When ρ is without mass outside a finite number of points then $L^2_0([0,1],\rho)$ is finite dimensional. Feller [F] assumed (4.1) and that η is a Borel measure. Krein assumed $\eta = 0$, see Kac, Krein [KK,p.51]. Albeverio, Fenstad, Høegh-Krohn [AFH] and Birkeland [B] assumed that η is a Borel measure and that $\rho = 1$, corresponding to a homogeneous string. The results are given for a fourth order boundary value problem in [P4] corresponding to separation of variables for a vibrating clamped rod. But they are easily applied to the vibrating string problem. We do not know if more sophiticated methods could allow a weaker condition on η when we only know that ρ is a Borel measure.

The following conditions on the measure η in (1.17) are given i [P3]. For some constant C

$$\iiint |x-z|^{-1} d|\eta|(z) \leqq C, \; x \in \mathbb{R}^3. \tag{4.3}$$

and

$$\iiint_{L(x,t)} |x-z|^{-1} d|\eta|(z) \to 0, \; t \to 0, \; t > 0, \text{ uniformly in } \mathbb{R}^3. \tag{4.4}$$

Let F be a signed Borel measure in $\mathbb{R}^3$ independent of t and let u be the solution of (1.7) fulfilling (4.3) and (4.4) with η replaced by F. Let $\eta = 0$. Then (1.7) is still defined. We specialize F to have total mass equal to one uniformly distributed on $|x| = 1$. We notice that $u(0,t) = 0$, $0 \leqq t < 1$, $u(0,t) = 1$, $t \geqq 1$. So u is not continuous at (0,1). We do not know if an η fulfilling (4.3) and (4.4) and an F independent of t fulfilling the same conditions could lead to phenomena of the type described in Section 3 in d'Alembert's formula.

Apart from the Sturm-Liouville problems it seems that Atkinson [A, Sections 11.8, 11.9] was the first to point out the obstacle (1.13) for first order measure differential solutions with right continuous solutions. He avoids the difficulty by looking at left continuous solutions. It is pointed out in Persson [P7] that the backward Cauchy problem with right continuous solution corresponds to an Atkinson interpretation of the forward problem. Anyhow the conjecture points at a third more plausible interpretation of a measure differential equation in general. A reference for non-linear measure differential equations before the time of the conjecture is Persson [P8]. It should also be said that the article by Kac, Krein [KK], is a translation of an appendix to the Russian translation of Atkinson's book [A].

NOTE (Added after the conference): The conjecture mentioned on page 143 has been proved in a later version of [P7]. To the references one should add: J. Kurzweil, Generalized ordinary differential equations, Czechoslovak Math. J. 8 (1958) 360-388. Kurzweil raises the problem behind the conjecture.

REFERENCES

AFH S. Albeverio, J.E. Fenstad, R. Høegh-Krohn, Singular perturbations and non-standard analysis, Trans. Am. Math. Soc., 252 (1979) 275-295.

A F.V. Atkinson, "Discrete and continuous boundary value problems", Academic Press, New York and London, 1964.

B B. Birkeland, A singular Sturm-Liouville problem treated by non-standard analysis, Math. Scand., 47 (1980) 275-294.

CL E. Coddington, N. Levinson, "Theory of ordinary differential equations", McGraw-Hill, New York, Toronto, London, 1955.

F W. Feller, On the equation of the vibrating string, J. Math. Mech. 8 (1959) 339-348.

KK S. Kac, M. Krein, On the spectral function of the string, Transl. Am. Math. Soc. (2) vol. 103, 1974, 19-102.

P1 J. Persson, Second order linear differential equations with measures as coefficients, Matematiche, 36 (1981) 151-171.

P2 J. Persson, Linear distribution differential equations, Comment. Math. St. Paul., 33 (1984) 119-126.

P3 J. Persson, The wave equation with measures as potentials and related topics, Rend. Sem. Mat. Univ. Politec. Torino, Fascicolo speciale settembre 1983, 207-219.

P4 J. Persson, The vibrating rod with point masses, To appear in Boll. Un. Mat. Ital.

P5 J. Persson, The Cauchy problem for linear distribution differential equations. To appear in Funkcial. Ekvac.

P6 J. Persson, Linear measure and distribution differential equations, University of Tromsø, Revised version, November 1984.

P7 J. Persson, Fundamental theorems for linear measure differential equations, to appear in Math. Scand.

P8 J. Persson, Generalized nonlinear ordinary differential equations linear in measures, Ann. Mat. Pura Appl. (4) 132 (1982) 177-187.

J. Persson
Matematiska Institutionen
Lunds Universitet
Box 118, S-22100 LUND
Sweden.

V M PETKOV

Scattering theory for mixed problems in the exterior of moving obstacles

1. INTRODUCTION

Let Q be a connected open domain in $\mathbb{R}_t \times \mathbb{R}_x^n$, $n \geq 2$ with C^∞ smooth boundary Σ. Introduce the sets

$$\Omega(t) = \{x \in \mathbb{R}^n;\ (t,x) \in Q\},$$

$$K(t) = \{x \in \mathbb{R}^n;\ (t,x) \notin Q\}.$$

We assume that for some $\rho_0 > 0$ we have

$$K(t) \subset \{x;\ |x| \leq \rho_0\},\ \forall t \in R.$$

Let (ν_t,ν_x) be the exterior unit normal to Σ pointing into Q. We make the assumption

(H_1) For each $(t,x) \in \Sigma$ we have $|\nu_t| < |\nu_x|$.

This condition means the boundary moves at "subsonic" speed. Consider the problem

$$\begin{cases} u_{tt} - \Delta u = 0 \text{ in } Q, \\ u = 0 \text{ on } \Sigma, \\ u(s,x) = f_1(x),\ u_t(s,x) = f_2(x),\ x \in \Omega(s). \end{cases} \tag{1.1}$$

Let H(t) be the closure of $(C_0^\infty(\Omega(t)) \times C_0^\infty(\Omega(t)))$ in the energy norm

$$\|f\|^2_{H(t)} = \int_{\Omega(t)} (|\nabla f_1|^2 + |f_2|^2)dx.$$

Then for every $f = (f_1, f_2) \in H(s)$ and every $t \in \mathbb{R}$ we obtain a unique solution $u(t,x)$ to (1.1) and the operator

$$U(t,s): H(s) \ni f \to (u(t,x),\ u_t(t,x)) \in H(t)$$

is well defined. Moreover,

$$U(t,s)U(s,r) = U(t,r), \quad r \leq s \leq t.$$

Our next assumption means the energy is globally bounded.

(H_2) There exists a constant $\gamma > 0$ independent on f, s, t such that for $t \geq s$ we have

$$\|U(t,s)f\|_{H(t)} \leq \gamma \|f\|_{H(s)}.$$

Let $U_0(t)$ be the unitary group in H_0 corresponding to the Cauchy problem

$$\begin{cases} u_{tt} - \Delta u = 0 \quad \text{in } \mathbf{R}_t \times \mathbf{R}_x^n, \\ u(0,x) = f_1(x), \; u_t(0,x) = f_2(x). \end{cases} \tag{1.2}$$

Here H_0 is the closure of $(C_0^\infty(\mathbf{R}^n) \times C_0^\infty(\mathbf{R}^n))$ with respect to the energy norm

$$\|f\|_{H_0}^2 = \int_{R^n} (|\nabla f_1|^2 + |f_2|^2)dx.$$

For each $t \in \mathbf{R}$ and $f \in H(t)$, extending f as 0 for $x \in K(t)$, we obtain an operator $J(t)$: $H(t) \to H_0$. Let $J^*(t)$: $H_0 \to H(t)$ be the adjoint of $J(t)$.

We examine the existence of the operators:

$$W_- f = \lim_{t\to\infty} U(0,-t)J^*(-t)U_0(-t)f, \; f \in H_0,$$

$$Wg = \lim_{t\to\infty} U_0(-t)J(t)U(t,0)g, \; g \in H(0).$$

The existence of $W_- f$ follows easily from Cook's method combined with the estimate

$$\|\psi(x)\, U_0(-t)f\|_{H_0} \leq C_{N,f} (1 + |t|)^{-N} \|f\|_{H_{s(N)}}, \forall N, \; f \in S(\mathbf{R}^n)$$

provided $\psi(x)$ is a (2×2) matrix-valued function with components in $C_0^\infty(\mathbf{R}^n)$.

The same problem for W is more difficult especially when the dimension n is even (see [8] for stationary obstacles). A necessary condition for g to be in the domain of W is the local energy decay, that is for every $R \geq \rho_0$ we have

$$\liminf_{t\to\infty} \|U(t,0)g\|_{E(R,t)} = 0 \tag{1.3}$$

with

$$\|u(t,x)\|^2_{E(R,t)} = \int_{\Omega(t)\cap(|x|\leq R)} (|\nabla_x u(t,x)|^2 + |u_t(t,x)|^2)dx.$$

Recently, J. Cooper and W. Strauss [3], [5] investigated the property (1.3) for obstacles moving with period $T > 0$, provided $n \geqq 3$ odd (see also [1], [16]). Their analysis is based on the semi-group $Z^a(t,0)$, $a \geqq \rho_0$ and on the compactness of $Z^a(kT, 0)$ for large k.

For periodically moving obstacles we propose in Section 2 another approach. First, we obtain for bounded operators a RAGE type theorem (see [13] for RAGE theorem for semi-groups). We believe our result will be useful for other time-dependent problems. Introducing the operator $V = U(T, 0)$ and exploiting theorem 2.1, we show that

$$\text{weak-}\liminf_{k\to\infty} V^k g = 0 \text{ in } H(0) \tag{1.4}$$

for $g \in H_b^{\perp}$, H_b being the space generated by the eigenfunctions of the adjoint operator V^* with eigenvalues on $\{z \in \mathbb{C};\ |z| = 1\}$. Secondly, we prove the relation

$$\operatorname{Im} W_- \subset H_b. \tag{1.5}$$

Consequently, we can define the scattering operator $S = WW_-$, provided the existence of Wg for $g \in H_b^{\perp}$ established.

An interesting problem is to show that for periodically moving obstacles the weak local decay (1.4) implies (1.3). We solve this problem for non-trapping obstacles and arbitrary $n \geqq 2$.

In Section 3 we treat the existence of W for n even and periodically moving obstacles. We apply a suitable form of Enss' time-dependent method [13], [7]. For n odd the existence of W has been proved by W. Strauss [15], assuming (H_1), (H_2) and (1.3) fulfilled. Finally, in Section 4 we examine the leading singularity of the scattering kernel following the approach in [11]. Our results remain true for Neumann problem with boundary condition $\frac{\partial u}{\partial \nu^*}\Big|_{\Sigma} = 0$, where $\nu^* = (-\nu_t, \nu_x)$ and for other boundary value problems.

The results in Sections 2,3 are obtained in collaboration with V. Georgiev, while those in Section 4 are given in collaboration with Zv. Rangelov.

2. LOCAL ENERGY DECAY

Throughout this section we assume that for some $T > 0$ we have

$$\Omega(t + T) = \Omega(t) \text{ for all } t \in \mathbb{R}.$$

Let V be a bounded operator in the Hilbert H endowed with the norm $\|\cdot\|$. Denote by V^* the operator adjoint to V and let H_b be the space generated by eigenvectors of V^* with eigenvalues on $\{z \in \mathbb{C}, |z| = 1\}$.

THEOREM 2.1: Assume

$$\sup_{m \in \mathbb{N}} \|V^m\| \leq C_o. \tag{2.1}$$

Then for every $g \in H_b^\perp$ and every compact operator $C: H_b^\perp \to H_b^\perp$ we have

$$\lim_{N\to\infty} \frac{1}{N} \sum_{k=0}^{N-1} \|CV^k g\|^2 = 0. \tag{2.2}$$

The proof of this theorem can be reduced to the case when C is a rank one operator. Therefore, (2.2) follows from

$$\lim_{N\to\infty} \frac{1}{N} \sum_{k=0}^{N-1} V^{*k} C V^k g = 0. \tag{2.3}$$

Let T_2 be the Hilbert space of operators F on $H_b^\perp$ such that $\mathrm{Tr}(F^*F) < \infty$. Consider the map

$$\phi: T_2 \ni L \to L - V^*LV \in T_2.$$

It is easy to see, that (2.3) holds for $C \in \mathrm{Im}\phi$. Thus, the problem is reduced to the proof of the equality

$$\overline{\mathrm{Im}\ \phi} = T_2,$$

which is equivalent to the uniqueness of solution of the equation

$$F - VFV^* = 0, \ F \in T_2. \tag{2.4}$$

To do this, we establish the following lemmas.

LEMMA 2.2: Set $K = \{f \in H_b^{\perp};\ \lim_{m\to\infty} V^m f = 0\}$. There exists a non-negative bounded self-adjoint operator $A : H_b^{\perp} \to H_b^{\perp}$ and a contraction operator $U : H_b^{\perp} \to H_b^{\perp}$ so that

(a) $V^*AV = A$, (b) $\mathrm{Ker}\ A = K$, (c) $\sqrt{A}\ V = U\ \sqrt{A}$.

LEMMA 2.3: Let F be a self-adjoint compact operator satisfying (2.4) and let A be the operator of Lemma 2.2. Then the equality $AF = 0$ implies $F = 0$.

From Theorem 2.1 we obtain (1.4) following a standard argument.

COROLLARY 2.3: Let $V = U(T,0)$ and let H_b be the space generated by eigenvectors of V^* with eigenvalues on $\{z \in \mathbb{C};\ |z| = 1\}$. Then there exists a sequence $n_k \nearrow \infty$ such that for each $g \in H_b^{\perp}$ and each $h \in H(0)$ we have

$$\lim_{n_k \to \infty} (V^{n_k} g, h) = 0, \tag{2.5}$$

(,) being the inner product in $H(0)$.

This Corollary implies that in the space $H_b^{\perp}$ there are no eigenvectors of V with eigenvalues on the unit circle. On the other hand, in the case when V has such eigenvectors, the space H_b is not trivial. This follows immediately from the following

PROPOSITION 2.4: Assume (2.1). Then for $\lambda \in \mathbb{C}$, $|\lambda| = 1$, the following conditions are equivalent:

(i) $\mathrm{Ker}\ (V - \lambda \mathrm{Id}) = \{0\}$,

(ii) $\mathrm{Ker}\ (V^* - \bar{\lambda} \mathrm{Id}) = \{0\}$.

Finally, it is easy to see, that the inclusion (1.5) holds. In fact, assume $W_- f = g$ and let $V^*h = \lambda h$, $|\lambda| = 1$, $h \neq 0$. Therefore,

$$(g,h) = \lim_{m\to\infty} (V^m J^*(0) U_0(-mT)f,\ h)$$

$$= \lim_{m\to\infty} \bar{\lambda}^m (U_0(-mT)f,\ J(0)h) = 0$$

since $U_0(-mT)f \xrightarrow[m \to \infty]{\text{weakly}} 0$.

Now we turn to non-trapping obstacles. Passing to local coordinates near the boundary Σ, we can define the generalized bicharacteristics of the operator with time-dependent coefficients which corresponds to the wave equation, following the procedure in [10] (see also [3], p. 217-218). The projection of generalized bicharacteristics on $\bar{Q}$ will be called generalized geodesics.

DEFINITION 2.5: The domain Q will be called non-trapping if for every $R \geqq \rho_0$ there exists $T(R) > 0$ such that there are no generalized geodesics with length $T(R)$ lying in $\bar{Q} \cap \{x; |x| \leqq R\}$.

THEOREM 2.6: For non-trapping obstacles Q the weak local energy decay (2.5) implies (1.3) for $g \in H_b^{\perp}$, provided (2.1) is fulfilled .

SKETCH OF THE PROOF: For $a \geqq \rho_0$ introduce the spaces

$$D_a^{\pm} = \{f \in H_0;\ U_0(f)f = 0 \text{ for } |x| \leqq \pm t + a,\ \pm t \geqq 0\}.$$

Denote by $P_a^{\pm}$ the orthogonal projections on the orthogonal complements of $D_a^{\pm}$. Assume for simplicity of the notation that $V^k g \xrightarrow[k \to \infty]{\text{weakly}} 0$. Given a fixed $\phi(x) \in C_0^{\infty}(\mathbf{R}^n)$, we write

$$\phi(x)V^k g = \phi(x)V^{\ell} P_a^- V^{k-\ell} g + \phi(x)V^{\ell}(I - P_a^-)V^{k-\ell} g.$$

Let $\varepsilon > 0$ be fixed. Choose $\psi(x)$ in $H(0)$ with support in $\{x; |x| \leqq R_{\varepsilon}\}$ so that

$$\|\phi(x)\ V^{\ell}(I - P_a^-)V^{k-\ell}(g - \psi)\| < \varepsilon ,$$

where $\|\cdot\|$ is the norm in $H(0)$. Fixing ψ we choose $a > R_{\varepsilon}$. Therefore, $(I - P_a^-)\ V^{k-\ell}\psi = 0$ for $k \geqq 1$. Indeed for every $h \in H(0)$ we have

$$((I - P_a^-)\ V^{k-\ell}\psi,\ h) = (U((k-\ell)T,0)\psi,\ (I - P_a^-)h)$$
$$= (\psi,\ U(0,(\ell-k)T)(I-P_a^-)h) = 0$$

since $U(0,(\ell-k)T)D_a^- \subset D_a^-$ for $k \geq \ell$ (see Lemma 1 in [3]). Now fixing $a > R_\varepsilon$, we apply a non-trapping condition to show that the operator $\phi(x)V^\ell P_a^-$ is compact for sufficiently large ℓ. For n odd this follows from the compactness of $P_a^+ V^\ell P_a^-$ established in [3]. For n even we follow the arguments of Melrose [9].

Notice that we may obtain (1.3) for some dense set $\mathcal{D}$ in $H_b^\perp$ taking into account the coercive estimate for the Dirichlet problem for unbounded domains. Namely, assume there exists a dense set $\mathcal{D} \subset H_b^\perp$ such that for every $\phi \in C_o^\infty(\mathbb{R}^n)$ and every $g \in \mathcal{D}$ we have

$$\|\phi(x)\Delta u(kT,x)\|_{L^2(\Omega(0))} \leq C_{\phi,g}, \quad \forall k \in \mathbb{N}, \tag{2.6}$$

$$\|\phi(x)\nabla_x u_t(kT,x)\|_{L^2(\Omega(0))} \leq C_{\phi,g}, \quad \forall k \in \mathbb{N} \tag{2.7}$$

for $(u(t,x), u_t(t,x)) = U(t,0)g$ with a constant $C_{\phi,g}$ depending only on ϕ and g. Then there exists a sequence $n_k \nearrow \infty$ such that $\phi(x)U(n_kT,0) \to 0$ in $H(0)$.

3. THE EXISTENCE OF W

In this section we assume (1.4), (2.1) and we suppose the obstacle is moving with a period $T > 0$. Given $m > 0$, $p \in \mathbb{N}$, consider the operator

$$R_{p,m}(f) = \frac{(-1^p}{(p-1)!} \int_0^\infty J(\sigma)U(\sigma,0)e^{-m\sigma}\sigma^{p-1} f d\sigma, \quad f \in H(0).$$

Let $(-iG_o+m)^{-p}$ be the resolvent of the generator $(-iG_o)$ of the unitary group $U_o(t) = e^{itG_o}$. We obtain the following analogue of the Enns' condition (see [13]).

LEMMA 3.1: Let $\chi(t) \in C^\infty(\mathbb{R})$ be a function such that $\chi(t) = 0$ for $|t| \leq 1/2$, $\chi(t) = 1$ for $|t| \geq 1$. Then for fixed p we get

$$\lim_{R\to\infty} \|m^p(R_{p,m} - (-iG_o+m)^{-p})\, \chi(|x|/R)\|_{H_o} = 0 \tag{3.1}$$

uniformly with respect to $m > 0$.

PROOF: From finite speed of propagation we conclude that

$$(U(\sigma,0) - U_o(\sigma))\ \chi(|x|/R) = 0 \text{ for } \sigma \in [0,\ R/2 - \rho_o).$$

Then, estimating the integral

$$\int_{\frac{R}{2}-\rho_o}^{\infty} (J(\sigma)\ U(\sigma,0) - U_o(\sigma))e^{-m\sigma} m^p \sigma^{p-1} \chi(|x|/R)fd\sigma,$$

we obtain (3.1).

Now we wish to show that $(-m)^p R_{p,m} V^{n_k} g$ can be considered as an approximation of $V^{n_k}g$ which is uniform for $n_k \in \mathbb{N}$.

LEMMA 3.2: Assume that for each $R \geqq \rho_o$ we have

$$\lim_{n_k \to \infty} \|V^{n_k} g\|_{B(R,n_kT)} = 0, \tag{3.2}$$

$$\int_0^{\infty} \|U(t,0)g\|_{B(R,t)}\ dt < \infty\ . \tag{3.3}$$

Then uniformly with respect to $n_k \in \mathbb{N}$ we have

$$\|((-m)^p R_{p,m} - J(0))V^{n_k} g\|_{H_o} \underset{m \to \infty}{\to} 0. \tag{3.4}$$

SKETCH OF THE PROOF: It is necessary to estimate

$$\int_0^{\infty} (J(\tfrac{\sigma}{m})U(\tfrac{\sigma}{m} + n_kT,0)g - J(0)U(n_kT,0)g)e^{-\sigma} \sigma^{p-1}\ d\sigma = \int_0^{\sqrt{m}} + \int_{\sqrt{m}}^{\infty}.$$

The second integral in the right hand side tends to 0 as $m \to \infty$ uniformly with respect to $n_k \in \mathbb{N}$. To estimate the first one, we apply the local energy decay (3.2) together with the fact that $U(t,0)$ is strongly continuous with respect to t. Thus, the problem is reduced to the assertion

$$\lim_{h \to 0} \|\phi(x)(U(h+n_kT,0) - U(n_kT,0))g\| = 0 \tag{3.5}$$

uniformly with respect to $n_k \in \mathbb{N}$, provided $\phi \in C^{\infty}(\mathbf{R}^n)$ is such that $\phi(x) = 0$ for $|x| \leq \rho_o + 1$, $\phi(x) = 1$ for $|x| \geq \rho_o + 2$.

Denote by $w(t,x)$ the first component of $U(t,0)g$. Then

$$(\partial_t^2 - \Delta)(\phi(x)w(t,x)) = -(\Delta\phi)w - \langle\nabla_x\phi, \nabla_x w\rangle.$$

Consequently, we can use the usual energy estimate for the Cauchy problem in $\mathbb{R}_t \times \mathbb{R}_x^n$. Thus, we are going to

$$\|\phi(x)(U(h+n_kT,0) - U(n_kT,0))g\|$$

$$\leq \|\phi(x)(U(h+n_oT,0) - U(n_oT,0))g\| + \int_{n_oT}^{n_kT} q(t)dt, \quad n_k > n_o,$$

where $\int_{n_oT}^{\infty} q(t)dt < \infty$ in view of the condition (3.3). Taking n_o large enough, we can arrange (3.5).

REMARK 3.3: It is reasonable to conjecture that (3.4) holds if we assume only the condition (3.2). For n odd this is true, since we can exploit the existence of the operator W. On the other hand, (3.3) is fulfilled if the obstacle is non-trapping and g has compact support.

To establish the existence of Wg, it is sufficient to prove that for every fixed $\varepsilon > 0$ there exists $n_k = n_k(\varepsilon)$ such that

$$\sup_{s\geq 0} \|(U_o(s)J(0) - J(s)U(s,0))\, V^{n_k}g\|_{H_o} < \varepsilon. \tag{3.6}$$

Below we assume (3.2) and (3.4) fulfilled. Taking $m = m(\varepsilon)$ sufficiently large we may replace $J(0)V^{n_k}g$ by

$$1/2(m^2R_{2,m} - mR_{1,m})\, V^{n_k}g.$$

On the other hand, according to Lemma 3.1, we have

$$\lim_{R\to\infty} \|(1/2(m^2R_{2,m} - mR_{1,m}) - F_m(G_o))\chi(x /R)\|_{H_o} = 0$$

with $F_m(G_o) = imG_o(-iG_o+m)^{-2}$. Therefore, by using the local energy decay (3.2), we reduce the problem to the analysis of

$$\sup_{s\geq 0} \|(U_o(s) - J(s)U(s,0)J^*(0))\, F_m(G_o)J(0)\, V^{n_k}g\|_{H_o}$$

where the number m is fixed. For $M > 0$ introduce the function $\psi_M(s) \in C_0^\infty(\mathbf{R})$ with the properties:

$$\psi_M(s) = \begin{cases} 1 \text{ for } 1/M \leq |s| \leq M, \\ 0 \text{ for } |s| \geq 2M \text{ or } |s| \leq 1/2M. \end{cases}$$

Obviously, we have

$$\|\psi_M(s)F_m(s)\|_\infty \underset{M \to \infty}{\to} 0,$$

hence it is sufficient to study

$$\sup_{s \geq 0} \|(U_o(s) - J(s)U(s,0)J^*(0))\ \psi_M(G_o)F_m(G_o)J(0)\ V^{n_k}g\|_{H_o}.$$

Now we are in a position to apply a suitable Enss' decomposition of the term

$$(\psi_M F_m)(G_o)J(0)V^{n_k}g$$

following the approach in [13], [7]. Thus, we obtain

THEOREM 3.3: Assume for $g \in H_b^\perp$ the conditions (3.2) and (3.4) fulfilled. Then Wg exists.

REMARK 3.4: It is clear that in Lemma 3.2 we may replace (3.3) by the assumption

$$\int_0^\infty \|\phi(x)U(t,0)g\|\, dt < \infty, \tag{3.7}$$

where $\phi(x) \in C_0^\infty(\mathbf{R}^n)$ is such that $\phi(x) = 1$ for $\rho_o + 1 \leq |x| \leq \rho_o + 2$ and $\phi(x) = 0$ for $|x| \geq \rho_o + 2 + \delta$ or $|x| \leq \rho_o + 1 - \delta$, $0 < \delta < 1$.

REMARK 3.5: Notice that the result of Theorem 3.3 is new only for n even since for n odd the existence of Wg has been obtained by W. Strauss [15] without assuming (3.4). On the other hand, it is interesting that the existence of Wg implies (3.4).

4. LEADING SINGULARITY OF THE SCATTERING KERNEL

The scattering kernel of the problem (1.1) is a distribution

$$S(s,s',\omega,\theta) \in \mathcal{S}'(\mathbf{R} \times S^{n-1} \times \mathbf{R} \times S^{n-1}).$$

Throughout this section we assume n odd, $n \geqq 3$. The kernel S admits the following representation (see [4])

$$S(s,s',\omega,\theta) = \delta(s-s')\delta(\omega-\theta) \tag{4.1}$$

$$+ d_n^2 (-1)^{(n-1)/2} \int_\Sigma \partial_{s'}^{(n-1)/2} \delta(t+s'-\langle x,\theta\rangle) \frac{\partial}{\partial\nu^*}(v+v_0)(t,x,s,\omega)d\Sigma$$

where

$$d_n = 2^{-n/2} \pi^{(1-n)/2}, \quad v_0 = \partial_t^{(n-3)/2} \delta(t+s-\langle x,\omega\rangle),$$

while v is determined as a solution to the mixed problem

$$\begin{cases} (\partial_t^2 - \Delta_x)v = 0 \text{ in } Q, \\ v+v_0 = 0 \text{ on } \Sigma, \\ v = 0 \text{ for } t < -s-\rho_0. \end{cases} \tag{4.2}$$

Here $\nu^* = (-\nu_t,\nu_x)$ and $\langle\ ,\ \rangle$ denotes the scalar product in $\mathbf{R}^n$.

Below we assume s, $(\omega,\theta) \in S^{n-1} \times S^{n-1}$ fixed and $\omega \neq \theta$. Put

$$\Gamma(s,\omega) = \{x \in \mathbf{R}^n;\ (\langle x,\omega\rangle - s,\ x) \in Q\},$$

$$h(s) = \max_{x \in \Gamma(s,\omega)} \langle x,\theta - \omega\rangle.$$

As was shown in [4], we have

$$\operatorname{sing\,supp}_{s'} S(s,s',\omega,\theta) \subset (-\infty,\ s+h(s)].$$

Our goal is to prove that the distribution S is singular at s + h(s). (Here we consider S as a distribution on $\mathbb{R}$ with s,ω, θ fixed).

Take $\psi(t) \in C_0^\infty(\mathbb{R})$ such that $\psi(0) = 1$ and $\psi(t) = 0$ for $|t| \geq 1$. Set $\psi_\varepsilon(s') = \psi((s' - s - h(s))/\varepsilon)$ and consider

$$I(\lambda) = (S(s,s',\omega,\theta), \psi_\varepsilon(s')\, e^{-i\lambda s'}).$$

The problem is to show that $I(\lambda)$ is not a decreasing function of λ for $\lambda \to \infty$ and ε sufficiently small. Let us write

$$I(\lambda) = d_n^2(-1)^{(n-1)/2} \sum_{j=0}^{n-1} C_j(-i\lambda)^{n-1-j}$$

$$x \int_\Sigma e^{-i\lambda(\langle x,\theta\rangle - t)}\, \partial_t^j\, \psi_\varepsilon(\langle x,\theta\rangle - t)\, \frac{\partial}{\partial \nu^*}(v+v_0)d\Sigma.$$

The terms containing v_0 can be reduced to

$$d_n^2 \sum_{j=0}^{n-1} \lambda^{n-1-j} \int_{\Gamma(s,\omega)} e^{-i\lambda(s+\langle x,\theta-\omega\rangle)} A_j(x,s,\omega,\theta)d\Gamma, \tag{4.3}$$

where the leading coefficient has the form

$$A_0 = (-1)^{(n+1)/2} \left(\frac{1 - \langle \mathcal{V},\theta\rangle}{1 - \langle \mathcal{V},\omega\rangle}\right)^{(n-1)/2} \psi_\varepsilon(s + \langle x,\theta-\omega\rangle)\, \langle N,\omega\rangle,$$

where $\mathcal{V}$ is the normal velocity of the boundary Σ at x and N is the outward unit normal of Γ(s,ω) at x.

To study the integral involving $\frac{\partial}{\partial \nu^*} v|_\Sigma$, we introduce a partition of unity $\sum_{j=1}^{M} \phi_j(x) = 1$ on Γ(s,ω) and denote by v_j the solution to the problem (4.2) where v_0 is replaced by $\phi_j v_0$. Set

$$\Sigma_j = \{(t,x) \in \Sigma;\ (t,x) \in \text{sing supp}\, \frac{\partial}{\partial \nu^*} v_j|_\Sigma,$$

$$\sum_{j=0}^{n-1} |d_t^k\, \psi_s(\langle x,\theta\rangle - t)| \neq 0\}.$$

Let $R = \{x \in \Gamma(s,\omega);\ \langle x,\theta-\omega\rangle = h(s)\}$. The following proposition enables on^ to localize the problem.

PROPOSITION 4.1: If ε is sufficiently small then for every j, $1 \leqq j \leqq M$, we have

$$\Sigma_j \subset \{(t,x) \in \Sigma;\ |t+s - \langle x,\omega\rangle| < \varepsilon\ ,\ x \in W_\varepsilon\},$$

where W_ε is a small neighbourhood of R depending on ε.

SKETCH OF THE PROOF: For brevity of notations we write h instead of h(s). For $x \in \operatorname{supp} \phi_j(x)$, $(t,y) \in \Sigma_j$, $\hat{y} \in R$ consider the equality

$$t - \langle y,\theta\rangle + s + h = t - \langle x,\omega\rangle + s + 1/2\langle \hat{y}-x,\ \theta-\omega\rangle$$

$$+ 1/2\ \langle \hat{y}-y,\theta-\omega\rangle + \langle x-y,\ \frac{\theta+\omega}{2}\rangle.$$

We have $-\varepsilon \leqq\ t+s - \langle y,\theta\rangle + h \leqq \varepsilon$. From the arguments in [4] we deduce $t+s \leqq \langle y,\omega\rangle + \varepsilon_0$, $\langle y,\theta-\omega\rangle \leqq h + \varepsilon + \varepsilon_0$, where ε_0 can be taken as small as we wish when $\varepsilon \to 0$. As in [11], by using the finite speed of propagation of singularities, we arrange

$$t - \langle x,\omega\rangle + s + \langle x-y,\ \frac{\theta+\omega}{2}\rangle \geqq -\varepsilon.$$

Thus, we are going to

$$\langle \hat{y}-y,\theta-\omega\rangle + \langle \hat{y}-x,\theta-\omega\rangle \leqq 4\varepsilon,$$

hence $\langle y-\hat{x},\theta-\omega\rangle \leqq 5\varepsilon + \varepsilon_0$. To obtain the assertion, the remaining step is to use the fact that the bicharacteristics of the wave operator passing over $(\langle x,\omega\rangle - s,x)$ with $x \in R$ are transversal to the boundary.

Applying Proposition 4.1, we can construct a microlocal parametrix for v_j if $(\operatorname{supp} \phi_j) \cap W_\varepsilon \neq \emptyset$. Then we may express the traces $\frac{\partial}{\partial\nu^*} v_j|_\Sigma$ by pseudo-differential operators and the problem is reduced to the analysis of the asymptotics with respect to λ of some integral like (4.3) with phase function $-i(\langle x,\theta-\omega\rangle+s)$. In the generic case, when there are only finite number points $\{x_j\}_{j=1,\ldots,L}$ lying in R and the Gauss curvature of $\Gamma(s,\omega)$ at each x_j is positive, we can repeat the argument of Cooper and Strauss [4] obtaining the leading singularity explicitly (see also [11]). In the degenerate case we follow the approach of Soga [14], exploiting the fact that the approximation of the trace $\frac{\partial}{\partial\nu^*} v_j|_\Sigma$ is given by the pseudo-differential operator applied to $\delta(t+s - \langle x,\omega\rangle)|_\Sigma$. Finally, we get the following

THEOREM 4.2: For $\omega \neq \theta$ we have

$$s + h(s) \in \operatorname*{sing\ supp}_{s'} S(s,s',\omega,\theta).$$

REMARK 4.3: This result in the generic case mentioned above has been established in [4]. The stationary case has been treated in [14]. It seems that the approach based on the microlocal analysis will be useful for the investigation of mixed problems with more complicated boundary conditions.

REFERENCES

1. J. Cooper and W. Strauss, Energy boundedness and decay of waves reflecting off a moving obstacle, Indiana Univ. Math. J., 25, (1976), 671-690.
2. J. Cooper and W. Strauss, Representation of the scattering operator for moving obstacles, Indiana Univ. Math. J., 28, (1979), 643-671.
3. J. Cooper and W. Strauss, Scattering of waves by periodically moving bodies, J. Funct. Anal., 47, (1982), 180-229.
4. J. Cooper and W. Strauss, The leading singularity of a wave reflected by a moving boundary, J. Diff. Equations, 52, (1984), 175-203.
5. J. Cooper and W. Strauss, Abstract scattering theory for time-periodic systems with applications to electromagnetism, Indiana Univ. Math. J., 34, (1985), 33-83.
6. J. Cooper and W. Strauss, The initial boundary problem for the Maxwell equations in the presence of a moving body, preprint, 1984.
7. V. Georgiev, Existence and completeness of the wave operators for dissipative hyperbolic systems, J. Operator Theory, 14, (1985), 291-310.
8. P. Lax and R. Phillips, Scattering theory for dissiaptive hyperbolic systems, J. Funct. Anal., 14, (1973), 172-235.
9. R. Melrose, Singularities and energy decay in acoustical scattering, Duke Math. J., 46, (1979), 43-59.
10. R. Melrose and J. Sjöstrand, Singularities of boundary value problems, Comm. Pure Appl. Math., I, 31, (1978), 593-617, II, 35, (1982),129-168.

11. V. Petkov, Singularities of the scattering kernel, p. 288-296 in Nonlinear partial differential equations and their applications, Seminar Collège de France, vol. VI, Pitman, Boston, 1984.
12. V. Petkov and Zv. Rangelov, Leading singularity of the scattering kernel for moving obstacles, in preparation.
13. B. Simon, Phase space analysis of simple scattering systems: extensions of some work of Enss, Duke Math., J., 46, (1979), 119-168.
14. H. Soga, Conditions against rapid decrease of oscillatory integrals and their applications to inverse scattering problems, Osaka J. Math, 23, (1986), 441-456.
15. W. Strauss, The existence of the scattering operator for moving obstacles, J. Funct. Anal., 31, (1979), 255-262.
16. H. Tamura, On the decay of the local energy for wave equations with a moving obstacle, Nagoya Math. J., 71, (1978), 125-147.

V.M. Petkov
Institute of Mathematics
of Bulgarian Academy of Sciences
P.O. Box 373
1090 Sofia
Bulgaria.

A PIRIOU

Distributions de Fourier classiques associées à des variétés Lagrangiennes complexes positives

I. INTRODUCTION ET NOTATIONS

Soient $X_{\mathbb{R}}$ une varieté analytique réelle de dimension n, X sa complexifiée, $T^*X\setminus 0$ le fibré cotangent de X privé de sa section nulle, S^*X le fibré en sphères cotangentes de X, π la projection de $T^*X\setminus 0$ sur X, p la projection de $T^*X\setminus 0$ sur S^*X.

Soit Λ une sous-variété lagrangienne de $T^*X\setminus 0$, conique pour l'action de $\mathbb{R}^+$, et positive au sens de [4], [5], [8]. On pose

$$\Lambda_{\mathbb{R}} = \Lambda \cap T^*X_{\mathbb{R}}, \quad S\Lambda_{\mathbb{R}} = P(\Lambda_{\mathbb{R}}) \subset S^*X_{\mathbb{R}}.$$

On considère le faisceau sur $S^*X_{\mathbb{R}}$ des microdistributions (rappelons que, pour $\lambda_0 \in T^*X_{\mathbb{R}}\setminus 0$, sa fibre en $p(\lambda_0)$ est l'espace des distributions u dans $X_{\mathbb{R}}$, modulo le sous-espace des distributions dont le spectre singulier analytique (noté SSu) ne contient pas λ_0).

Pour $m \in \mathbb{R}$, on définit un sous-faisceau $\mathcal{J}^m_\Lambda$ (porté par $S\Lambda_{\mathbb{R}}$) de "microdistributions classiques de degré m associées à Λ" à partir de l'action des distributions u sur les fonctions oscillantes standards qui interviennent dans la caractérisation de Bros-Jagolnitzer-Sjöstrand du spectre singulier analytique.

On donne ensuite une description de ces distributions à l'aide de phases et d'amplitudes, sous forme de réalisations de certains objets formels des espaces I_ϕ construits par J. Sjöstrand dans [9], §11, ce qui permet d'obtenir un résultat de composition.

On ne detaille pas ici d'applications; citons simplement l'étude des transmissions analytiques (si Λ est réelle) et la construction de solutions microdistributions globales μ de problèmes du type : $P(x,D)\mu = 0$, support μ donné, sous des hypothèses convenables.

II. DEFINITIONS DU FAISCEAU $\mathcal{J}^m_\Lambda$

Si U est un ouvert conique de $\mathbb{C}^k \times (\mathbb{C}^\ell\ 0)$, où l'action de $\tau \in \mathbb{R}^+$ est définie par $(z,w) \mapsto (z,\tau w)$, appelons symbole analytique classique de degré d ($d \in \mathbb{R}$)

dans une fonction $a(z,w)$ holomorphe dans $\mathcal{U}$, et telle qu'il existe une suite de fonctions $a_j(z,w)$, $j \in \mathbb{N}$ avec:

> a_j est holomorphe et homogène de degré $d-j$ dans $\mathcal{U}$; pour tout $(z_0,w_0) \in \mathcal{U}$, il existe un voisinage conique $\mathcal{U}_0$ de (z_0,w_0) dans $\mathcal{U}$ et $C \geq 0$ satisfaisant:
>
> $$|a(z,w) - \sum_{j=0}^{N-1} a_j(z,w)| \leq C^{N+1} N! |w|^{d-N}$$
>
> pour N entier ≥ 1 et $(z,w) \in \mathcal{U}_0$.

Cette définition se généralise naturellement au cas où $\mathcal{U}$ est remplacé par une variété analytique complexe conique.

Pour $\lambda_0 \in \Lambda_{\mathbb{R}}$, considérons une fonction $\psi(y,\sigma)$ telle que:

$$\begin{aligned}
&\psi(y,\sigma) \text{ est analytique et homogène de degré 1 en } \sigma \text{ dans un voisinage conique de } (\pi\lambda_0,\lambda_0) \text{ dans } X \times (T^*X\setminus 0);\\
&\psi(\pi\lambda_0,\lambda_0) = 0, \quad (\pi\lambda_0, -\psi'_y(\pi\lambda_0,\lambda_0)) = \lambda_0;\\
&\operatorname{Im} \psi''_{yy}(\pi\lambda_0,\lambda_0) \text{ est définie positive.}
\end{aligned} \tag{1}$$

Si u est une distribution dans un voisinage ouvert de $\pi\lambda_0$ dans $X_{\mathbb{R}}$, il est bien connu que λ_0 n'appartient pas à SSu si et seulement si:

> Pour toute fonction $\psi(y,\sigma)$ vérifiant (1), pour tout symbole analytique $b(y,\sigma)$ dans un voisinage conique de $(\pi\lambda_0,\lambda_0)$ dans $X \times (*X\setminus 0)$, alors, si $\chi \in C_0^\infty(X_{\mathbb{R}})$ est à support assez voisin de $\pi\lambda_0$ et vaut 1 au voisinage de $\pi\lambda_0$, on a
>
> $$\langle u(y), e^{i\tau\psi(y,\sigma)} \chi(y)\, b(y,\tau\sigma)\rangle \sim 0 \tag{2}$$
>
> uniformément pour σ assez voisin de λ_0, ou "~ 0" signifie la décroissance exponentielle en τ pour $\tau \to +\infty$.

On pose $\Lambda_\sigma = (y,-\psi'_y(y,\sigma))|y$ voisin de $\pi\lambda_0$ dans X). Il est facile de voir que les conditions de positivité de Λ et ψ impliquent que Λ et $\Lambda\lambda_0$ se coupent transversalément en λ_0: donc, pour σ assez voisin de λ_0, les variétés Λ et Λ_σ se coupent (localement) en un point unique noté $\lambda(\sigma)$.

DEFINITION 1: Pour $m \in \mathbf{R}$, appelons J^m_Λ le sous-faisceau du faisceau (sur $S^*X_{\mathbf{R}}$) des microdistributions ainsi défini: J^m_Λ est porté par $S\Lambda_{\mathbf{R}}$ et, pour tout $\lambda_0 \in \Lambda_{\mathbf{R}}$ et, pour tout $\lambda_0 \in \Lambda_{\mathbf{R}}$, sa fibre en $p(\lambda_0)$ correspond aux germes de distributions u au voisinage de $\pi\lambda_0$ dans $X_{\mathbf{R}}$ telles que:

> $SSu \subset \Lambda_{\mathbf{R}}$ et, pour toutes $\psi(y,\sigma)$, $b(y,\sigma)$, $\chi(y)$ comme en (1), (2), on a:
>
> $$\langle u(y), e^{i\psi(y,\sigma)} b(y,\sigma)\chi(y)\rangle = e^{i\psi(\pi\lambda(\sigma),\sigma)} c(\sigma) \qquad (3)$$
>
> où $c(\sigma)$ est un symbole analytique classique dans un voisinage conique de λ_0 dans $T^*X\smallsetminus 0$, avec
>
> $$\text{degré } c - \text{degré } b = m - \frac{n}{4}.$$

III. PHASES ET AMPLITUDES

Soient Ω un ouvert relativement compact de $\mathbf{R}^n$, Γ un ouvert conique de $\mathbf{R}^n\smallsetminus 0$, et une fonction de phase $\phi(x,\theta)$ telle que:

> $\phi(x,\theta)$ est holomorphe et homogène de degré 1 en θ dans un voisinage V de $\bar{\Omega} \times \bar{\Gamma}$ dans $\mathbb{C}^n \times (\mathbb{C}^N\smallsetminus 0)$; (ϕ'_x, ϕ') ne s'annule pas dans V: (4)
>
> $\operatorname{Im} \phi(x,\theta) \geq 0$ pour x,θ réels.

Soit $a(x,\theta)$ un symbole analytique de degré d dans V: on considère une fonction de troncature $\zeta(\alpha)$ telle que:

> $\zeta(\alpha) \in C^\infty(\mathbf{R}^n)$, est nulle au voisinage de 0, homogène de degré 0 pour $|\alpha|$ grand, et s.c. $\zeta \subset \Gamma \cup \{0\}$, où s.c. ζ désigne le support conique de ζ.

Soient $T > 0$, et une fonction analytique

$$[0,T] \times \Omega \times \Gamma \quad (t,x,\alpha) \longmapsto (x,\theta(t,x,\alpha)) \in V$$

qui servira à déformer le contour d'intégration Γ. On lui impose les conditions

$$\theta(t,x,\alpha) = \alpha + O(t|\phi'_\theta(x,\alpha)|\,|\alpha|);$$

$$\frac{\partial\theta}{\partial\alpha}(t,x,\alpha) \text{ est injective, et il existe } c > 0 \text{ avec} \tag{6}$$

$$\operatorname{Im}\phi(x,\theta(t,x,\alpha)) \geqq c\, t^2|\phi'_\theta(x,\alpha)|^2\, |\alpha|.$$

Un exemple de telle déformation est donné, pour $T > 0$ assez petit, par:

$$\theta(t,x,\alpha) = \alpha + c\, t\, \overline{\phi'_\theta(x,\alpha)}\,|\alpha|. \tag{7}$$

Pour $0 < t \leqq T$, on définit la distribution $u_t \in \mathcal{D}'(\Omega)$ par:

$$u_t(x) = \int_{\theta=\theta(t,x,\alpha);\alpha\in\mathbb{R}^N} e^{i\phi(x,\theta)}\, a(x,\theta)\, \zeta(\alpha)\, d\theta \tag{8}$$

ce qui signifie que

$$u_t(x) = \int_{\alpha\in\mathbb{R}^N} e^{i\phi(x,\theta(t,x,\alpha))} a(x,\theta(t,x,\alpha))\zeta(\alpha)\, \frac{D\theta(t,x,\alpha)}{D\alpha}\, d\alpha$$

au sens des distributions définies par des intégrales oscillantes (voir [3], [4]).
On a alors le

THEOREME 1:

(1) $SSu_t \subset \{(x,\phi'_x(x,\alpha)) | x \in \Omega,\ \alpha \in s.c.\zeta,\ \phi'_\theta(x,\alpha) = 0\}$.

(2) Soit $\lambda_0 \in \Lambda_{\mathbb{R}}$; on choisit des coordonnées locales x au voisinage de $\pi\lambda_0$ dans $X_{\mathbb{R}}$, et on appelle encore x les complexifiées. Soit $\phi(x,\theta)$ une fonction de phase non dégénérée représentant Λ dans un voisinage conique de λ_0, vérifiant (4), et telle que λ_0 corresponde à un point (x_0,θ_0) réel (voir [3], [4], [5]). Si la fonction de troncature ζ vérifie (5) et si $\zeta(\alpha) = 1$ dans un voisinage conique de θ_0 pour $|\alpha|$ grand alors, pour ψ, b, χ comme en (1) et (2), on a:

$$\langle\tilde{u}_t(y), e^{i\tau\psi(y,\sigma)} b(y,\tau\sigma)\chi(y)\rangle \sim \langle U(y,\tau), e^{i\tau\psi(y,\sigma)} b(y,\tau\sigma)\rangle$$

pour σ assez voisin de λ_0, où $\tilde{u}_t$ est la transportée dans $X_{\mathbb{R}}$ de u_t, et où $U(y,\tau)$ est l'objet formel de l'espace $I_{-\mathrm{Im}\,\phi}$ (voir [9], §11)

$$U(y,\tau) = \tau^N \int e^{i\tau\phi(y,\theta)} a(y,\tau\theta)d\theta .$$

(3) Il en résulte que le germe de microdistribution en $p(\lambda_o)$ défini par $\tilde{u}_t$ ne dépend que de U. La fibre de $\mathcal{J}_\Lambda^m$ en $p(\lambda_o)$ est obtenue en prenant les germes correspondant aux amplitudes $a(x,\theta)$ de degré $d = m - \frac{N}{2} + \frac{n}{4}$.

REMARQUE 2: On peut définir naturellement un faisceau I_Λ^m sur $S\Lambda = p(\Lambda)$ à partir des objets formels

$$\tau^n \int e^{i\tau\phi(y,\theta)} a(y,\tau\theta)d\theta,$$

où ϕ est une phase non dégénérée représentant localement Λ, et $a(y,\theta)$ un symbole analytique classique de degré $m - \frac{N}{2} + \frac{n}{4}$.

La transformation précédente $U \longmapsto \tilde{u}_t$ définit alors un morphisme surjectif $I_\Lambda^m|S\Lambda_R \longrightarrow \mathcal{J}_\Lambda^m$.

Démonstration du théorème 1

On appelle (x,ξ) les coordonnées locales dans $T^*X\setminus 0$ induites par les coordonnées locales x; on identifie un point $\sigma \in T^*X\setminus 0$ et son image (x,ξ) dans $\mathbb{C}^n \times (\mathbb{C}^n\setminus 0)$. Soit $(x_o,\xi_o) \in \Omega \times (\mathbf{R}^n\setminus 0)$. On considère une fonction $\psi(y,\sigma) = \psi(y,x,\xi)$ vérifiant les conditions (1) pour $\lambda_o = (x_o,\xi_o)$ et on pose, dans la situation de (2):

$$I(x,\xi,\tau) = \langle u_t(y), e^{i\tau\psi(y,x,\xi)} b(y,x,\xi)\chi(y)\rangle.$$

On étudie $I(x,\xi,\tau)$ quant $\tau \to +\infty$, modulo les fonctions à décroissance exponentielle en τ pour (x,ξ) assez voisin de (x_o,ξ_o). On peut évidemment prendre $\chi \in C_o^\infty(\mathbb{C}^n)$ égale à 1 dans un voisinage complexe de x_o, et on suppose $b = 1$ pour alléger l'écriture.

En posant $F(y,\alpha,x,\xi) = \phi(y,\theta(t,y,\alpha)) + \psi(y,x,\xi)$, on a :

$$I(x,\xi,\tau) = \tau^N \int_{\mathbf{R}^n \times \mathbf{R}^N} e^{i\tau F(y,\alpha,x,\xi)} a(y,\tau\theta(t,y,\alpha))\chi(y)\zeta(\tau\alpha)\frac{D\theta(t,y,\alpha)}{D\alpha}dyd\alpha$$

On effectue, comme dans [6], la déformation de contour en y:

$$\mathbf{R}^n \ni y \longmapsto Y = y + i\, s\, \overline{F'_y(y,\alpha,x,\xi)}\, \frac{f(y)}{1+|\alpha|} \in \mathbb{C}^n$$

où $f \in C_0^\infty(\mathbf{R}^n)$, $0 \leqq f \leqq 1$, $f(y) = 1$ au voisinage de x_0, Supp f assez voisin de x_0 et $s \geqq 0$ assez voisin de 0 pour que la déformation ne soit effective que dans la région où χ est holomorphe. Pour $s > 0$ assez petit, la formule de Taylor montre que:

$$\operatorname{Im} F(Y,\alpha,x,\xi) \geqq c\, t^2 |\phi'_\theta(y,\alpha)|^2\, |\alpha| + \operatorname{Im} \psi(y,x,\xi) \qquad (9)$$

$$+ \frac{s}{2} |F'_y(y,\alpha,x,\xi)|^2 \frac{f(y)}{1+|\alpha|}$$

et la formule de Stokes donne

$$I(x,\xi,\tau) = \tau^N \int_{\gamma_{x,\xi}} e^{i\tau\Phi(Y,\theta,x\xi\ )}\, a(Y,\tau\theta)\chi(Y)\ \zeta(\tau\alpha) dY \wedge d\theta$$

où $\Phi(Y,\theta,x,\xi) = \phi(Y,\theta) + \psi(y,x,\xi)$ et où $\gamma_{x,\xi}$ est le contenu d'intégration

$$\mathbf{R}^n \times \mathbf{R}^N \ni (y,\alpha) \longmapsto (Y(s,y,\alpha,x,\xi),\ \theta(t,Y(s,y,\alpha,x,\xi),\alpha)) \in \mathbb{C}^n \times \mathbb{C}^N.$$

Le long de γ_{x_0,ξ_0}, on a, d'après (9):

$$\operatorname{Im} \Phi \geqq \operatorname{Im} \psi(y,x_0,\xi_0) \geqq c'|y-x_0|^2 \text{ avec } c' > 0.$$

On peut donc, pour (x,ξ) assez voisin de (x_0,ξ_0), restreindre $\gamma_{x,\xi}$ à $|y-x_0| \leqq \varepsilon$ avec $\varepsilon > 0$.

Le long de γ_{x_0,ξ_0} et pour $y = x_0$, il résulte de (9) que:

$$\operatorname{Im} \Phi \geqq ct^2 |\phi'_\theta(x_0,\alpha)|^2\, |\alpha| + \frac{s}{2} |\phi'_x(x_0,\theta) - \xi_0 + \phi'_\theta(x_0,\theta)\theta'_y|^2 \frac{1}{1+|\alpha|} \quad (11)$$

où $\theta = \theta(t,x_0,\alpha)$.

Le second membre de (11) s'annule si et seulement si

$$\phi'_\theta(x_0,\alpha) = 0 \quad \text{et} \quad \phi'_x(x_0,\alpha) = \xi_0.$$

Si cette condition n'est jamais vérifiée pour $\alpha \in$ s.c.ζ , on obtient

$\text{Im}\ \Phi \geqq c''(1 + |\alpha|)$, avec $c'' > 0$, le long de $\gamma_{x,\xi}$ pour (x,ξ) assez voisin de (x_0,ξ_0), y assez voisin de x_0 et $\alpha \in$ s.c. ζ, d'où le 1) du théorème 1.

Sous les hypothèses du 2), le second membre de (11) s'annule au point unique $\alpha = \theta_0$, et on voit de même qu'on peut restreindre $\gamma_{x,\xi}$ à $|y-x_0| \leqq \varepsilon$, $|\alpha-\theta_0| \leqq \varepsilon'$, avec ε, $\varepsilon' > 0$; donc

$$I(x,\xi,\tau) \sim \tau^{N} \int_{\gamma_{x,\xi};\ |y-x_0| \leqq \varepsilon; |\alpha-\theta_0| \leqq \varepsilon'} e^{i\tau(\phi(Y,\theta)+\psi(Y,x,\xi))} a(Y,\tau\theta)dY\, d\theta \tag{12}$$

Pour $(x,\xi) = (x_0,\xi_0)$, la phase $(Y,\theta) \longmapsto \Phi(Y,\theta,x,\xi)$ admet un point stationnaire non dégénéré en (x_0,θ_0). Puisque γ_{x_0,ξ_0} passe par (x_0,θ_0) et que $\text{Im}\ \Phi(Y,\theta,x_0,\xi_0) > 0$ si (Y,θ) est sur l'image de ce contour et distinct de (x_0,θ_0), on peut montrer, en utilisant le lemme de Morse et une nouvelle déformation, qu'on peut remplacer dans (12) le contour d'intégration par un bon contour (au sens de [9]) pour $(Y,\theta) \longmapsto \Phi(Y,\theta,x_0,\xi_0)$, ce qui prouve la partie 2) du théorème 1. On en déduit évidemment, à partir du théorème 11.17 de [9], un théorème de changement de phase pour les distributions u_t. De plus, en appliquant la formule de la phase stationnaire complexe au second membre de (12), on obtient (3) pour $u = \tilde{u}_t$ si on pose $m = d + \frac{N}{2} - \frac{n}{4}$.

Réciproquement, montrons qu'une distribution u vérifiant (3) se met sous la forme (8) microlocalement en λ_0. On sait (voir [4]) qu'on peut choisir les coordonnées locales x au voisinage de $\pi\lambda_0$ dans $X_{\mathbf{R}}$ de sorte que Λ soit representée au voisinage coinque de λ_0 pour une phase de la forme

$$\phi(x,\xi) = x.\xi - H(\xi)$$

avec H analytique et homogène de degré 1 dans un voisinage conique de ξ_0 dans $\mathbb{C}^n \setminus 0$, et $\text{Im}\ H(\xi) \leqq 0$ pour ξ réel. On appelle (x_0,ξ_0) les coordonnées de λ_0 et on pose, pour $t > 0$:

$$\psi_t(y,x,\xi) = (x-y)\cdot\xi + i\,\frac{t}{2}\,(x-y)^2\,[\xi]$$

où $[\xi]$ est le prolongement analytique de $\mathbf{R}^n \setminus 0 \ni \xi \longrightarrow |\xi|$ à un voisinage conique de $\mathbf{R}^n \setminus 0$ dans $\mathbb{C}^n \setminus 0$.

On sait que, modulo une fonction analytique dans $\mathbf{R}^n \times \mathbf{R}^n$:

$$\delta(x-y) \equiv \int_{\xi\in\mathbb{R}^n, |\xi|\geq 1} e^{i\psi_t(y,x\xi)} b(y,x,\xi)d\xi.$$

où $b(y,x,\xi)$ est un symbole analytique classique homogène de degré 0 dans un voisinage conique de $\mathbb{R}^n \times (\mathbb{R}^n \setminus 0)$ dans $\mathbb{C}^n \times (\mathbb{C}^n \setminus 0)$.

Donc, microlocalement en (x_0,ξ_0), on a :

$$u(x) \equiv \int \langle u(y), e^{i\psi_t(y,x,\xi)} \chi(y) b(y,x,\xi)\rangle \, \zeta(\xi)d\xi$$

où $\chi \in C_0^\infty(\mathbb{R}^n)$ vaut 1 au voisinage de x_0, et où $\zeta \in C^\infty(\mathbb{R}^N)$ est nulle pour $|\xi| \leq 1$, homogène de degré 0 en ξ pour $|\xi|$ grand, et égale à 1 dans un voisinage conique de ξ_0 pour $|\xi|$ grand.

Si Supp χ est assez voisin de x_0, l'hypothèse (3) donne:

$$\langle u(y), e^{i\psi_t(y,x,\xi)} \chi(y)\, b(y,x,\xi)\rangle = e^{if_t(x,\xi)} c(x,\xi)$$

où $f_t(x,\xi) = \psi_t(\pi\lambda(x,\xi),x,\xi)$, et où $c(x,\xi)$ est un symbole analytique classique de degré $m - \frac{n}{4}$ dans un voisinage conique de (x_0,ξ_0) dans $\mathbb{C}^n \times (\mathbb{C}^n \setminus 0)$.

On obtient donc:

$$u(x) \equiv \int_{\xi\in\mathbb{R}^n} e^{if_t(x,\xi)} c(x,\xi)\; \zeta(\xi)d\xi.$$

La conclusion résultera des deux lemmes suivants:

LEMME 2: Il existe $c > 0$ tel que

$$\text{Im } f_t(x,\xi) \geq c\; t^2|x-H'(\xi)|^2\; |\xi| \quad \text{pour } (x,\xi) \text{ réel dans} \tag{13}$$

un voisinage conique de (x_0,ξ_0).

LEMMA 3: Il existe une fonction $A(t,x,\xi)$, à valeurs matricielles complexes $n \times n$, analytique et homogène de degré 1 en ξ dans un voisinage conique de $(0,x_0,\xi_0)$ dans $\mathbb{R} \times \mathbb{C}^n \times (\mathbb{C}^n \setminus 0)$ telle que, si on pose

$$\tilde{\xi} = \xi + t\, A(t,x,\xi)(x-H'(\xi)),$$

on a $\quad f_t(x,\xi) = x.\tilde{\xi}-H(\tilde{\xi}).$

En effet, pour (t,x) assez voisin de $(0,x_0)$, l'application $\xi \longmapsto \tilde{\xi}$ est un difféomorphisme local homogène de degré 1. On définit le symbole analytique

$a(x,\xi)$ par l'égalité:

$$a(x,\tilde{\xi}(t,x,\xi)) \frac{D\tilde{\xi}(t,x,\xi)}{D\xi} = c(x,\xi).$$

Pour s.c. ζ dans un voisinage conique assez petit de ξ_o, on obtient

$$u(x) \equiv \int_{\tilde{\xi}=\tilde{\xi}(t,x,\xi);\xi\in\mathbb{R}^n} e^{i(x.\tilde{\xi}-H(\tilde{\xi}))} a(x,\tilde{\xi})\zeta(\xi)d\xi$$

qui est bien de la forme (8) avec $N = n$, degré $a = m - \frac{n}{4} = m - \frac{N}{2} + \frac{n}{4}$.

Démonstration du lemme 2

La fonction $(y,\eta) \longmapsto y.\eta-H(\eta) + \psi_t(y,x,\xi)$ est positive ou nulle pour x,ξ,y,η réels; pour (x,ξ) et (y,η) dans des voisinages complexes coniques assez petits de (x_o,ξ_o), elle admet un point critique (non dégénéré) unique $(y_t(x,\xi),\eta_t(x,\xi))$, et sa valeur critique est $f_t(x,\xi)$. D'après le lemme 7.5 de [9], on a, avec une constante $c > 0$:

$$\operatorname{Im} f_t(x,\xi) \geqq c|\operatorname{Im}(y_t(x,\xi),\eta_t(x,\xi)|^2 \tag{14}$$

pour (x,ξ) dans un voisinage conique réel de (x_o,ξ_o) et $|\xi| = 1$.

En posant $y_t(x,\xi) = y_t$, $\eta_t(x,\xi) = \eta_t$, et pour ξ réel de norme 1, on a:

$$\begin{aligned} \eta_t &= \xi - it(y_t - x) \\ y_t &= H'(\xi-it(y_t-x)) \end{aligned} \tag{15}$$

d'où

$$y_t-x = H'(\xi)-x-itH''(\xi)(y_t-x)+0(t^2|y_t-x|^2).$$

On en déduit qu'il existe M 0 tel que:

$$|y_t-x| \geqq M|x-H'(\xi)| \quad \text{pour } t > 0 \text{ assez petit.} \tag{16}$$

Soit ε avec $0 < \varepsilon < M$; si $|\operatorname{Im}(\eta_t-\xi)| \geqq \varepsilon t|x-H'(\xi)|$ alors (13) résulte de (14), sinon (15) donne $|\operatorname{Re}(y_t-x)| \leqq \varepsilon|x-H'(\xi)|$, d'où $|\operatorname{Im}(y_t-x)| \geqq (M-\varepsilon)|x-H'(\xi)|$ d'après (16), et (13) résulte encore de (14).

Démonstration du lemme 3

On pose $R(t,x,\xi) = f_t(x,\xi) - \phi(x,\xi)$ où $\phi(x,\xi) = x.\xi - H(\xi)$. On a $R(0,x,\xi) = 0$.
Pour $x = H'(\xi)$, il vient $y_t(x,\xi) = x = H'(\xi)$, $\Phi(x,\xi) = 0$, $\psi_t(y_t(x,\xi),x,\xi) = 0$, donc $R(t,x,\xi) = 0$.

Montrons que $\frac{\partial R}{\partial x}(t,x,\xi) = 0$ pour $x = H'(\xi)$; en fait, on a alors, pour $[\xi] = 1$, et d'après (15):

$$(I + itH''(\xi)) \frac{\partial y_t}{\partial x} = itH''(\xi)$$

donc, pour t assez voisin de 0:

$\frac{\partial y_t}{\partial x} = (I + itH''(\xi))^{-1} itH''(\xi)$ est symétrique, et $\frac{\partial R}{\partial x}(t,x,\xi) = \frac{\partial y_t}{\partial x}\xi = 0$

puisque l'identité d'Euler donne $H''(\xi)\xi = 0$.

La formule de Taylor par rapport à x au point $H'(\xi)$ permet d'écrire

$$R(t,x,\xi) = \langle M(t,x,\xi)(x-H'(\xi)),\ x-H'(\xi)\rangle \tag{17}$$

où $M(t,x,\xi)$ est une matrice symétrique, nulle pour $t = 0$.

On cherche $\tilde{\xi}$ sous la forme

$$\tilde{\xi} = \xi + S(x-H'(\xi)),\ \text{S matrice inconnue.} \tag{18}$$

On a alors

$$\Phi(x,\tilde{\xi}) - \phi(x,\xi) = \langle L(x,\xi,S),\ \tilde{\xi}-\xi\rangle \tag{19}$$

avec $L(x,\xi,S) = \int_0^1 \frac{\partial \Phi}{\partial \xi}(x,\xi + rS(x-H'(\xi))dr$.

Pour $x-H'(\xi)$, on a $L(x,\xi,S) = \frac{\partial\Phi}{\partial\xi}(x,\xi) = x-H'(\xi) = 0$, donc il existe une matrice $G(x,\xi,S)$ telle que

$$\begin{aligned} &L(x,\xi,S) = G(x,\xi,S)(x-H'(\xi)) \\ &G(x_o,\xi_o,0) = \frac{\partial L}{\partial x}(x_o,\xi_o,0)\ \frac{\partial^2\Phi}{\partial x\partial\xi}(x_o,\xi_o) = Id. \end{aligned} \tag{20}$$

Pour obtenir l'egalité cherchée

$$\Phi(x,\tilde{\xi}) - \Phi(x,\xi) = R(t,x,\xi)$$

il suffit, d'après (17), (18), (19), (20), d'avoir

$$^{t}G(x,\xi,S)S = M(t,x,\xi).$$

Au point $t = 0$, $x = x_0$, $\xi = \xi_0$, $S = 0$, la différentielle du premier membre par rapport à S est $^{t}G(x_0,\xi_0,0) = Id$, on a donc localement une solution unique $S = S(t,x,\xi)$ qui s'annule, comme $M(t,x,\xi)$, pour $t = 0$, et qui donc s'écrit $S(t,x,\xi) = tA(t,x,\xi)$.

REMARQUE 4: Du théorème 2 on peut déduire, comme dans [6], un théorème de composition pour les $\mathcal{J}^m_\Lambda$, sous les hypothèses habituelles de transversalité.

BIBLIOGRAPHIE

1. Boutet de Monvel, L., Opérateurs pseudo-différentiels analytiques et opérateurs d'ordre infini. Ann. Inst. Fourier, 22-3 (1972), 229-268.
2. Boutet de Monvel, L., P. Kree, Pseudo-differential operators and Gevrey classes, Ann. Inst. Fourier, 17-1 (1967), 295-323.
3. Hörmander, L., Fourier Integral Operators I, Acta Mathematica, 127 (1971), 79-183.
4. Melin, A., J. Sjöstrand, Fourier integral operators with complex valued phase functions, Springer Lect. Notes in Math. 459, 121-223.
5. Melin, A., J. Sjöstrand, Fourier integral operators with complex phase functions and parametrix for an interior boundary value problem, Comm. in PDE, 1 (1976), 313-400.
6. Piriou, A., Microdistributions de Fourier classiques dans le cadre analytique réel, Ann. Inst. Fourier, 34, 4 (1984), 109-134.
7. Sato, M., T. Kawaî, M. Kashiwara, Microfunctions and pseudodifferential equations, Springer Lect. Notes in Math. 287.
8. Schapira, P., Conditions de positivité dans une variété symplectique complexe, Application à l'étude des microfonctions, Ann. Sc. Ec. Norm. Sup. 4ième série, 14 (1981), 121-139.
9. Sjöstrand, J., Singularités analytiques microlocales, Astérisque 95, 1-66.

A. Piriou
Département de Mathématiques
Faculté de Sciences
Parc Valrose
Av. Valrose
06034 Nice Cedex
France.

L RODINO

Local solvability in Gevrey classes

INTRODUCTION

The Gevrey classes G^s play an important role in the theory of linear partial differential equations as intermediate spaces between the spaces of C^∞ and analytic functions; in particular, whenever the properties of a certain operator differ in the C^∞ and in the analytic category, it is natural to test the behaviour of the operator on the classes G^s and the related wave front sets.

In this order of ideas we shall discuss here the problem of the local solvability. In fact, every equation with analytic coefficients is solvable locally for arbitrary analytic data (under an obvious non-degeneracy condition), whereas there exist equations with analytic coefficients which do not have any solution for suitable C^∞ data; the natural question arises, whether such equations are locally solvable for G^s data.

We want to report in this connection the preliminary remarks of Rodino [23], [24], and add here some new results from the microlocal point of view. Precisely: in Section 1 we begin by giving a short survey of the problem of the local solvability in the C^∞ category. In Section 2 we set our definition of Gevrey local solvability and discuss the case of the operators of principal type. Section 3 is devoted to the study of a model operator. Using the results of Section 3 we give in Section 4 results concerning the Gevrey local solvability of certain operators with multiple characteristics. We shall consider in particular the class of (weakly) hyperbolic operators with constant multiplicity. Geometric invariant generalizations are proposed in Section 5, where we discuss also Gevrey hypoellipticity and propagation of Gevrey singularities (cf. Liess-Rodino [9], [10], [11], Rodino-Zanghirati [25], Rodino [22]).

1. LOCAL SOLVABILITY IN THE C^∞ CATEGORY

Let Ω be an open subset of $\mathbf{R}^n$ and consider the linear partial differential operator of order m

$$P = \sum_{|\alpha| \leq m} c_\alpha(x)\, D^\alpha \tag{1.1}$$

with coefficients $c_\alpha(x) \in C^\infty(\Omega)$; the notations in (1.1) are standard: $\alpha = (\alpha_1, \ldots, \alpha_n) \in \mathbb{Z}_+^n$, $|\alpha| = \alpha_1 + \ldots + \alpha_n$ and $D^\alpha = D_{x_1}^{\alpha_1} \ldots D_{x_n}^{\alpha_n}$ with $D_{x_j} = -i\, \partial_{x_j}$.

<u>DEFINITION 1.1</u>: The operator P is said to be locally solvable at the point $x_0 \in \Omega$ if there exists a neighbourhood $V \subset \Omega$ of x_0, such that the equation $Pu = f$ has at least one solution in V for all $f \in C^\infty(\Omega)$.

We may assume u is a classical solution: $u \in C^m(\Omega)$ with $Pu|_V = f|_V$. More generally, we shall look for a Schwartz distribution, $u \in D'(\Omega)$, solving $Pu = f$ in V.

With a somewhat different meaning of the definition, we may also allow V to depend on the datum f. All the operators of Mathematical Physics, and in particular the Laplace, the wave and heat operators in their non-homogeneous versions, are locally solvable.

However non-locally-solvable operators do exist, of a very simple form. The first example was given by Lewy [8] (1957); he proved that the first order equation

$$D_{x_1} u + i\, D_{x_2} u + i\,(x_1 + ix_2)\, D_{x_3} u = f \tag{1.2}$$

does not have any distribution solution u in any open non-void subset of $\mathbf{R}^3$, for a suitable $f \in C^\infty(\mathbf{R}^3)$. The example of Lewy was generalized by Hörmander [4] (1960), who gave a necessary condition for the local solvability, and followed in the subsequent years by many other examples and results. In particular, Mizohata [14] (1962) considered in $\mathbf{R}^2$

$$Q = D_{x_1} + i\, x_1^h\, D_{x_2}, \tag{1.3}$$

where h is an odd integer. Q can be regarded as a degenerate Cauchy-Riemann operator; in fact, the study of Q for $x_1 \neq 0$ is reduced by a change of variables to the study of the locally solvable operator $D_{x_1} + iD_{x_2}$; however Q is not locally solvable at the points of the x_2-axis.

The example of Mizohata was the starting point for the general theorem of Nirenberg-Trèves [16] (1970), providing a necessary and sufficient condition for the local solvability of the operators of principal type. Let us recall the simple statement.

Assume the coefficients $c_\alpha(x)$ of P in (1.1) are in $A(\Omega)$, the set of all the analytic functions in Ω, and write $p_m(x,\xi)$ for the principal symbol of P:

$$p_m(x,\xi) = \sum_{|\alpha|=m} c_\alpha(x)\, \xi^\alpha .$$

Split $p_m(x,\xi) = \text{Re}\, p_m(x,\xi) + i\, \text{Im}\, p_m(x,\xi)$ and suppose for $\xi \neq 0$

$$d_\xi \text{ Re } p_m(x,\xi) \neq 0 \ \underline{\text{on the characteristic manifold}} \tag{1.4}$$

$$\Sigma = \{p_m(x,\xi) = 0\}$$

(this is, in a somewhat simplified form, the hypothesis "P of principal type"). Consider now the bicharacteristic strips of Re $p_m(x,\xi)$, i.e. the solutions, taking value in the set $\{\text{Re } p_m(x,\xi) = 0\}$, of the Hamilton-Jacobi system

$$\begin{cases} \dot{x}_j = (\text{Re } p_m)_{\xi_j}(x,\xi), \quad j = 1,\ldots,n, \\ \dot{\xi}_j = -(\text{Re } p_m)_{x_j}(x,\xi), \; j = 1,\ldots,n. \end{cases}$$

THEOREM 2.1 (Nirenberg-Trèves): The operator P is locally solvable at every $x_0 \in \Omega$ if and only if the following condition is satisfied:

$$\text{Im } p_m(x,\xi) \ \underline{\text{does not change sign on the bicharacteristic strips of}} \text{ Re } p_m(x,\xi). \tag{1.5}$$

In particular, (1.5) is valid if Im $p_m(x,\xi)$ vanishes identically. For example, the strictly hyperbolic operators are always locally solvable. Also the elliptic operators, for which $\Sigma = \phi$, satisfy obviously (1.5) and are locally solvable.

In the opposite direction, consider the symbol $\xi_1 + i\, x_1^h\, \xi_2$ of the Mizohata operator. Since h is odd, the imaginary part $x_1^h\, \xi_2$ changes sign on the bicharacteristic strips of the real part, which are parallel to the x_1-axis; therefore Q in (1.3) is from Theorem 2.1 not locally solvable. In the same way we may deduce the non-solvability of the Lewy operator in (1.2).

The result of Nirenberg-Trèves cannot be applied to operators with multiple characteristics, defined by

$$d_{x,\xi}\, p_m(x,\xi) = 0 \text{ for } \xi \neq 0, \tag{1.6}$$

somewhere on the characteristic manifold $\Sigma \neq \phi$.

(condition (1.6) is for example verified for all the operators of parabolic type). Several results have been obtained in these last years on the local solvability of the operators with multiple characteristics; however, general necessary and sufficient conditions, comparable to (1.5) for the operators of principal type, are missing.

2. LOCAL SOLVABILITY IN GEVREY CLASSES; OPERATORS OF PRINCIPAL TYPE

To be definite, let us recall that $f \in G^s(\Omega)$, $s \geq 1$, means that $f \in C^\infty(\Omega)$ and for all $\omega \subset\subset \Omega$ we have

$$\sup_{x \in \omega} |D^\alpha f(x)| \leq c^{|\alpha|+1} (\alpha!)^s$$

for a constant c independent of α. In particular then $G^1(\Omega) = A(\Omega)$.

Let now P be as in (1.1), with $c_\alpha(x) \in A(\Omega)$, and set:

DEFINITION 2.1: We say that P is s-locally solvable at x_0 if there exists a neighbourhood $V \subset \Omega$ of x_0, such that the equation $P\,u = f$ has at least one solution in V for all $f \in G^s(\Omega)$.

Also here we may assume u is a classical solution, or more generally we may look for a distribution u such that $Pu|_V = f|_V$. In the case $s > 1$, it will be natural to replace $D'(\Omega)$ with the space of the s-ultradistributions, $G_0^{(s)'}(\Omega)$ dual of $G_0^s(\Omega) = G^s(\Omega) \cap C_0^\infty(\Omega)$, or else $G^{(s)'}(\Omega)$, dual of $G^s(\Omega)$, subset of $G_0^{(s)'}(\Omega)$ of all the distributions with compact support (see Komatsu [7]).

As for the case $s = 1$, if P is non-totally-degenerate at x_0, i.e. one at least of the coefficients $c_\alpha(x)$ with $|\alpha| = m$ does not vanish at x_0, then the equation $Pu = f$ with $f \in A(\Omega)$ has always an analytic solution in a suitable neighbourhood V of x_0. This is an obvious consequence of the Cauchy-Kovalevsky theorem.

Besides, if an operator P is locally solvable, then it is s-locally solvable for all s, $1 \leq s < \infty$, since $G^s(\Omega) \subset C^\infty(\Omega)$ and $D'(\Omega) \subset G_0^{(s)'}(\Omega)$; observe also that t-local solvability implies s-local solvability for $s < t$.

Summing up the problem is the following: consider an operator P (with analytic coefficients and non-totally-degenerate at x_0) which is not locally solvable at x_0, and determine all the real numbers $s > 1$, such that P is s-locally solvable at x_0. The set of such s is an interval I with left-hand endpoint 1.

The case $I = \phi$ is not excluded, of course. In fact the operators of Lewy and Mizohata are not s-locally solvable, for any $s > 1$. The proofs are elementary, at least if we look in Definition 2.1 for classical solutions (cf. Rodino [23], [24]).

More generally, we have:

<u>THEOREM 2.2</u>: Let P satisfy (1.4). The condition of Nirenberg-Trèves (1.5) is necessary (and sufficient) also for the s-local solvability of P, for any s, $1 < s < \infty$.

To prove Theorem 2.2, we first restate Definition 2.1 in a microlocal form. Let us begin by recalling the definition of Gevrey wave front set (cf. Hörmander [5], [6]).

Fix $(x_0, \xi_0) \in \Omega \times (\mathbb{R}^n \setminus 0)$; for $u \in G_0^{(s)'}(\Omega)$ we write $(x_0, \xi_0) \notin WF_s u$ if there exist $\phi \in G_0^s(\Omega)$, with $\phi(x) = 1$ in a neighbourhood of x_0, and positive constants C and δ such that

$$(\phi u)^\wedge(\xi) \leq C \exp(-\delta|\xi|^{1/s})$$

for all ξ in a conic neighbourhood of ξ_0. We recall also that the projection on Ω of the Gevrey wave front set $WF_s u$ is the Gevrey singular support, s-sing supp u, defined as the complement of the largest open subset of Ω where u is of class G^s.

<u>DEFINITION 2.3</u>: We say that P is s-solvable at (x_0, ξ_0) if for all $f \in G^s(\Omega)$ there exist a constant $\varepsilon > 0$ and an ultradistribution $u \in G_0^{(s)'}(\Omega)$ such that

$(x_0,\xi_0) \notin WF_{s-\varepsilon}(f-Pu)$.

If P is s-locally solvable at x_0, then it is s-solvable at (x_0,ξ_0) for all $\xi_0 \neq 0$. So to prove non-solvability at x_0 it will be sufficient to prove, for some $\xi_0 \neq 0$:

$$\text{there exists } f \in G^s(\Omega) \text{ such that for all } u \in G_0^{(s)'}(\Omega) \text{ and every } \varepsilon > 0 \text{ we have } (x_0,\xi_0) \in WF_{s-\varepsilon}(f-Pu). \tag{2.1}$$

Condition (2.1), as well as Definition 2.3, is invariant under conjugation by elliptic Fourier integral operators with analytic phase and amplitude functions. Actually, these operators act on ultradistributions and Gevrey wave front sets in the expected way, i.e. according to the homogeneous canonical transformation generated by their phase function (see for example Taniguchi [26]).

We may then follow the arguments of the C^∞ theory (see for example Hörmander [6], Proposition 26.3.1., Proposition 26.4.4. and the remark after the proof of Corollary 26.4.8) and limit ourselves to prove (2.1) for the Mizohata model.

To be precise, we have to regard Q in (1.3) as an operator in $\mathbf{R}^n$, $n \geq 2$, and we have to check the validity of (2.1) at $x_0 = 0$, $\xi_0 = (\xi_1^0 = 0, \xi_2^0 = 1, \xi_3^0 = 0,\ldots,\xi_n^0 = 0)$. Actually, we may argue on the pseudo differential model

$$Q_1 = D_{x_1} + i\, x_1^h\, |D_{x_2}|, \tag{2.2}$$

which is microlocally equivalent to Q at (x_0,ξ_0). The proof of Theorem 2.2 will be then a consequence of the results of the next section.

3. GEVREY SOLVABILITY FOR A MODEL OPERATOR

Let us consider the model operator in $\mathbf{R}^2$

$$Q_\rho = D_{x_1} + i\, x_1^h\, |D_{x_2}|^\rho, \tag{3.1}$$

where $0 < \rho \leq 1$, h is an odd integer and $|D_{x_2}|^\rho$ is the pseudo differential operator with symbol $|\xi_2|^\rho$. We shall prove that Q_ρ is s-locally solvable if and only if $s \leq 1/\rho$. To be precise, let us fix $x_0 = (0,0)$, $\xi_0 = (0,1)$ and state:

<u>THEOREM 3.1</u>: Assume $s > 1/\rho$. Then there exists $f \in G_0^s(\mathbf{R}^2)$ such that $(x_0,\xi_0) \in WF_{s-\varepsilon}(f-Q_\rho u)$, for all $u \in G^{(s)'}(\mathbf{R}^2)$ and $\varepsilon > 0$.

Theorem 3.1 is also valid if we regard Q_ρ in (3.1) as operator in $\mathbf{R}^n$ with $n \geq 2$. When $\rho = 1$, Q_ρ is the model Q_1 in (2.2). Therefore we have from Theorem 3.1 that (2.1) is satisfied for all $s > 1$, and this concludes the proof of Theorem 2.2. To prove Theorem 3.1, consider the linear map

$$\Pi_\rho\, f(x_1,x_2) = \tag{3.2}$$

$$\iint_{\xi_2>0} \exp[i\omega(x_1,x_2,y_1,y_2,\xi_2)]\xi_2^{\rho/(h+1)} f(y_1,y_2)dy_1dy_2d\xi_2,$$

where

$$\omega(x_1,x_2,y_1,y_2,\xi_2) = \xi_2(x_2-y_2) + i\xi_2^\rho(x_1^{h+1} + y_1^{h+1})/(h+1).$$

We may regard Π_ρ as a Fourier integral operator with non-homogeneous complex phase function ω. The following properties of Π_ρ are easily proved directly on the expression (3.2). Letting first Π_ρ and Q_ρ act on $C_0^\infty(\mathbf{R}^2)$, we obtain

$$\Pi_\rho\, Q_\rho = 0. \tag{3.3}$$

We also have

$$\Pi_\rho : G_0^s(\mathbf{R}^2) \to G^s(\mathbf{R}^2) \ \underline{\text{continuously}}, \text{ for } s > 1/\rho, \tag{3.4}$$

$$\Pi_\rho : G^{(s)'}(\mathbf{R}^2) \to G_0^{(s)'}(\mathbf{R}^2) \ \underline{\text{continuously}}, \ \underline{\text{for}}\ s > 1/\rho. \tag{3.5}$$

Moreover Π_ρ is s-microlocal for $s > 1/\rho$, i.e.

$$\underline{\text{for every}}\ f \in G^{(s)'}(\mathbf{R}^2),\ \underline{\text{with}}\ s > 1/\rho,\ \underline{\text{and all}}\ (x_0,\xi_0) \in \mathbf{R}^2 \times (\mathbf{R}^2\setminus 0),\ (x_0,\xi_0) \notin WF_s f\ \underline{\text{implies}}\ (x_0,\xi_0) \notin WF_s(\Pi_\rho f). \tag{3.6}$$

In particular, the distribution kernel of Π_ρ is of class G^s, $s > 1/\rho$, outside of the diagonal $\Delta \subset \mathbf{R}^2 \times \mathbf{R}^2$. We emphasize that singularities do exist on the diagonal; precisely, the kernel of Π_ρ is not C^∞ at the points $x_1 = y_1 = 0$, $x_2 = y_2$ and, microlocally, $\xi_1 = \eta_1 = 0$, $\xi_2 = -\eta_2$.

Therefore, if we take $f \in G_0^s(\mathbf{R}^2)$, $s > 1/\rho$, such that $(x_0,\xi_0) = (0,0;0,1) \in WF_{s-\varepsilon} f$ for all $\varepsilon > 0$, then it will be $\Pi_\rho f \in G^s(\mathbf{R}^2)$, but "in general" $(x_0,\xi_0) \in WF_{s-\varepsilon}(\Pi_\rho f)$.

Fix such a generic function f in Theorem 3.1 and try to solve microlocally at (x_0,ξ_0)

$$Q_\rho u = f.$$

We claim that for all $u \in G^{(s)'}(\mathbf{R}^2)$ and any small $\varepsilon > 0$ (say $s-\varepsilon > 1/\rho$) we have $(x_0,\xi_0) \in WF_{s-\varepsilon}(f-Q_\rho u)$. Assume the contrary, $(x_0,\xi_0) \notin WF_{s-\varepsilon}(f-Q_\rho u)$ for some u and ε. The property (3.6) would imply $(x_0,\xi_0) \notin WF_{s-\varepsilon}\Pi_\rho (f-Q_\rho u)$, whereas from (3.3) we get $\Pi_\rho(f-Q_\rho u) = \Pi_\rho f$, and we have supposed $(x_0,\xi_0) \in WF_{s-\varepsilon}\Pi_\rho f$. Theorem 3.1 is therefore proved.

We obtain in particular that Q_ρ is never locally solvable in the C^∞ sense (this was essentially contained in the results of Nirenberg-Trèves [16]; see also Trèves [27]).

In the opposite direction we have:

<u>THEOREM 3.2</u>: Assume $1 < s < 1/\rho$. For all $f \in G_0^s(\mathbf{R}^2)$ there exists $u \in G^s(\mathbf{R}^2)$, and for all $f \in G^{(s)'}(\mathbf{R}^2)$ there exists $u \in G_0^{(s)'}(\mathbf{R}^2)$, solutions in $\mathbf{R}^2$ of the equation $Q_\rho u = f$.

To prove Theorem 3.2 consider

$$A_\rho^\pm f(x_1,x_2) =$$

$$(2\pi)^{-2} \int \exp[i(x_1\xi_1+x_2\xi_2) \pm x_1^{h+1}|\xi_2|^\rho/(h+1)]\hat{f}(\xi_1,\xi_2)d\xi_1\, d\xi_2. \quad (3.7)$$

We may regard $A_\rho^\pm$ in (3.7) as pseudo differential operators of infinite order. A general calculus for operators of this type is developed in Zanghirati [28], Cattabriga-Zanghirati [2], Rodino-Zanghirati [25]. Direct estimates on (3.7) are here sufficient to prove that $A_\rho^\pm$ map $G_0^s(\mathbf{R}^2)$ into $G^s(\mathbf{R}^2)$ and $G^{(s)'}(\mathbf{R}^2)$ into $G_0^{(s)'}(\mathbf{R}^2)$ continuously, for $1 < s < 1/\rho$ (moreover the action of A_ρ^+, A_ρ^- and Q_ρ can be extended to suitable subspaces of $G^s(\mathbf{R}^2)$ and $G_0^{(s)'}(\mathbf{R}^2)$, so that the compositions in the sequel are actually defined). From (3.1), (3.7) we obtain readily:

$$A^+_\rho A^-_\rho = \underline{\text{identity}}, \tag{3.8}$$

$$Q_\rho A^+_\rho = A^+_\rho D_{x_1}. \tag{3.9}$$

The solution of $Q_\rho u = f$, $f \in G^s_0(\mathbf{R}^2)$ or $f \in G^{(s)'}(\mathbf{R}^2)$, is then obtained by considering

$$\tilde{f}(x_1,x_2) = i \int_0^{x_1} A^-_\rho f(y_1,x_2)dy_1,$$

and by defining $u = A^+_\rho \tilde{f}$. Theorem 3.2. is therefore proved.

We remark that $A^\pm_\rho$ are s-microlocal for $1 < s < 1/\rho$; this means that for such values of s the studies of the G^s-singularities of the solutions of the equations $Q_\rho u = f$ and $D_{x_1} u = f$ are perfectly equivalent.

As for the case $s = 1/\rho$, we observe that the equation $Q_\rho u = f$ with $f \in G^{1/\rho}(\mathbf{R}^2)$ always has a solution u of class $G^{1/\rho}$ in a sufficiently small neighbourhood V of any fixed point x_0. This is a consequence of a well known Gevrey-version of the Cauchy-Kovalevsky theorem (cf. Ohya [17]).

To complete the study of Q_ρ, we observe that if the integer h in (3.1) is even, then Q_ρ is s-locally solvable for any s, $1 < s < \infty$. Actually, we may find global solutions u of $Q_\rho u = f \in G^s_0(\mathbf{R}^2)$ in the same class $G^s(\mathbf{R}^2)$.

Such a solvability result is also valid for

$$Q^*_\rho = -(D_{x_1} - i x_1^h |D_{x_2}|^\rho), \tag{3.10}$$

where h is any positive integer. In fact, for these operators we may construct in the C^∞ category a right parametrix (see for example Parenti-Rodino [18]), which acts in the proper way on Gevrey classes and provides Gevrey solvability as well.

4. GEVREY SOLVABILITY FOR OPERATORS WITH MULTIPLE CHARACTERISTICS

We want to consider some operators with multiple characteristics, whose non-local solvability in C^∞ is known, and test their local solvability in Gevrey classes.

First, let us fix attention on the example of Grušin [3] in $\mathbf{R}^2$:

$$P_\lambda = D^2_{x_1} + x_1^2 D^2_{x_2} + \lambda D_{x_2}, \tag{4.1}$$

which is not locally solvable in C^∞ if

$$\lambda = \pm 1, \pm 3, \pm 5, \ldots . \tag{4.2}$$

<u>THEOREM 4.1</u>: If λ takes the values (4.2), then P_λ is not s-locally solvable, for all s, $1 < s < \infty$.

To prove Theorem 4.1 we shall apply the classical method of <u>concatenations</u> (the same method was already used to prove non-solvability in the C^∞ framework by Trèves [27]).

It will be actually sufficient to show that P is not s-solvable at ($x_0 = 0$, ξ_0) for some $\xi_0 \neq 0$. Let us begin by proving that (2.1) is satisfied in $(x_0, \xi_0) = (0,0; 0,1)$ when $\lambda = -1, -3, -5, \ldots$. In fact we may write

$$P_{-1} = (D_{x_1} + ix_1 D_{x_2})(D_{x_1} - ix_1 D_{x_2}), \tag{4.3}$$

where we recognize as left factor the Mizohata operator (with h = 1 in (1.3)). Since (2.1) is valid for the Mizohata operator, it is then valid also for P_{-1}, with the same choice of the datum $f \in G^s(\mathbb{R}^2)$. Consider now P_{-3}; we may write

$$(D_{x_1} - i\, x_1 D_{x_2})\, P_{-3} = (D_{x_1} + i\, x_1 D_{x_2})\, \tilde{P}, \tag{4.4}$$

where $\tilde{P}$ is some second order operator. The first factor on the left is microlocally equivalent to the operator $-Q_1^*$ (we set $\rho = 1$ and h = 1 in (3.10)); as already observed, this factor is s-solvable at (x_0, ξ_0), with solutions u of class G^s. Moreover, the product in the right-hand side of (4.4) is non-solvable, since the Mizohata operator appears as a left factor there. Therefore P_{-3} is actually non-s-solvable; otherwise the product in the left-hand side would be s-solvable. A similar proceeding gives the non-solvability of P_{-5}, etc... In the same way we prove that (2.1) is not satisfied in $(x_0, \xi_0) = (0,0; 0,-1)$ when $\lambda = 1,3,5, \ldots$.

Until now we have considered partial differential operators P for which the interval I = {s > 1, P <u>is</u> s-<u>locally solvable</u>} is empty.

As suggested by the study of the pseudo differential model (3.1), there exist also unsolvable partial differential operators for which $I \neq \phi$. Consider first the example in $\mathbf{R}^2$

$$L = (D^2_{x_1} + x_1^2 D_{x_2})^2 - D_{x_2}, \tag{4.5}$$

which we may read as a hyperbolic operator with characteristics of multiplicity 4.

<u>THEOREM 4.3</u>: L in (4.5) is s-locally solvable if and only if $s \in I =]1,2]$. In fact, the Cauchy problem

$$\begin{cases} L\,u = f, \\ D^j_{x_1}\, u|_{x_1 = x_1^o} = g_j, \quad j = 0,1,2,3, \end{cases} \tag{4.6}$$

is well posed for G^s data with $s \in I$. This follows from known results on the hyperbolic operators with constant multiplicity; see for example Ohya [17], Bronstein [1] and the former works of Pucci [19], [20]. In particular L is s-locally solvable at any $x_0 = (x_1^o, x_2^o)$ for $s \in I$ (we remark however that for $s = 2$ the neighbourhood V of x_0 in Definition 2.1 may depend on f).

On the other hand we may factorize:

$$(D^2_{x_1} + x_1^2 |D_{x_2}|)^2 - |D_{x_2}| = \tag{4.7}$$

$$(D_{x_1} + i\, x_1 |D_{x_2}|^{1/2})\,(D_{x_1} - i\, x_1 |D_{x_2}|^{1/2})^2\,(D_{x_1} + i\, x_1 |D_{x_2}|^{1/2}).$$

Observe that the operator in the left-hand side of (4.7) is microlocally equivalent to L in (4.5) at the point $(x_0, \xi_0) = (0,0;0,1)$. Moreover, the left factor in (4.7) is the operator $Q_{1/2}$ from (3.1) with $h = 1$, which is not s-solvable at (x_0, ξ_0) for $s > 2$ in view of Theorem 3.1. It follows that L is not s-solvable at (x_0, ξ_0) for $s > 2$. Theorem 4.2 is therefore proved.

Let us now consider the more general model in $\mathbf{R}^2$

$$P = D^m_{x_1} + \sum_{j=1}^{m} A_j\, D^{m-j}_{x_1}, \tag{4.8}$$

where A_j, $j = 1,\ldots,m$, are linear differential operators with analytic coefficients, or analytic pseudo differential operators, satisfying for a fixed constant ρ, $0 < \rho < 1$:

$$\underline{\text{order}}\ A_j \leqq \rho j, \quad j = 1,\ldots,m. \tag{4.9}$$

The operator L in (4.5), as well as the model (3.1), is of the form (4.8). By applying the above mentioned results on the Cauchy problem for hyperbolic operators with constant multiplicity (see also Taniguchi [26], Mizohata [15], Cattabriga-Zanghirati [2] for the pseudo differential case), we have immediately that P _in_ (4.8) _is always_ s-_locally solvable_ _for_ $1 < s \leqq 1/\rho$. Let us further assume in (4.8)

$$A_j = \sum_{k=0}^{j} c_{jk}\, x_1^k |D_{x_2}|^{\rho(j+k)/2}, \tag{4.10}$$

for some constant $c_{jk} \in \mathbb{C}$. All the operators (4.8), (4.10) which can be written in the particular form

$$R = \sum_{j=0}^{M} \lambda_j (D_{x_1} - i\, x_1 |D_{x_2}|^{\rho})^{M-j}\ |D_{x_2}|^{\rho j/2}, \tag{4.11}$$

with $\lambda_j \in \mathbb{C}$, $\lambda_M \neq 0$, are s-locally solvable for $s > 1/\rho$; in fact their C^∞ local solvability is known and the remark at the end of Section 3 holds. In the opposite direction: the following proposition is a source of examples of operators P of the form (4.8), (4.10) which are non-s-locally-solvable for $s > 1/\rho$.

PROPOSITION 4.3: Suppose P is of the form (4.8), (4.10). Assume there exists R of the type (4.11) such that

$$RP = (D_{x_1} + i\, x_1\, |D_{x_2}|^{\rho})\, \tilde{P}, \tag{4.12}$$

where $\tilde{P}$ is some operator of the same form (4.8), (4.10). Then P is not s-locally solvable for $s > 1/\rho$.

In fact, P is "concatenated" by R to the unsolvable operator $D_{x_1} + ix_1|D_{x_2}|^{\rho}$, so we may argue as in (4.4) and prove non-solvability for P too. We refer to

Rodino [21], Mascarello [12], Mascarello-Rodino [13] for a general discussion of the operators P satisfying (4.12) for a suitable R (it is easy to translate (4.12) into algebraic conditions on the coefficients c_{jk} in (4.10)), and limit ourselves here to the following examples.

First, arguing as in the proof of Theorem 4.1 we obtain that

$$D_{x_1}^2 + x_1^2|D_{x_2}|^{2\rho} + \lambda|D_{x_2}|^\rho \tag{4.13}$$

is not s-locally solvable for $s > 1/\rho$ if (4.2) holds. Consider then the operator with triple characteristics:

$$(D_{x_1} + i\, x_1|D_{x_2}|^\rho)\,(D_{x_1} - i\, x_1|D_{x_2}|^\rho)^2 \tag{4.14}$$

$$+ [2\mu(D_{x_1} - i\, x_1\, |D_{x_2}|^\rho) + \nu(D_{x_1} + i\, x_1|D_{x_2}|^\rho)]|D_{x_2}|^\rho,$$

with $\mu, \nu \in \mathbb{C}$. The assumption in Proposition 4.3 is satisfied, and the operator in (4.14) is not s-locally solvable for $s > 1/\rho$, if

$\mu = 0, 2, 4, \ldots$, <u>or else</u>: (4.15)

$\mu = 1, 3, 5, \ldots$ <u>and</u> $\nu = 0$

(cf. Rodino [21], Remark 4.2).

We finally consider the operator

$$\sum_{j=0}^{N} \sigma_j(D_{x_1} + i\, x_1|D_{x_2}|^\rho)^{N-j}(D_{x_1} - i\, x_1|D_{x_2}|^\rho)^{N-j}|D_{x_2}|^{\rho j}, \tag{4.16}$$

with $\sigma_j \in \mathbb{C}$. The assumption in Proposition 4.3 is satisfied, and the operator in (4.16) is not s-locally solvable for $s > 1/\rho$, if

<u>the algebraic equation</u> (4.17)

$$\sigma_N + \sum_{j=1}^{N} (-i)^j\, \sigma_{N-j}\; z(z-1)\ldots(z-j+1) = 0$$

<u>has at least one integer root</u>, $z = 0,1,2,\ldots$

(cf. Mascarello [12], Section 4). The operator in (4.7), for example, is of the form (4.16).

5. A GEOMETRIC-INVARIANT CLASS OF OPERATORS WITH DOUBLE CHARACTERISTICS

We want to discuss in detail the Gevrey properties of a geometric-invariant class of operators with double characteristics.

Precisely, we consider the analytic pseudo differential operators $P = p(x,D)$, with symbol

$$p(x,\xi) \sim \sum_{j=0}^{\infty} p_{m-j}(x,\xi)$$

defined in a conic neighbourhood Γ of a point (x_0,ξ_0), satisfying there

<u>we may write</u> $p_m(x,\xi) = q_{m-2}(x,\xi)\, a_1(x,\xi)^2$, <u>where</u> $q_{m-2}(x,\xi)$ <u>is an elliptic symbol homogeneous of order</u> $m-2$ <u>and the first order symbol</u> $a_1(x,\xi)$ <u>is real valued</u>; $d_{x,\xi}\, a_1(x,\xi)$ <u>never vanishes and it is not parallel to</u> $\sum_h \xi_h\, dx_h$ <u>on the characteristic manifold</u> $\Sigma = \{a_1(x,\xi) = 0\} \neq \phi$. (5.1)

Basing on the characterisitc manifold Σ, which is smooth of codimension one and transverse to the fibres x = const., we may equivalently express (5.1) by writing that

$$C^{-1}\, d_\Sigma(x,\xi)^2 \leq |p_m(x,\xi)|/\ |\xi|^m \leq C\, d_\Sigma(x,\xi)^2 \tag{5.2}$$

for a suitable constant C and for all $(x,\xi) \in \Gamma$, $|\xi| \geq 1$ ($d_\Sigma(x,\xi)$ is the distance from $(x,\xi/|\xi|)$ to Σ). We shall begin by giving a result of propagation of singularities and microsolvability in the classes G^s, $1 < s < 2$ (for the proof we refer to Rodino-Zanghirati [25]).

It will be convenient here to refer to the space of microfunctions $M^s(\Gamma)$, defined as factor space

$$M^{(s)}(\Gamma) = G^{(s)'}\ (\mathbf{R}^n)/\sim ,$$

where $f \sim g$ means that $\Gamma \cap WF_s(f-g) = \phi$.

Consider first the Hamiltonian vector associated with $a_1(x,\xi)$ in (5.1), $H_{a_1} = \sum \left(\frac{\partial a_1}{\partial \xi_h}\frac{\partial}{\partial x_h} - \frac{\partial a_1}{\partial x_h}\frac{\partial}{\partial \xi_h}\right)$. The related curves on the characteristic manifold Σ will be called the bicharacteristic strips of P; their definition is independent of the choice of a_1 in (5.1). Let us assume $(x_0,\xi_0) \in \Sigma$ and write γ_0 for the restriction to Γ of the bicharacteristic strip through (x_0,ξ_0).

THEOREM 5.1: Taking Γ sufficiently small, we have for $1 < s < 2$:

(i) There exists $u \in M^s(\Gamma)$ with $Pu = 0$ and $WF_s u = \gamma_0$.

(ii) If u is in $M^s(\Gamma)$ with $Pu = 0$, then $(x_0,\xi_0) \in WF_s u$ implies $\gamma_0 \subset WF_s u$.

(iii) For every $v \in M^s(\Gamma)$ there exists $u \in M^s(\Gamma)$ such that $Pu = v$ (and P is also s-solvable at (x_0,ξ_0) in the sense of Definition 2.3).

The conclusions of Theorem 5.1 fail in general for $s \geqq 2$, and the study of the corresponding G^s properties requires then a further analysis of the lower order terms.

Multiplying by an elliptic factor, we may assume without loss of generality

$$p_m(x,\xi) \geqq 0 \text{ in a conic neighbourhood of } (x_0,\xi_0). \tag{5.3}$$

Consider for $(x,\xi) \in \Sigma$ the subprincipal symbol

$$p'_{m-1}(x,\xi) = p_{m-1}(x,\xi) + \frac{i}{2} \sum_j \partial^2 p_m(x,\xi)/\partial x_j \, \partial\xi_j.$$

From results of Liess-Rodino [9], [10] we have:

THEOREM 5.2: Assume $s \geqq 2$ and

$$p'_{m-1}(x_0,\xi_0) \notin \mathbf{R}_- \cup \{0\}. \tag{5.4}$$

Then (iii) in Theorem 5.1 is satisfied in a sufficiently small neighbourhood Γ of (x_0,ξ_0); moreover P is s-hypoelliptic, i.e.:

$$WF_s\, Pu = WF_s\, u \text{ for all } u \in M^s(\Gamma).$$

Suppose now (5.4) is not valid, and in particular

$$p'_{m-1}(x_0,\xi_0) < 0. \tag{5.5}$$

THEOREM 5.3: Let (5.3), (5.5) be satisfied, and assume $p'_{m-1}(x,\xi)$ is real valued for $(x,\xi) \in \Sigma$ in a conic neighbourhood of (x_0,ξ_0). Then the conclusions of Theorem 5.1 hold for $2 \leqq s < \infty$.

Finally, we suppose (5.5) is valid but we allow $p'_{m-1}(x,\xi)$ to take complex values in a conic neighbourhood of (x_0,ξ_0).

THEOREM 5.4: Let (5.3), (5.5) be satisfied. Write as before γ_0 for the bicharacteristic strip through (x_0,ξ_0) and assume

$$\text{Im } p'_{m-1}(x,\xi) \ \underline{\text{changes sign on}}\ \gamma_0 \text{ at } (x_0,\xi_0). \tag{5.6}$$

Then for all s, $2 < s < \infty$, there exists $v \in M^s(\Gamma)$ such that $(x_0,\xi_0) \in WF_s(v-Pu)$ for all $u \in M^s(\Gamma)$.

Under the assumptions of Theorem 5.4, P is also non-s-solvable at (x_0,ξ_0) in the sense of the preceding Sections, i.e.:

<u>for all</u> s, $2 < s < \infty$, <u>there exists</u> $f \in G_0^s(\mathbb{R}^n)$ <u>such that</u>, (5.7)

<u>for all</u> $u \in G_0^{(s)'}(\mathbb{R}^n)$ <u>and every</u> $\varepsilon > 0$, <u>we have</u>

$(x_0,\xi_0) \in WF_{s-\varepsilon}(f-Pu)$ (<u>where we regard</u> f <u>and</u> u <u>as</u> <u>microfunctions in</u> $M^{s-\varepsilon}(\Gamma)$).

A complete proof of Theorems 5.3, 5.4 will be given in future papers. We observe here that the operators considered in this Section are, after conjugation by classical Fourier integral operators and multiplication by elliptic factors, of the previous form (4.8) with $m = 2$ and $\rho = \frac{1}{2}$. More precisely, we may limit ourselves to arguing on

$$P = D_{x_1}^2 + A_1, \tag{5.8}$$

where A_1 is an analytic pseudo differential operator of order 1. Theorem 5.3 becomes then an easy consequence of the results of Liess-Rodino [11].

Using again Liees-Rodino [11], the study of P in (5.8) can be further reduced, under the assumptions of Theorem 5.4, to the analysis of the model operator in (3.1), with $\rho = 1/2$; Theorem 5.4 then follows from Theorem 3.1.

REFERENCES

1. M.D. Bronstein, The Cauchy problem for hyperbolic operators with characteristics of variable multiplicity, Trudy Moskov Matem, Obsc., 41 (1980), 83-99; Trans. Moscow Math. Soc., 41 (1980), 87-103.
2. L. Cattabriga and L. Zanghirati, Fourier integral operators of infinite order and Gevrey spaces. Applications to the Cauchy problem for hyperbolic operators, Proceedings NATO ASI "Advances in microlocal analysis" 1985, to appear.
3. V.V. Grušin, On a class of elliptic pseudo differential operators degenerate on a submanifold, Mat. Sb., 84 (1971), 163-195; Math. USSR Sb., 13 (1971), 155-185.
4. L. Hörmander, Differential equations without solutions, Math. Ann., 140 (1960), 169-173.
5. L. Hörmander, Uniqueness theorems and wave front sets for solutions of linear differential equations with analytic coefficients, Comm. Pure Appl. Math., 24 (1971), 671-704.
6. L. Hörmander, The analysis of linear partial differential operators, I, II, III, IV, Springer-Verlag, Berlin 1983-85.
7. H. Komatsu, Ultradistributions, I: Structure theorems and a characterization: II: The kernel theorem and ultradistributions with support in a submanifold; III: Vector valued ultradistributions and the theory of kernels; J. Fac. Sci. Univ. Tokyo, Sect. I A, 20 (1973), 25-105; 24 (1977), 607-628; 29 (1982), 653-717.
8. H. Lewy, An example of a smooth linear partial differential equation without solution, Ann. of Math., 66 (1957), 155-158.
9. O. Liess and L. Rodino, A general class of Gevrey type pseudo differential operators, Journées Equations aux derivées partielles, Saint-Jean-de-Monts 1983, conf. n. 6.
10. O. Liess and L. Rodino, Inhomogeneous Gevrey classes and related pseudo differential operators, Boll. Un. Mat. It., Ser. VI, 3-C (1984), 233-323.
11. O. Liess and L. Rodino, Fourier integral operators and inhomogeneous Gevrey classes, preprint.

12. M. Mascarello, Sulla risolubilità locale di alcuni operatori pseudo differenziali con caratteristiche multiple, Rend. Sem. Mat. Univers. Politecn. Torino, 35, 1976-77 (1978), 417-424.

13. M. Mascarello and L. Rodino, A class of pseudo differential operators with multiple non-involutive characteristics, Ann. Scuola Norm. Sup. Pisa, ser. IV, 8 (1981), 575-603.

14. S. Mizohata, Solutions nulles et solutions non analytiques, J. Math. Kyoto Univ., 1 (1962), 271-302.

15. S. Mizohata, Propagation de la régularité au sens de Gevrey pour les opérateurs différentiels à multiplicité constante, Séminaire sur les équations aux dérivées partielles hyperboliques et holomorphes, 1982-83, J. Vaillant, Université de Paris VI (1983), 106-133.

16. L. Nirenberg and F. Trèves, On local solvability of linear partial differential equations, I: Necessary conditions; II: Sufficient conditions, Comm. Pure Appl. Math., 23 (1970), 1-38 and 459-509.

17. Y. Ohya, Le problème de Cauchy pour les équations hyperboliques à caracteristique multiple, J. Math. Soc. Japan, 16 (1964), 268-286.

18. C. Parenti and L. Rodino, Parametrices for a class of pseudo differential operators, Ann. Mat. Pura Appl., 125 (1980), 221-278.

19. C. Pucci, Teoremi di esistenza ed unicità per il problema di Cauchy nella teoria delle equazioni lineari a derivate parziali, Atti Accad. Naz. Lincei Rend. Cl. Sci. Fis. Mat. Natur., 13 (1952), 18-23 and 111-116.

20. C. Pucci, Nuove ricerche sul problema di Cauchy, Mem. Accad. Sci. Torino, Parte I, Ser. III, 1 (1954), 45-67.

21. L. Rodino, Nonsolvability of a higher order degenerate elliptic pseudo differential equation, Amer. J. Math., 102 (1980), 1-12.

22. L. Rodino, Pseudo differential operators with multiple characteristics and Gevrey classes, Banach Center Pub., 19; to appear.

23. L. Rodino, Risolubilità locale per equazioni a derivate parziali lineari, Seminario Analisi Mat., Univ. Bologna 1984-85; to appear.

24. L. Rodino, Risolubilità locale in spazi di Gevrey, Proceedings Meeting "Metodi di Analisi Reale nelle Equazioni a Derivate Parziali", Cagliari 1985; to appear.

25. L. Rodino and L. Zanghirati, Pseudo differential operators with multiple characteristics and Gevrey singularities, Comm. Partial Differential Equations, 11 (1986), 673-711.

26. K. Taniguchi, Fourier integral operators in Gevrey class on $\mathbb{R}^n$ and the fundamental solution for a hyperbolic operator, Publ. RIMS, Kyoto Univ., 20 (1984), 491-542.

27. F. Trèves, Concatenations of second-order evolution equations applied to local solvability and hypoellipticity, Comm. Pure Appl. Math., 26 (1973), 201-250.

28. L. Zanghirati, Pseudodifferential operators of infinite order and Gevrey classes, Università di Ferrara, Istituto Matematico, Preprint n. 68 (1984).

L. Rodino
Dipartimento di Matematica
Università di Torino
Via Carlo Alberto 10
I-10123 Torino
Italy.

P SCHAPIRA & G ZAMPIERI

Regularity at the boundary for systems of microdifferential equations

ABSTRACT: Let M be a real analytic manifold, X a complexification of M, Ω an open subset of M. Using the sheaf $C_{\Omega|M}$ and the analytic wave front set at the boundary SS^2_Ω introduced in [14], we define the notion of Ω-regularity of a system $\mathcal{M}$ of micro-differential equations, and give two criteria of Ω-regularity extending the previous results of [12]. Let us mention [2], [8], [9], [11] among other papers in this subject.

1. REVIEW ON MICROLOCALIZATION (cf. [7])

Let X be a real manifold, π: $T^*X \to X$ its cotangent bundle, ω_X the orientation sheaf on X. If M is a submanifold of X, we denote by T^*_MX the conormal bundle to M in X, and by $\omega_{M/X}$ the relative orientation sheaf. We also put $\dot{T}^*X = T^*X \setminus T^*_XX$, ($T^*_XX$ denoting the zero section), and $\dot{\pi} = \pi|_{\dot{T}^*X}$. We denote by $D^+(X)$ (resp. $D^b(X)$) the full subcategory of the derived category of sheaves of abelian groups consisting of complexes with cohomology bounded from below (resp. bounded). If A is a locally closed subset of X one denotes by $\mathbb{Z}_A$ the sheaf on X whose stalk is zero in $X \setminus A$ and whose restriction to A is the constant sheaf with stalk $\mathbb{Z}$. If $F \in Ob(D^+(X))$, one sets $F_A = \mathbb{Z}_A \otimes F$, and

$$\mu_A(F) = \mu\hom(\mathbb{Z}_A, F), \tag{1.1}$$

where $\mu\hom(\cdot,\cdot)$ is the bifunctor from $D^b(X)^o \times D^+(X)$ to $D^+(T^*X)$ defined in [7]. Recall that $\mu_A(F)|_X \simeq R\Gamma_A(F)$, (by identifying X as the zero section of T^*X), and that for a closed submanifold M of X, $\mu_M(F)$ coincides with Sato's microlocalization of F along M (cf. [7]).

The microsupport of an object F of $D^+(X)$ is a closed conic involutive subset of T^*X denoted by SS(F). In the calculation of SS(F) the notion of "normal cone" plays an important role. Let us recall its definition (cf. [6]). For S, V subsets of X, C(S,V) is the closed cone of the tangent space TX defined in a local chart at $x \in X$ by:

$$\theta \in C_x(S, V) \Longleftrightarrow \text{there is a sequence } (c_n, s_n, v_n) \in \tag{1.2}$$

$$\mathbb{R}^+ \times S \times V \text{ such that } s_n \to x,\ v_n \to x,\ c_n(s_n - v_n) \to \theta.$$

If S is a subset of X one also defines:

$$N(S) = TX \setminus C(X \setminus S, S), \tag{1.3}$$

$$N^*(S) = N(S)^o, \text{ the polar set to } N(S) \text{ in } T^*X.$$

EXAMPLE 1.1: Let A be a closed convex subset of an affine space X. Then for coordinates (x,ξ) in T^*X we have:

$$(x_o;\xi_o) \in SS\,(Z_A) \Longleftrightarrow x_o \in A \text{ and } A \subset \{x;\ \langle x-x_o;\xi_o\rangle \geq 0\}.$$

Moroever if A is the closure of its interior then $SS(Z_A) = A \underset{X}{\times} N^*(A)$.

§2. REVIEW ON SS^2_Ω (cf. [14])

Let M be a real analytic manifold of dimension n, X a complexification of M, A a locally closed subset of M. One defines:

$$C_{A|X} = \mu_A(\mathcal{O}_X) \otimes \omega_M[n], \tag{2.1}$$

$$C_{A|M} = (C_{A|X})_{T^*_M X}\ .$$

Remark that $C_{M|X} = C_{M|M} = C_M$ is the sheaf of Sato's microfunctions [10]. If A is closed and locally diffeomorphic to a convex set, one proves (cf. [5], [10]) that $C_{A|X}$ is concentrated in degree 0, and moreover (cf. [14] that the morphism $C_{A|M} \to C_M$ is injective. Therefore if one sets $\Omega = M \setminus A$, one obtains in this case:

$$C_{\Omega|M} \text{ is concentrated in degree 0.} \tag{2.2}$$

If A = N is a submanifold, $C_{N|X}$ coincides up to a factor $\omega_{N/M}$ with the sheaf defined in [10]. If N is an analytic hypersurface, $\bar{M}^+$ a closed half space with boundary N, the sheaf $C_{\bar{M}^+|X}$ has been introduced by a different method by Kataoka [8].

Let $\mathcal{B}_M = C_{M|X}$ be the sheaf of Sato's hyperfunctions. Let $j : \Omega \to X$, $\tilde{j} : \pi^{-1}(\Omega) \to T^*X$ be the natural embeddings, and $\pi_M : T^*_MX \to X$ the projection. We have a commutative diagram in T^*_MX:

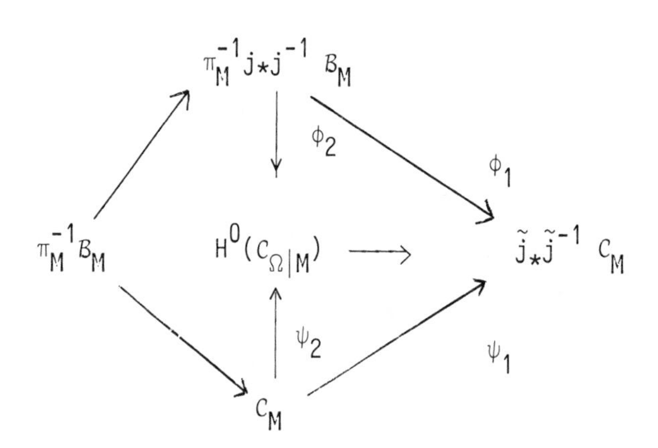

DEFINITION 2.1 (cf. [14]): i) For $u \in \mathcal{B}_M(\Omega)$ one denotes by $SS^2_\Omega(u)$ the support of $\phi_2(u) \in \Gamma(T^*_MX, H^0(C_{\Omega|M}))$, and by $SS^1_\Omega(u)$ the support of $\phi_1(u) \in \Gamma(T^*_MX, \tilde{j}_*\tilde{j}^{-1}(C_M))$.

ii) For $U \subset T^*_MX$ open, and for $u \in C_M(U)$, one denotes by $SS^2_\Omega(u)$ the support of $\psi_2(u) \in \Gamma(U, H^0(C_{\Omega|M}))$, and by $SS^1_\Omega(u)$ the support of $\psi_1(u) \in \Gamma(U, \tilde{j}_*\tilde{j}^{-1}C_M)$. Remark that

$$SS^1_\Omega(u) \subset SS^2_\Omega(u), \tag{2.3}$$

and that $SS^1(u)$ coincides with the closure of the analytic wave front set of u above Ω.

EXAMPLE 2.2: Let $M = \mathbb{R}$, $\Omega = \mathbb{R}^+$, and let f be a holomorphic function in a neighbourhood of $\mathbb{R}^+$ in $\mathbb{C}$. Then $SS^1_\Omega(f|_{\mathbb{R}^+})$ is contained in the zero section, but the same result holds for $SS^2_\Omega(f|_{\mathbb{R}^+})$ if and only if f extends holomorphically in some angular sector of $\mathbb{C}$ containing $\mathbb{R}^+$, in a neighbourhood of 0. The microsupport $SS^2_\Omega(u)$ plays an important role in the study of boundary value problems. In particular if N is a submanifold of M, Ω a tuboid along N, u a solution of a system $\mathcal{M}$ of differential equations for which N is non-characteristic, then the analytic wave front set of the traces of u on N will be "controlled" by $SS^2_\Omega(u)$. We refer to [14] for a more precise statement.

§3. Ω-REGULARITY

Let M be a real analytic manifold and X a complexification of M. We denote as usual by $\mathcal{E}_X$ the sheaf on T*X of microdifferential operators of finite order (cf. [10], or cf. [13] for an introduction to this subject). Let $\mathcal{M}$ be a coherent $\mathcal{E}_X$-module (on some open subset $U \subset T^*X$). We denote by char $\mathcal{M}$ its characteristics variety, i.e. its support. Let Ω be an open subset of M, and let $j : \Omega \to X$, $\tilde{j} : \pi^{-1}(\Omega) \to T^*X$ be the natural mappings. The natural morphism $C_{\Omega|X} \to \tilde{j}_*\tilde{j}^{-1}C_M$ defines the morphism:

$$H^0(R\mathcal{H}om_{\mathcal{E}_X}(\mathcal{M}, C_{\Omega|X})) \longrightarrow \mathcal{H}om_{\mathcal{E}_X}(\mathcal{M}, \tilde{j}_*\tilde{j}^{-1} C_M). \tag{3.1}$$

DEFINITION 3.1: We shall say that $\mathcal{M}$ is Ω-regular at $p \in T^*_MX$ iff the morphism (3.1) is injective at p.

Remark that if (3.1) is injective, then the natural map:

$$H^0(R\mathcal{H}om_{\mathcal{E}_X}(\mathcal{M}, C_{\Omega|X})) \longrightarrow \mathcal{H}om_{\mathcal{E}_X}(\mathcal{M}, H^0(C_{\Omega|X})), \tag{3.2}$$

will also be injective.

This notion of Ω-regularity extends those of [8] and [11]. Let us also mention that Ω-regularity is invariant under quantized contact transformations at least when $\partial\Omega$ is an analytic hypersurface, Ω locally on one side of (cf. [8]). Assume that $C_{\Omega|M}$ is concentrated in degree 0; then (3.2) is an isomorphism on T^*_MX. In such a case if $u \in \mathcal{H}om_{\mathcal{E}_X}(\mathcal{M}, j_*j^{-1}\mathcal{B}_M)$ for a differential system $\mathcal{M}$, then one gets, under the assumption that $\mathcal{M}$ is Ω-regular at p:

$$p \in SS^1_\Omega(u) \quad \text{iff} \quad p \in SS^2_\Omega(u). \tag{3.3}$$

The embedding $M \underset{X}{\times} T^*X \longrightarrow T^*X$ defines the maps:

$$T^*(M \underset{X}{\times} T^*X) \underset{\rho}{\longleftarrow} M \underset{X}{\times} T^*T^*X \underset{\varpi}{\longrightarrow} T^*T^*X. \tag{3.4}$$

The projection $M \underset{X}{\times} T^*X \to M$ defines the embedding:

$$T^*X \underset{X}{\times} T^*M \longrightarrow T^*(M \underset{X}{\times} T^*X). \tag{3.5}$$

Therefore for $Z \subset M$ and $p \in T^*_M X$, with $\pi(p) = x$, the subset $N^*_x(Z)$ of $T^*_x M$ is also identified to a subset of $T^*_p(M \underset{X}{\times} T^*X)$. We also identify T^*T^*X to TT^*X by means of $-H$, H being the Hamiltonian isomorphism.

THEOREM 3.2: Let Ω be an open subset of M, and $\mathcal{M}$ a coherent $\mathcal{E}_X$-module in a neighbourhood of p, with $p \in T^*_M X$. Set $Z = M \setminus \Omega$, $\pi(p) = x$, and assume

$$N^*_x(Z) \neq T^*_x M, \tag{3.6}$$

$$-H(\theta) \notin C_p(\text{char } \mathcal{M}, \text{SS } \mathbb{Z}_\Omega) \ \forall \theta \in T^*_p T^*X \text{ with } \rho(\theta) \in N^*_x(Z) \setminus \{0\}. \tag{3.7}$$

Then $\mathcal{M}$ is Ω-regular at p.

PROOF: Using the techniques of [7] ch. 10, one easily proves that:

$$\text{SS } (R\mathcal{H}om_{\mathcal{E}_X}(\mathcal{M}, \mathcal{C}_{\Omega|X})) \subset C(\text{char } \mathcal{M}, \text{SS } \mathbb{Z}_\Omega). \tag{3.8}$$

For this purpose one uses the formula:

$$\text{SS } \mu hom\ (F,G) \subset C(\text{SS } G, \text{SS } F), \tag{3.9}$$

(which follows from [7] Theorem 5.2.1, and Proposition 4.2.2), and takes $F = \mathbb{Z}_\Omega$.

Set $\mathcal{H} = R\mathcal{H}om_{\mathcal{E}_X}(\mathcal{M}, \mathcal{C}_{\Omega|X})$; applying Corollary 4.3.3 of [7] to $\mathcal{H}|_{M \underset{X}{\times} T^*X}$, we get $R\Gamma_{\pi^{-1}(Z) \cap (M \underset{X}{\times} T^*X)}(\mathcal{H}|_{M \underset{X}{\times} T^*X}) = 0$ and thus also $R\Gamma_{\pi^{-1}(Z)}(\mathcal{H}) = 0$ as $\text{supp } \mathcal{H} \subset M \underset{X}{\times} T^*X$. This is equivalent to:

$$R\mathcal{H}om_{\mathcal{E}_X}(\mathcal{M}, \mathcal{C}_{\Omega|X}) \cong R\mathcal{H}om_{\mathcal{E}_X}(\mathcal{M}, \tilde{j}_* \tilde{j}^{-1} \mathcal{C}_M), \tag{3.10}$$

if only one recalls the distinguished triangle:

$$R\mathcal{H}om_{\mathcal{E}_X}(\mathcal{M}, R\Gamma_{\pi^{-1}(Z)} \mathcal{C}_{\Omega|X}) \to R\mathcal{H}om_{\mathcal{E}_X}(\mathcal{M}, \mathcal{C}_{\Omega|X}) \to R\mathcal{H}om_{\mathcal{E}_X}(\mathcal{M}, \tilde{j}_* \tilde{j}^{-1} \mathcal{C}_M) \xrightarrow{+1}$$

Finally by taking the 0-th cohomology of (3.10), we gain the conclusion.

COROLLARY 3.3: Assume that $Z = M \setminus \Omega$ is locally diffeomorphic to a closed convex subset of R^n and Z is the closure of its interior.

Let $p \in T^*_X X$, $x = \pi(p)$, and assume:

$$-H(\theta) \notin C_p(\text{char } M, \bar{\Omega} \underset{M}{\times} T^*_M X) \ \forall \theta \in T^*_p T^* X \text{ with } \rho(\theta) \in N^*_x(Z) \setminus \{0\}. \quad (3.11)$$

Then M is Ω-regular at p.

PROOF: In the present situation one has (cf. Example 1.1):

$$SS\, \mathbb{Z}_\Omega = \varpi_M \rho_M^{-1}(\bar{\Omega} \underset{M}{\times} N^*(Z)), \quad (3.12)$$

where ρ_M, ϖ_M are the natural maps: $T^*M \overset{}{\underset{\rho_M}{\longleftarrow}} M \underset{X}{\times} T^*X \underset{\varpi_M}{\longrightarrow} T^*X$.

Let us choose a system of local coordinates $z = x + iy$ on X in such a way that $M = \{x + iy; y = 0\}$, and let $(z;\zeta)$, $\zeta = \xi + i\eta$, be the associated coordinates on T*X. The Hamiltonian isomorphism $-H : T^*T^*X \to TT^*X$ is then given by:

$$-H((\lambda dz + \bar{\lambda} d\bar{z}, \mu\, d\zeta + \bar{\mu}\, d\bar{\zeta})) = (-\mu \partial/\partial z - \bar{\mu}\, \partial/\partial\bar{z}, \lambda\, \partial/\partial\zeta + \bar{\lambda}\, \partial/\partial\bar{\zeta}).$$

Moreover we have:

(i) $\varpi_M \rho_M^{-1} (\bar{\Omega} \underset{M}{\times} N^*(Z)) = \{(x;\zeta);\ x \in \bar{\Omega},\ \xi \in N^*_x(Z)\}$,

and also, for a vector $\theta \in T^*_p T^*X$:

(ii) $\rho(\theta) \in N^*_x(Z) \setminus \{0\} \Leftrightarrow -H(\theta) = \lambda\, dz + \bar{\lambda}\, d\bar{z}$ for $\lambda \in X$ with

$\text{Re } \lambda \in N^*_x(Z) \setminus \{0\}$.

We claim that for such a $-H(\theta) = \lambda\, dz + \bar{\lambda}\, d\bar{z}$, we have:

$$-H(\theta) \notin C_p\, (\text{char } M, \varpi_M\, \rho_M^{-1}(\bar{\Omega} \underset{M}{\times} N^*(Z))). \quad (3.13)$$

Otherwise, putting $p = (x_o; i\eta_o)$, there would exist a sequence:

$$(c_n, (s_n;w_n), (x_n;\zeta_n)) \in \mathbb{R}^+ \times \text{char } M \times \bar{\omega}_M\, \rho_M^{-1}(N^*(Z)),$$

which satisfies:

$$(s_n;w_n) \to (x_o;i\eta_o),$$

$$(x_n;\zeta_n) \to (x_o;i\eta_o),$$

$$c_n((s_n;w_n) - (x_n;\zeta_n)) \to (0;\lambda).$$

Set $\zeta_n = \xi_n + i\eta_n$; by taking a subsequence we may assume either $c_n\xi_n \to \xi_o$, or $c_n|\xi_n| \to \infty$ and $\xi_n/|\xi_n| \to \xi_o$.

In the first case we then have c_n Re $w_n \to$ Re $\lambda + \xi_o$. Since $N^*(Z)$ is closed and conic then $\xi_o \in N^*_{x_o}(Z)$, and since in addition it has convex proper fibres, then Re $\lambda + \xi_o \in N^*_{x_o}(Z)\setminus\{0\}$ due to Re $\lambda \neq 0$; this contradicts (3.11). In the second case we have $\frac{1}{|\xi_n|}$ $(w_n - (\xi_n + i\eta_n)) \to 0$ and therefore:

$$\frac{1}{|\xi_n|}((s_n;w_n) - (x_n;i\eta_n)) \to (0;\xi_o), \quad \text{with } \xi_o \in N^*_{x_o}(Z)\setminus\{0\},$$

which is again a contradiction to (3.11).

Thus from (3.11), (3.12) we get (3.7): since (3.6) is also clearly fulfilled in the present situation, then Theorem 3.2 can be applied.

Results similar to Corollary 3.3 are also given, in a different frame, in [2], [8], [9], [12].

REMARK 3.4: X being a complexification of M, we have an embedding $T^*M \to M \underset{X}{\times} T^*X$. Using the embedding $T^*X \underset{X}{\times} T^*X \to T^*T^*X$ associated to $\pi:T^*X \to X$, we get the embedding:

$$T^*_MX \underset{M}{\times} T^*M \to T^*T^*X \tag{3.14}$$

Therefore for $\Omega \subset M$ open, the condition:

$$-H(\theta) \notin C_p(\text{char } M, \bar{\Omega} \underset{M}{\times} T^*_MX) \quad \forall\, \theta \in N^*_X(M\setminus\Omega)\setminus\{0\} \tag{3.15}$$

makes sense, and one sees easily that it is equivalent to (3.11), (using the identification $M \underset{X}{\times} T^*X \cong T^*M \underset{M}{\oplus} T^*_M X$).

In the same way, one sees that (3.15), with $\bar{\Omega} \underset{M}{\times} T^*_M X$ replaced by $SS(\mathbf{Z}_\Omega)$, is equivalent to (3.7).

However we preferred the formulation (3.7) and (3.11) which did not rely on the complex structure of X.

§4. SECOND MICROLOCALIZATION AND Ω-REGULARITY

Let M and L be real analytic manifolds with complexifications X and Z and dimensions n and d respectively. Following the idea developed in §2, we set, for $A \subset M$ locally closed:

$$C^h_{A\times Z|X\times Z} = \mu_{A\times Z}(\mathcal{O}_{X\times Z}) \otimes \omega_M [n] \tag{4.1}$$

$$C^h_{A\times Z|M\times Z} = (C^h_{A\times Z|X\times Z})(T^*_M X \times Z).$$

Let $\Omega \subset M$ be open. We shall assume that:

> $\partial\Omega$ is a smooth real analytic hypersurface and Ω is locally on one side of $\partial\Omega$.

Then one proves easily that $C^h_{\Omega\times Z|M\times Z}$ is concentrated in degree 0.

PROPOSITION 4.1: a) The sheaf $C^h_{\Omega\times Z|M\times Z}$ satisfies the principle of analytic continuation with respect to Z. (This means that for U open in $T^*_M X$, for ω_o, ω_1 open in Z, with $\omega_o \subset \omega_1$, $\omega_o \neq \emptyset$, ω_1 connected, one has:

$$u_{|U\times\omega_o} = 0 \Rightarrow u \equiv 0 \quad \text{for } u \in \Gamma\,(U \times \omega_1 \,;\, C^h_{\Omega\times Z|M\times Z})\,).$$

b) $H^j_{T^*_M X\times B}(C^h_{\Omega\times Z|M\times Z}) = 0$ when $j > d$, for any locally closed $B \subset Z$.

PROOF: Let $\Omega_0 = \{z \in C^n;\ \operatorname{Im} z_n > \sum_{j=1}^{n-1} (\operatorname{Im} z_j)^2$, $\Omega_1 = \Omega_0 \cup \{z \in C^n;\ \operatorname{Im} z_n > \sum_{j=2}^{n-1} (\operatorname{Im} z_j)^2, \operatorname{Im} z_1 < 0\}$. Let D_0 be the open unit disk in $Z = \mathbb{C}$ and set

$D_1 = D_0 \cap \{w \in \mathbb{C};\ \operatorname{Im} w < 0\}$. Then under a quantized contact transformation (cf. [14]), a) is equivalent to the following statement:

any $f \in \mathcal{O}(\Omega_0 \times D_0) \cap \mathcal{O}(\Omega_1 \times D_1)$ extends holomorphically to

$\Omega_1 \times D_0$ in a neighbourhood of 0.

But this is a consequence of the local Bochner's tube theorem with respect to the variables (z_1, w).

b) Set $U = M \setminus \partial\Omega$; then Ω is a disjoint component of U and $C^h_{\Omega\times Z|M\times Z}$ is a direct summand of $C^h_{U\times Z|M\times Z}$. In account of the exact sequence:

$$0 \to C^h_{\partial\Omega\times Z|M\times Z} \to C^h_{M\times Z|M\times Z} \to C^h_{U\times Z|M\times Z} \to 0,$$

the result claimed is then a consequence of the corresponding ones for $C^h_{M\times Z|M\times Z}$ and $C^h_{\partial\Omega\times Z|M\times Z}$.

Let us set now, following the argument in [3], [4], [5]:

$$C^2_{\Omega\times L|M\times Z} = \mu_{(T^*_{M_2}X \times L)}(C^h_{\Omega\times Z|M\times Z}) \otimes \omega_L\ [d],$$

$$\mathcal{B}^2_{\Omega\times L|M\times Z} = (C^2_{\Omega\times L|M\times Z})\big|(T^*_M X) \times (L \underset{Z}{\times} T^*_Z Z)$$

(We will also write in the following L instead of $L \underset{Z}{\times} T^*_Z Z$.)

PROPOSITION 4.2: a) $C^2_{\Omega\times L|M\times Z}$ is concentrated in degree 0.

b) There is a natural injective morphism:

$$(C^h_{\Omega\times Z|M\times Z})_{T^*_M X \times L} \to \mathcal{B}^2_{\Omega\times L|M\times Z}.$$

PROOF: We have a distinguished triangle:

$$(C^h_{\Omega\times Z|M\times Z})_{T^*_M X \times L} \to \mathcal{B}^2_{\Omega\times L|M\times Z} \to R\,\dot{\pi}_{L *}\, C^2_{\Omega\times L|M\times Z} \xrightarrow{+1},$$

π_L being the projection $T^*_M X \times T^*_L Z \to T^*_M X \times L$.

Then it is enough to prove that $(C^2_{\Omega\times L|M\times Z})|T^*_M X \times \dot{T}^*_L Z$ is concentrated in degree 0. Using a quantized contact transformation as in [7] ch. 11, the problem is reduced to proving that $R\,\Gamma_{T^*_M X\times(Z\setminus A)}(C^h_{\Omega\times Z|M\times Z})$ [1] is concentrated in degree 0, A being a strictly pseudoconvex subset of Z. But this is an immediate consequence of Proposition 4.1.

THEOREM 4.3: Let Ω be an open subset of M with smooth analytic boundary N, (Ω locally on one side of N). Let V be a smooth conic involutive manifold of $T^*_M X$ in a neighbourhood of $p \in V$ with $\pi(p) = x$. Assume:

a) V and $N \underset{X}{\times} T^*_M X$ intersect transversally

b) $N \underset{M}{\times} V$ is involutive.

Let $\mathcal{M}$ be a coherent $\mathcal{E}_X$-module in a neighbourhood of p, and suppose:

$$H(\theta) \notin C_p(\text{char } \mathcal{M}, \tilde{V}^+) \text{ for } \theta \in N^*_x(\Omega) \setminus \{0\}, \tag{4.2}$$

where $\tilde{V}^+$ is the union of the bicharacteristic leaves of V^C (the complexification of V) issued from $\bar{\Omega} \underset{M}{\times} V$. Then $\mathcal{M}$ is Ω-regular at p.

(We have identified $\theta \in T^*_x M$ to a vector $\theta \in T^*_p T^*X$ via the embedding $T^*_M X \underset{M}{\times} T^*M \to T^*X \underset{X}{\times} T^*X \to T^*T^*X$ as in Remark 3.4.)

PROOF: By the trick of the dummy variable we can assume V and $N \underset{M}{\times} V$ regular involutive. Then by a result from [1] we may assume:

$$M = M' \times L, \quad X = X' \times Z, \quad N = N' \times L,$$

$$\Omega = \Omega' \times L \quad V = T^*_{M'}X' \times L, \; \tilde{V}^+ = (\bar{\Omega}' \underset{M'}{\times} T^*_{M'}X') \times Z.$$

In account of the proof of Theorem 3.2 and Corollary 3.3, we get from (4.2):

$$R\,\Gamma_{\pi^{-1}(M'\setminus\Omega')\times Z}\, R\,\mathcal{H}om_{\mathcal{E}_X}(\mathcal{M}, C^h_{\Omega\times Z|X'\times Z}) = 0. \tag{4.3}$$

Note here that for A and B closed in W and for $F \in \mathrm{Ob}(D^+(W))$ with supp $F \subset A \cup B$, we have $R\,\Gamma_A(F_B) = (R\,\Gamma_A(F))_B$. Note also that for $F = C^h_{\Omega'\times Z|X'\times Z}$, we have

$\operatorname{supp} F \subset (\pi^{-1}(M' \setminus \Omega') \times Z) \cup ((\bar{\Omega}' \underset{M'}{\times} T^*_{M'}X') \times Z)$. Thus we can replace $C^h_{\Omega' \times Z | X' \times Z}$ by $C^h_{\Omega' \times Z | M' \times Z}$ in (4.3) and then, by applying $R\,\Gamma_{T^*_{M'}X' \times L}$ [d], we obtain:

$$R\,\Gamma_{\pi^{-1}(M' \setminus \Omega') \times L}\; R\,\mathcal{H}om_{\mathcal{E}_X}(\mathcal{M}, B^2_{\Omega' \times L | M' \times Z}) = 0. \tag{4.4}$$

Note now that there is a natural morphism:

$$C_{\Omega' \times L | M' \times Z} \to \mathcal{B}^2_{\Omega \times L | M' \times Z}, \tag{4.5}$$

which is obtained as the composition of the following ones:

i) the natural morphism $\mu_{\Omega' \times L}(\mathcal{O}_{X' \times Z}) \to \mu_{\Omega' \times Z}(\mathcal{O}_{X' \times Z})$, (which factorizes through $R\Gamma_{T^*X' \times L}(\mu_{\Omega' \times Z}(\mathcal{O}_{X' \times Z}))$,

ii) the natural morphism $(R\Gamma_{T^*X' \times L}(\mu_{\Omega' \times Z}(\mathcal{O}_{X' \times Z}))_{T^*_{M'}X' \times L} \to$

$R\Gamma_{T^*_{M'}X' \times L}((\mu_{\Omega' \times Z}(\mathcal{O}_{X' \times Z}))_{T^*_{M'}X' \times Z})$.

We claim that the morphism:

$$\mathcal{H}om_{\mathcal{E}_X}(\mathcal{M}, C_{\Omega' \times L | M' \times Z}) \to \mathcal{H}om_{\mathcal{E}_X}(\mathcal{M}, \mathcal{B}^2_{\Omega' \times L | M' \times Z}), \tag{4.6}$$

induced by (4.5), is injective. This will complete the proof of the theorem. In fact consider the exact commutative diagram:

$$\begin{array}{ccc}
0 & & 0 \\
\downarrow & & \downarrow \\
\mathcal{H}om_{\mathcal{E}_X}(\mathcal{M}, C_{N' \times L | M' \times Z}) & \xrightarrow{\phi_1} & \mathcal{H}om_{\mathcal{E}_X}(\mathcal{M}, \mathcal{B}^2_{N' \times L | M' \times Z}) \\
\downarrow & & \downarrow \\
\mathcal{H}om_{\mathcal{E}_X}(\mathcal{M}, C_{M' \times L | M' \times Z}) & \xrightarrow{\phi_2} & \mathcal{H}om_{\mathcal{E}_X}(\mathcal{M}, \mathcal{B}^2_{M' \times L | M' \times Z}) \\
\downarrow & & \downarrow \\
\mathcal{H}om_{\mathcal{E}_X}(\mathcal{M}, C_{(M' \setminus N') \times L | M' \times Z}) & \xrightarrow{\phi_3} & \mathcal{H}om_{\mathcal{E}_X}(\mathcal{M}, \mathcal{B}^2_{(M' \setminus N') \times L | M' \times Z}) \\
\downarrow & & \downarrow \\
\mathcal{E}xt^1_{\mathcal{E}_X}(\mathcal{M}, C_{N' \times L\ M' \times Z}) & \xrightarrow{\phi_4} & \mathcal{E}xt^1_{\mathcal{E}_X}(\mathcal{M}, \mathcal{B}^2_{N' \times L | M' \times Z})
\end{array}$$

Let Y be a complexification of N in X and $\rho: Y \underset{X}{\times} T^*X \to T^*Y$ the projection; this is proper on char M as a consequence of (4.2). For $K = C_{N'\times L|M'\times Z}$ or else for $K = C^h_{N'\times Z|M'\times Z}$ we then have (cf. [6]):

$$R\,Hom_{E_X}(M,K) \simeq R\,Hom_{E_X}(M,E_{X\leftarrow Y}) \underset{\rho^{-1}(E_Y)}{\overset{L}{\otimes}} R\,Hom_{E_X}(E_{X\leftarrow Y}, K). \quad (4.7)$$

Applying the functor $R\,\Gamma_{T^*X'\times L}$ [d] to (4.7) for $K = C^h_{N'\times Z|M'\times Z}$ we then obtain (4.7) also for $K = B^2_{N'\times L|M'\times Z}$.

Note that $R\,Hom_{E_X}(M,E_{X\leftarrow Y})$ is concentrated in degree $\geq 1 = \operatorname{codim}_X Y$. Thus in particular ϕ_1 is the map $0 \to 0$ and, since $C_{N'x\ L|M'\times Z} \to B^2_{N'\times L|M'\times Z}$ is injective (cf. [5]), then ϕ_4 is in turn injective. Last ϕ_2 is also injective again by [5].

This proves the injectivity of ϕ_3 and thus also that of the morphism (4.6).

§5. APPLICATIONS

From now on we set $M = E_X/E_XP$ for a single microdifferential operator P. When discussing the criterion of Ω-regularity in Theorem 4.3, we can assume, as already remarked:

$$X = X_1 \times X_2, \quad M = M_1 \times M_2, \quad X_1 = \mathbb{C} \times X_1', \quad M_1 = \mathbf{R} \times M_1',$$

$$\Omega = \Omega_1 \times M_2, \quad \Omega_1 = \mathbf{R}^+ \times M_1', \quad V = T^*_{M_1}X_1 \times X_2, \ \tilde{V}^+ = (\bar{\Omega}_1 \underset{M_1}{\times} T^*_{M_1}X_1) \times X_2.$$

Let (z,ζ), $z = x + iy$, $\zeta = \xi + i\eta$, be local coordinates in T*X and write $z = (z_1,z',z'') \in \mathbb{C} \times X_1' \times X_2$.

Then condition (4.2) can be rewritten as:

$$\sigma(P)(z,\zeta) \neq 0 \text{ for } \xi_1 < -c\,(|y_1| + Y(-x_1)|x_1| + |y'| + |\xi'| + |\zeta''|), \quad (5.1)$$

in a neighbourhood of $p \in V$. (Here $Y(-x_1)$ denotes the Heaviside function.) Let us give now some criteria for (5.1).

LEMMA 5.1: Assume that, in a neighbourhood of p:

$$\sigma(P)(z,\zeta) \neq 0 \text{ for } \xi_1 < -c|\zeta''|, \ y_1 = y' = \xi' = 0. \quad (5.2)$$

hen for a suitable c':

$$\sigma(P)(z,\zeta) \neq 0 \text{ for } \xi_1 < -c' (|y_1| + |y'| + |\xi'|) - c|\zeta''|.$$

PROOF: It follows from application of Bochner's tube theorem to the function $1/\sigma(P)$ with parameters (z'',ζ'').

LEMMA 5.2: For any rational r with $0 \leqq r \leqq 1$, and for any real s, t with $s^2 + t^2 \leqq 1$, $0 \leqq s \leqq t$, we have:

$$\{z^r;\ z \in \mathbb{C}, |y|<s, |x|<t\} \supseteq \{z \in \mathbb{C};\ (Y(-x)|x|+|y|)<rs/2,\ x < t\}. \quad (5.3)$$

(Here if $r = p/q$, with p, q integers, then $z^{p/q} = (z^{1/q})^p$, $z^{1/p}$ being the set of all q-fold roots of z.)

PROOF: The set on the left of (5.3) contains:

$$\{|z| < s\} \cup \{z;\ -r \operatorname{arctg} \frac{s}{x} < \arg z < r \operatorname{arctg} \frac{s}{x},\ 0 < x < t\}, \quad (5.4)$$

Since $x/2 < \operatorname{arctg} x < x$ for $0 < x \leqq 2$, then also $\operatorname{arctg} \frac{rs}{2x} < r \operatorname{arctg} \frac{s}{x}$ for $x \geqq s/2$. Therefore the set (5.4) contains

$$\{|z| < s\} \cup \{z;\ |y| < rs/2,\ \ s/2 \leqq x < t\}.$$

which contains in turns the set on the right of (5.3).

PROPOSITION 5.3: Let $\sigma(P)(z_1,z',z'',\zeta) = f(z_1^k,z',z'',\zeta)$ for f holomorphic and k integer $\geqq 2$. Suppose that, in a neighbourhood of p:

$$f(z_1,z',z'',\zeta) \neq 0 \text{ for } \xi_1 < -c|\zeta''|,\ y_1 = y' = \xi' = 0,\ x_1 \geqq 0. \quad (5.5)$$

Then $\sigma(P)$ verifies (5.1) (with a new constant c).

PROOF: It is enough to apply Lemma 5.1 to $f(z_1^2,z',z'',\zeta)$, and then Lemma 5.2 with $r = 2/k$, $s = (-\xi_1/c' + |y'| + |\xi'| + c|\zeta''|/c')$, $t << 1$.

Let us notice now that for suitable choice of V, Theorem 4.3 can be applied to two main classes of operators extending those treated in [12]. The first class, which corresponds to the choice $V = T^*_M X$, is the class of operators which are "semihyperbolic" in Ω with respect to the conormal of $M \setminus \Omega$; (this class also enters the hypotheses of Corollary 3.3).

The second is the class of operators for which Y, the complexification of $\partial\Omega$, is non-microcharacteristic along the complexification $W^{\mathbb{C}}$ of a conic involutive manifold $W \subset T^*_M X$, with $p \in W$, in the sense that:

$$\lambda\, \partial/\partial\zeta_1 + \bar{\lambda}\partial/\partial\bar{\zeta}_1 \notin C_p(\text{char } P, W^{\mathbb{C}})\ \forall\lambda \in \dot{\mathbb{C}}. \tag{5.6}$$

In fact we can assume without loss of generality $W = \mathbb{R} \times T^*_{M_1'}X_1' \times M_2$ and then (5.6) trivially implies (5.1) or (4.2) for $V = T^*_{M_1}X_1 \times M_2$. However by means of Theorem 4.3 we can treat operators which do not belong to either of the classes described before as in the following:

<u>EXAMPLE</u>: $M = \mathbb{R}^n \ni (x_1,x',x'')$, $\Omega = \{x_1 > 0\}$, $V = \{\eta'' = 0\}$,

$\sigma(P)(z,\zeta) = \zeta_1^2 + \zeta''^2 - Q(z_1^k,z')\zeta'^2$ with $k \geqq 2$,

$p \in (\{0\}) \times V) \cap \text{char } P$, where Q is a germ of holomorphic function at 0 with $Q(0) = 0$, Q real for real argument and $Q \geqq 0$ for $x_1 \geqq 0$.

To prove (5.1) we use Proposition 5.3. Then it is enough to prove that for suitably large c:

$$\zeta_1^2 + \zeta''^2 + Q(x_1,x') \neq 0 \text{ when } |\xi_1| > c|\zeta''|,\ x_1 \geqq 0. \tag{5.7}$$

Now if (5.7) were violated we could find solutions of the equation in (5.7) which satisfy: $|\xi_1| > c^2|\eta_1|/2 + c|\zeta''|/2$. This is a contradiction for large c. Therefore (5.7), and then also (5.1), are proved, and P is Ω-regular at p by Theorem 4.3.

In particular let $N = \{x_1 = 0\}$, $Y = \{z_1 = 0\}$, $\rho_Y : T^*_N X \to T^*_N Y$, $j : \Omega \to M$, $q = \rho_Y(p)$. Since p is the only point in $\rho_Y^{-1}(q) \cap \text{char } P$, then Ω-regularity implies (cf. [12]):

$$\gamma(u)_q = 0 \text{ for } u \in j_* j^{-1}\, \mathcal{B}_M \text{ with } P(u) = 0 \text{ and } \overline{SS\ u} \cap \{p\} = \emptyset,$$

where $\gamma(u)$ are the two traces of u on N and $\gamma(u)_q$ their images in $(C_N)_q$.

REFERENCES

1. Grigis, A., and Lascar, R., Equations locales de sous-varietés involutives, C.R.A.S., 283 (1976), 503-506.
2. Kaneko, A., Singular spectrum of boundary values of solutions of partial differential equations with real analytic coefficients, Sci. Papers College Gen. Ed. Univ. Tokyo, 25 (1975), 59-68.
3. Kashiwara, M., Talks in Nice (1972).
4. Kashiwara, M. and Kawai, T., Second microlocalization and asymptotic expansions, Springer Lecture Notes in Physics, 126 (1980), 21-56.
5. Kashiwara, M. and Laurent, Y., Théorèmes d'annullation et deuxième microlocalisation, Preprint Orsay (1983).
6. Kashiwara, M. and Schapira, P., Micro-hyperbolic systems, Acta Math., 142 (1979), 1-55.
7. Kashiwara, M. and Schapira, P., Microlocal study of sheaves, Asterisque, 128 (1985).
8. Kataoka, K., Microlocal theory of boundary value problems, I and II, J. Fac. Sci. Univ. Tokyo Sect. 1A, 27 (1980), 355-399, and 28 (1981), 31-56.
9. Ôaku, T., Boundary value problems for systems of linear partial differential equations and propagation of microanalyticity, Preprint.
10. Sato, M., Kashiwara, M. and Kawai, T., Hyperfunctions and pseudo-differential equations, Lecture Notes In Math., Springer-Verlag, 287 (1973), 265-529.
11. Schapira, P., Propagation at the boundary and reflection of analytic singularities of solutions of linear partial differential equations I, Publ. R.I.M.S. Kyoto Univ., 12 (1977), 441-453.
12. Schapira, P., Propagation at the boundary of analytic singularities, Proc. N.A.T.O. Maratea Sept. 1980.
13. Schapira, P., Microdifferential systems in the complex domain, Springer-Verlag, 269 (1984).

14. Schapira, P., Front d'onde analytique au bord II. Sem. E.D.P. Ec. Polyt. Exp. 13, 85-86.

15. Schapira, P., Zampieri, G., to appear.

P. Schapira
Université Paris-Nord
Villetanneuse
93430 France

G. Zampieri
Université Paris-Nord
Villetaneuse
93430 France

and

Sem. Mat.
Università di Padova
Italy.

S SPAGNOLO

Counter–examples to the uniqueness or the local solvability for hyperbolic equations

§1. INTRODUCTION

This lecture is devoted to linear partial differential operators of the form

$$P = \partial_t^2 - \partial_x(a(t,x)\partial_x) + b(t,x)\partial_x + c(t,x) \tag{1}$$

where $\partial_t = \partial/\partial_t$, $\partial_x = \partial/\partial_x$, and

$$a(t,x) \geqq 0. \tag{2}$$

When the leading coefficient of (1), $a(t,x)$, is a Lipschitz continuous function with respect to t and it is bounded below from zero, the initial value problem for the operator P is well-posed in the class $\mathcal{D}'(\mathbf{R}_x)$ of the distributions, and also in the class $C^\infty(\mathbf{R}_x)$ provided that all the coefficients are C^∞ in the variable x.

On the other hand the well-posedness may fail when $a(t,x)$ is not regular enough or when $a(t,x) = 0$ at the initial hyperplane (see [CDS], $[CS]_1$).

Here we shall examine two important consequences of well-posedness: the <u>uniqueness</u> (with respect to the initial value problem) and the <u>local solvability</u>. The first one will be considered in §2, the second one in §3.

The results given here have been obtained in collaboration with F. Colombini or E. Jannelli, and we refer to the papers [CJS] and $[CS]_2$ for the details of the proofs and further comments.

§2. UNIQUENESS

Let P be an operator of type (1): any solution $u(t,x)$ to the homogeneous problem

$$\begin{cases} Pu = 0 & \text{on } \mathbf{R}_t \times \mathbf{R}_x \\ u = u_t = 0 & \text{for } t > 0 \end{cases} \tag{3}$$

is called a null solution of P.

When the only null solution is the trivial one, P is said to possess the uniqueness property (w.r.t. the initial hyperplane $t = 0$).

If the leading coefficient $a(t,x)$ is a strictly positive function, Lipschitz continuous in t uniformly w.r.t. x, then the uniqueness property for P holds, as a direct consequence of the energy estimates. In the special case of coefficients depending only on t, the uniqueness follows immediately by Fourier transform.

Here we shall illustrate some examples of non-uniqueness for operators of the form (1) and, more precisely, of the form

$$P = \partial_t^2 - a(t)\partial_x^2 + c(t,x). \qquad (4)$$

THEOREM 1 ([CJS]): It is possible to find $a(t)$ and $c(t,x)$, with

$$a(t) \in C^{0,\alpha}(\mathbf{R}_t) \quad \forall\alpha < 1$$

$$a(t) \geqq \frac{1}{2}$$

$$c(t,x) \in C^\infty(\mathbf{R}_t \times \mathbf{R}_x)$$

$$a(t) = 1 \text{ and } c(t,x) = 0 \text{ for } t \leqq 0,$$

in such a way that the corresponding operator P of type (4) has a null solution $u(t,x)$ with

$$\mathrm{supp}(u) = \{(t,x) : t \leqq 0\}.$$

THEOREM 2 ([CJS]): It is possible to find $a(t)$, with

$$a(t) \in C^\infty(\mathbf{R}_t)$$

$$a(t) > 0 \text{ for } t > 0$$

$$a(t) = 0 \text{ for } t \leqq 0,$$

and $c(t,x)$ as in Th. 1, in such a way that the same conclusion of Th. 1 holds.

REMARKS:

1. (coefficients in the Gevrey classes)

Let us denote by $E^{(s)}(\mathbb{R}_x)$, $s \geq 1$, the space of the Gevrey functions of order s; the following version of Th. 1 can be then proved.

THEOREM 1': There exist some $a(t) \geq 1/2$, belonging to $C^0(\mathbb{R}_t)$, and some $c(t,x)$ such that

$$c(t,x) \in C^\infty(\mathbb{R}_t, E^{(s)}(\mathbb{R}_x)) \quad \forall s > 1, \tag{5}$$

for which the same conclusion of Th. 1 holds.

Moreover, one can construct a family of counter-examples to the uniqueness, intermediate between Th. 1 and Th. 1', with a(t) Hölder continuous and c(t,x) in some class of Gevrey.

One can also give an example similar to that of Th. 2, with c(t,x) Gevrey function but a(t) only of class C^k.

2. (sharpness of Theorem 1 and 2)

Th. 1 cannot be improved in the sense that, if a(t) and c(t,x) are as in this theorem and in addition a(t) is Lipschitz continuous or c(t,x) is a Gevrey function, then the operator P given by (4) has the uniqueness property.

As for the case $a(t) \geq 0$, considered in Th. 2, there is uniqueness whenever a(t) is analytic and c(t,x) is C^∞ or when a(t) is C^∞ and c(t,x) is a Gevrey function.

3. (historical notes)

The classical Holmgren's theorem states that a kovalewskian operator, or system of operators, possesses the uniqueness property when all the coefficients are analytic in x.

The first example of a kovalewskian system of operators with C^∞ coefficients, not having the uniqueness property was given by Plis [P] in 1954.

Later De Giorgi [DG] constructed an operator of the form

$$P = \partial_t^8 + a(t,x)\partial_x^4 + b(t,x)\partial_x^2 + c(t,x), \tag{6}$$

with real coefficients belonging to C^∞ (more exactly, to every Gevrey class

$E^{(s)}(\mathbf{R}_x)$, $\forall s > 2$) for which the uniqueness fails.

We emphasize that each operator of type (6) is weakly hyperbolic, in the sense that its principal part is a hyperbolic operator.

Other expressive examples were constructed by Cohen [C] and Hörmander [H], who found, for each integer $m \geqq 1$, a C^∞ function $a(t,x)$ such that the operator

$$P = \partial_t^m + a(t,x)\partial_x \tag{7}$$

has not the uniqueness property. Such an operator is weakly hyperbolic for $m \geqq 2$.

Finally, we quote the results of Nakane [N], who proved the non uniqueness for a class of weakly hyperbolic operators, including

$$P = \partial_t^2 - e^{-2/t^2}\,\partial_x^2 + i\,t^{-6}\,e^{-1/t^2}\,\partial_x + c(t,x) \tag{8}$$

for some C^∞ $c(t,x)$. Different from (6) and (7), (8) is a frozen hyperbolic operator, i.e. for each fixed (t,x) it is a (constant coefficient) hyperbolic operator.

4. (uniform hyperbolicity)

The operator (4) which appears in the example of Th. 1 is strictly hyperbolic, since $a(t)$ is bounded below from zero; the reason for the non-uniqueness is due merely to the inadequate regularity of the coefficients.

In the example illustrated in Th. 2, the operator (4) is not strictly hyperbolic ($a(t) = 0$ for $t = 0$), nevertheless its symbol satisfies a rather strong condition of hyperbolicity. Indeed, if $P \equiv P(t,x;\partial_t,\partial_x)$ is an operator of type (4) with $a(t) \geqq 0$, the roots $\tau_j(t,x;\xi)$ of the characteristic equation

$$P(t,x;i\tau,i\xi) = 0 \qquad\qquad \xi \in \mathbf{R}^n,$$

lie in a strip $\{|\mathrm{Im}\,\tau| \leqq \delta\}$ of the complex plane $\mathbb{C}_\tau$, for some δ independent of (t,x) and ξ. In other words, P satisfies an uniform Gårding condition.

We shall refer to an operator with this property as an uniformly frozen hyperbolic operator.

Now it is obvious that operators of the type (6) or (7) considered in Remark 3 cannot be uniformly frozen hyperbolic. As for operators like (8) considered by Nakane, one checks that they are not uniformly frozen hyperbolic for $t \to 0^+$. In fact, the operator

$$P = \partial_t^2 - a(t,x)\partial_x^2 + i\, b(t,x)\partial_x + c(t,x),$$

with $a(t,x)$ and $b(t,x)$ real valued, is uniformly frozen hyperbolic if and only if

$$a(t,x) \geqq \nu \cdot b^2(t,x) \qquad \forall (t,x)$$

for some $\nu > 0$.

5. (real coefficients)

The operator (4) constructed in Th. 1 has its zero order coefficient $c(t,x)$ which is a complex function. We are not able to give an example with $c(t,x)$ real valued; neither, conversely, can we prove the uniqueness for every operator of type (4) with $c(t,x)$ a real function.

However, by modifying slightly the constructions made in Theorem 1 and 2, we can obtain analogous examples for operators such as

$$P = \partial_t^2 - a(t,x)\partial_x^2 + b(t,x)\partial_x$$

with $a(t,x) \geqq \nu > 0$, or $a(t,x) \geqq 0$, and $b(t,x)$ real valued.

6. (a non-linear equation)

Let u be a solution to the equation

$$u_{tt} - a(t)u_{xx} + c(t,x)u = 0, \tag{9}$$

where the subscripts denote partial derivatives, and let us put $v_1 = (c+u)/2$ and $v_2 = (c-u)/2$, i.e.

$$\begin{cases} u = v_1 - v_2 \\ c = v_1 + v_2 \end{cases}$$

Then we get the equality

$$(\partial_t^2 - a(t)\partial_x^2)v_1 - v_1^2 = (\partial_t^2 - a(t)\partial_x^2)v_2 - v_2^2,$$

so that, if u and c are zero for $t < 0$ (as in Theorems 1 and 2), v_1 and v_2 are two different solutions of a non-linear Cauchy problem like

$$\begin{cases} v_{tt} - a(t)v_{xx} = v^2 + f(t,x) \\ v = 0 \qquad \text{for } t < 0, \end{cases} \tag{10}$$

where $f(t,x)$ is a C^∞ function on $\mathbf{R}_t \times \mathbf{R}_x$.

It would be interesting to find a non-zero solution to (10) in the homogeneous case $f = 0$. To this end we only observe that, if v is such a solution, one among the two functions Re v and Im v is a non-trivial null solution of (9) with $c(t,x)$ real valued (cf. Remark 5).

7. (sketch of the proof of Th. 1)

As is customary, we fix a sequence of time-intervals

$$I_k = [t_k - \tfrac{1}{2}\rho_k, \ t_k + \tfrac{1}{2}\rho_k], \qquad k \in \mathbf{N},$$

with

$$t_k + \tfrac{1}{2}\rho_k = t_{k+1} - \tfrac{1}{2}\rho_{k+1}; \quad t_k \searrow 0 \quad \text{as } k \to \infty ,$$

and we look for an operator of the form

$$P = P_0 + c(t,x)$$

where

$$P_0 = \partial_t^2 - a(t)\partial_k^2. \tag{11}$$

The point is to find a coefficient $a(t) \geq 1/2$ and a sequence $u_k(t,x)$ of (2π-periodic in x) solutions to

$$P_0 u_k = 0 \quad \text{on} \quad I_k \times \mathbf{R}_x \tag{12}$$

in such a way that the corresponding <u>energy functions</u>

$$e_k(t) = \int_0^{2\pi} (|\partial_t u_k|^2 + |\partial_x u_k|^2)dx$$

have the behaviour (for $k \to \infty$)

$$e_k(t) \sim e_k(t_k) \cdot e^{-\nu_k(t-t_k)}$$

with $\nu_k \to +\infty$.

Such $a(t)$ and $u_k(t,x)$ having been found, we shall define the null solution $u(t,x)$ and the zero order coefficient $c(t,x)$ by setting

$$u(t,x) = \sum_k \beta_k(t)u_k(t,x)$$

$$c(t,x) = -\frac{P_0u(t,x)}{u(t,x)} ,$$

where the β_k's are suitable cut-off functions such that the family $(\mathrm{supp}(\beta_k))$ is locally finite and that $P_0u \equiv 0$ in a neighbourhood of the set $\{u = 0\}$.

Let us go back to the definition of the solutions u_k to Equation (12). If $P_0 \equiv P_0\,(\partial_t,\partial_x)$ is a (constant coefficient) non-hyperbolic operator, i.e. if there exist two real sequences $\{\xi_k\}$ and $\{\tau_k\}$ such that $\tau_k \to +\infty$ and $P_0(i\xi_k,\tau_k) = 0$, it is natural to take

$$u_k(t,x) = e^{-\tau_k|t-t_k|}\, e^{i\xi_k x}.$$

A similar choice of u_k can be made if $P_0 \equiv P_0(t;\partial_t,\partial_x)$ is a frozen hyperbolic operator not uniform for $t \to 0^+$ (cf. Remark 4), i.e. if there exist three real sequences $\{t_k\}$, $\{\xi_k\}$ and $\{\tau_k\}$ for which $t_k \to 0^+$, $\tau_k \to +\infty$ and $P(t_k;i\xi_k,\tau_k) = 0$.

The problem, in our case, is that we look for an <u>uniformly</u> frozen hyperbolic operator P_0, and more precisely for an operator of type (11) with $a(t)$ bounded below from zero. Therefore, the following Lemma will be crucial for our construction.

<u>LEMMA 1</u> ([CJS]): For every $\varepsilon > 0$ there exists a 2π-periodic C^∞ function $\alpha_\varepsilon(\tau)$, such that

$$\begin{aligned}&\alpha_\varepsilon(\tau) = 1 \qquad\qquad \text{in a neighbourhood of } \tau = 0\\ &|\alpha_\varepsilon(\tau) - 1| \leq M\varepsilon, \quad |\alpha'_\varepsilon(\tau)| \leq M\varepsilon \quad \forall\tau \in \mathbf{R},\end{aligned} \tag{13}$$

for which the solution w_ε of the problem

$$\begin{cases} w'' + \alpha_\varepsilon(|\tau|)w = 0 \\ w(0) = 1, \ w'(0) = 0 \end{cases} \tag{14}$$

has the following behaviour for $|\tau| \to \infty$:

$$w_\varepsilon(\tau) \sim w_{0,\varepsilon}(\tau)e^{-\varepsilon|\tau|}, \tag{15}$$

with $w_{0,\varepsilon}(\tau)$ uniformly bounded.

Using the functions α_ε and w_ε, we then define

$$a(t) = \begin{cases} \alpha_{\varepsilon_k}(h_k|t-t_k|) \text{ for } t \in I_k \\ 1 \qquad\qquad \text{outside of } \bigcup_j I_j \end{cases} \tag{16}$$

and

$$u_k(t,x) = w_{\varepsilon_k}(h_k|t-t_k|)e^{ih_kx},$$

where $\{h_k\}$ and $\{\varepsilon_k\}$ are positive numbers such that

$$\begin{aligned}&h_k\ \rho_k/(4\pi) \in \mathbf{N}\\ &h_k\ \rho_k \to +\infty, \quad \varepsilon_k = O(1/h_k^\alpha) \quad \forall\alpha < 1,\end{aligned} \tag{17}$$

so that, by (13), $a(t)$ belongs to $C^{0,\alpha}(\mathbf{R}_t)$ $\forall\alpha < 1$,

Then, by choosing $\{h_k\}$ and $\{\varepsilon_k\}$ in a suitable way, we see that the functions u_k have the desired property.

§2. LOCAL SOLVABILITY

Let

$$P: C^k(\Omega) \to \mathcal{D}'(\Omega) \qquad (\Omega \text{ open of } \mathbf{R}^\nu)$$

be a linear partial differential operator with coefficients in $\mathcal{D}'(\Omega)$,

$k \in \mathbb{N} \cup \{\infty\}$; then P is said to be locally solvable at a point $y_0 \in \Omega$ if, for every $f \in C^{\infty}(V)$, V neighbourhood of y_0, the equation

$$Pu = f$$

has some solution $u \in C^k(W)$, W neighbourhood of y_0 ($W \subseteq V$).

Let us now consider the special case

$$\mathbf{R}^{\nu} = \mathbf{R}_t \times \mathbf{R}_x^n \qquad (\nu = n+1)$$

$$P = \partial_t^m + \sum_{j=0}^{m-1} P_j(t,x;\partial_x)\partial_t^j \tag{18}$$

with P_j polynomials (in ∂_x) of order $\leq m-j$, i.e. the case in which P is a kovalewskian operator with respect to t. Let us also assume that the coefficients of P are such that P operates from C^k to $\mathcal{D}'$, for some $k \geq m-1$.

Then, we can associate with P the initial value problem (I.V.P.)

$$\begin{cases} Pu = f(t,x) & \text{on } \mathbf{R}_t \times \mathbf{R}_x^n \\ \partial_t^j u = u_{(j)}(x) & \text{for } t = t_0,\ j = 0,1,\ldots,m-1, \end{cases} \tag{19}$$

and, consequently, we can specialize as follows the general notion of local solvability.

DEFINITION: An operator P of type (18) is said to be locally solvable with respect to the I.V.P. at a point $(t_0,x_0) \in \mathbf{R}_t \times \mathbf{R}_x^n$, if for every $f(t,x) \in C^{\infty}(V)$ and $u_{(j)}(x) \in C^{\infty}(V \cap \{t = t_0\})$, with V neighbourhood of (t_0,x_0), Problem (19) has some solution $u(t,x) \in C^k(W)$, W neighbourhood of (t_0,x_0).

When P is strictly hyperbolic and its coefficients are Lipschitz continuous in t, the Cauchy problem associated with P is well-posed in some Sobolev spaces, so that P is, in particular, locally solvable w.r.t. the I.V.P.

The next theorem states that, if one relaxes the regularity of the coefficients, one can lose not only the well-posedness but even the local solvability w.r.t. the I.V.P.

THEOREM 3 ([CS]$_2$): It is possible to find a function a(t) such that

$$a(t) \in C^{0,\alpha}(\mathbf{R}_t) \quad \forall \alpha < 1, \quad a(t) \geq \frac{1}{2} \tag{20}$$

and two C^∞ functions $u_{(0)}(x)$ and $u_{(1)}(x)$, in such a way that, $\forall \bar{x} \in \mathbf{R}_x$, the I.V.P. problem

$$\begin{cases} u_{tt} - a(t)u_{xx} = 0 \\ u(0,x) = u_{(0)}(x),\ u_t(0,x) = u_{(1)}(x) \end{cases} \tag{21}$$

has no distribution-solution $u(t,x)$ in any neighbourhood of $(0,\bar{x})$.

More precisely, for every $\bar{x}$ and positive δ, ρ, (21) has no solution u belonging to $C^1(]-\delta,\delta[, \mathcal{D}'(]\bar{x}-\rho, \bar{x}+\rho[))$.

The following theorem is a counter-example of local solvability in the general sense, but with the restriction that the solutions are "a priori" periodic in x.

THEOREM 4 ([CS$_2$): It is possible to find a function a(t) satisfying (20) and a 2π-periodic C^∞ function f(x), such that the equation

$$u_{tt} - a(t)u_{xx} = f(x) \tag{22}$$

has no 2π-periodic (in x) solution $u(t,x)$ on any strip $\{(t,x):|t| < \delta\}$, $\forall\delta > 0$.

More precisely, $\forall\delta > 0$ there is no solution of (22) which belongs to $C^1(]-\delta,\delta[, \mathcal{D}'_{2\pi}(\mathbf{R}_x))$, where $\mathcal{D}'_{2\pi}$ are the 2π-periodic distributions.

Finally, the next theorem is a counter-example of general local solvability, without any restriction, but we are now forced to consider equations with coefficients depending also on x.

THEOREM 5 ([CS]$_2$): It is possible to find a function a(t,x), with

$$a(t,x) \in C^{0,\alpha}(\mathbf{R}_t \times \mathbf{R}_x) \quad \forall\alpha < 1, \quad a(t,x) \geq \frac{1}{2}, \tag{23}$$

and a function $f(t,x) \in C^\infty(\mathbf{R}_t \times \mathbf{R}_x)$, in such a way that the equation

$$u_{tt} - (a(t,x)u_x)_x = f(t,x) \tag{24}$$

has no solution $u \in C^1(W)$, for any neighbourhood W of (0,0).

As a matter of fact one can take

$$a(t,x) = \frac{a_0(t)}{a_0(x)}$$

with $a_0(\xi)$ satisfying (20), and

$$f(t,x) = x$$

(or, more generally, $f(t,x)$ equal to any C^1 function such that $f_x(0,0) \neq 0$).

REMARKS

8. ($\mathcal{D}'$-singular support)

Under assumption (20), Problem (21) is well-posed in the spaces $\mathcal{D}^{(s)'}(\mathbf{R}_x)$ of the Gevrey ultradistributions, $\forall s > 1$; thus, in particular, it has a (unique) solution $u \in C^2(\mathbf{R}_t; \mathcal{D}^{(s)'}(\mathbf{R}_x))$ for every $u_{(0)}(x)$ and $u_{(1)}(x)$ in $C^\infty(\mathbf{R}_x)$. Hence Th. 3 should be viewed rather as a counter-example to the regularity of the solutions rather than to the existence. In this respect, Th. 3 could be re-stated in the following way.

There exists a function $a(t)$ satisfying (20) and a Gevrey ultradistribution $u(t,x)$, solution of the equation

$$u_{tt} - a(t)u_{xx} = 0 \quad \text{on} \quad \mathbf{R}_t \times \mathbf{R}_x,$$

such that

$$u \in C^\infty(\{t < 0\})$$

whereas

$$\{t = 0\} \subseteq \mathcal{D}'\text{-sing supp } (u),$$

i.e. u is not a distribution near any point of the line $\{t = 0\}$.

9. (abstract equations)

Th. 4 can be also set in the frame of the abstract equation. To this end let us write (22) as

$$u'' + A(t)u = f \tag{25}$$

where

$$A(t) = -a(t)\partial_x^2.$$

Moreover, let us consider the Hilbert triplet

$$V = H^1_{loc}(\mathbf{R}_x) \cap \mathcal{D}'_{2\pi}(\mathbf{R}_x)$$

$$H = L^2_{loc}(\mathbf{R}_x) \cap \mathcal{D}'_{2\pi}(\mathbf{R}_x)$$

$$V' = H^{-1}_{loc}(\mathbf{R}_x) \cap \mathcal{D}'_{2\pi}(\mathbf{R}_x),$$

so that, by (20),

$$A(\cdot) \in C^{0,\alpha}(\mathbf{R}_t; L(V,V')) \qquad \forall\alpha < 1 \tag{26}$$

and

$$\begin{aligned} &\langle A(t)v_1,v_2\rangle = \langle A(t)v_2,v_1\rangle \\ &\langle A(t)v,v\rangle \geqq \nu\,\|v\|_V^2 \qquad (\nu > 0). \end{aligned} \tag{27}$$

Hence (25) is an abstract hyperbolic equation of the type studied, for instance, in [LM].

Now, Th. 4 states that there exist some $A(t)$ satisfying (26) and (27), and some $f \in H$, for which, $\forall\delta > 0$, (25) does not possess any solution $u \in C^2(]-\delta,\delta[;V)$.

10. (sharpness of Th. 5)

Let us consider Equation (24) with $a(t,x) \geqq \nu > 0$. If $a(t,x)$ is Lipschitz continuous with respect to t or to x, or more generally with respect to some direction $\xi = \lambda t + \mu x$ $(\lambda + \mu = 1)$, we can solve the Cauchy problem for (25) with initial data on the line $\{\xi = 0\}$ and hence we get local solvability.

11. (weakly hyperbolic equations)

One can construct analogous counter-examples to those given by Theorems 3 and 4, in which the assumption (20) is replaced by

$$a(t) \in C^\infty(\mathbf{R}_t), \quad a(t) \geqq 0.$$

Probably, a similar version of Th. 5 also holds, but the construction does not seem so easy to make.

12. (sketch of the proof of Th . 3)

We use a variant of Lemma 1 (see Remark 7) which ensures the existence of a 2π-periodic function $\alpha_\varepsilon(\tau)$ satisfying (13), such that the solution w_ε of

$$\begin{cases} w'' + \alpha_\varepsilon(\tau) w = 0 \quad , \quad \tau \geqq 0 \\ w(0) = 1, \; w'(0) = 0 \end{cases} \tag{28}$$

has the form

$$w_\varepsilon(\tau) = w_{0,\varepsilon}(\tau) e^{\varepsilon\tau} \qquad (\tau > 0) \tag{29}$$

for some uniformly bounded functions $w_{0,\varepsilon}(\tau)$.

Then, fixing a sequence of contiguous time-intervals

$$I_k = [t_k - \rho_k/2, \; t_k + \rho_k/2] \qquad (t_k \searrow 0)$$

and two real sequences $\{h_k\}$ and $\{\varepsilon_k\}$ satisfying (17), we define (as in the proof of Th. 1) the coefficient a(t) of (21) by taking

$$a(t) = \begin{cases} \alpha_{\varepsilon_k}(h_k(t_k - t)) & \text{for } t \in I_k \\ 1 & \text{outside of } \bigcup_j I_j. \end{cases} \tag{30}$$

Afterwards, we define the initial data of (21) as follows:

$$\begin{aligned} &u_{(0)}(x) = 0 \\ &u_{(1)}(x) = \sum_{j=1}^{\infty} a_j \, e^{ih_j x}, \quad \text{with } a_j = e^{-(\lg h_j)^2}. \end{aligned} \tag{31}$$

Now $u_{(1)}$ is a C^∞ (but not a Gevrey) function, while Problem (21), under the hypothesis (20), is well-posed in the class of Gevrey ultra-distributions; hence (21) has a (unique) ultra-distribution solution

$$u(t,x) = \sum_{k=1}^{\infty} \phi_k(t)e^{ih_k x}. \tag{32}$$

In order to prove that, for each fixed $\bar{x} \in \mathbf{R}_x$ and $\delta > 0$, such a solution $u(t,x)$ is not a distribution on the rectangle $]\bar{x}-\delta, \bar{x}+\delta[\times]-\delta,\delta[$, we introduce the "dual problem"

$$\begin{cases} v_{tt} - a(t)v_{xx} = 0 & \text{on } [0,t_k] \times \mathbf{R}_x \\ v(t_k,x) = \chi_k(x), \quad v_t(t_k,x) = 0 \end{cases} \tag{33}$$

for each fixed k.

As initial data of (33), we take the function

$$\chi_k(x) = \chi(x)e^{ih_k x} \tag{34}$$

where $\chi(x)$ is some Gevrey function like

$$\chi(x) = \sum_{h=-\infty}^{+\infty} b_h e^{ihx}, \quad b_0 \neq 0 \tag{35}$$

such that

$$\operatorname{supp}(\chi) \cap [\bar{x}-\pi, \bar{x}+\pi] \subseteq [\bar{x}-\delta/4, \bar{x}+\delta/4] \tag{36}$$

(we assume in the following that $\delta < \pi$).

By consequence, the function $\chi_k(x)$ also satisfies (36) with χ replaced by χ_k, and hence, by the "finite speed of propagation" property, the solution $v_k(t,x)$ of (33) is such that, for $t \in [0,t_k]$,

$$\operatorname{supp}(v_k(t,\cdot)) \cap [\bar{x}-\pi, \bar{x}+\pi] \subseteq [\bar{x}-\delta/2, \bar{x}+\delta/2] \tag{37}$$

provided that k is sufficiently large.

Now, let us suppose by contradiction that the solution (32) of Problem (21) belongs to the space $\mathcal{D}'(\bar{x}-\delta, \bar{x}+\delta[\times]-\delta,\delta[)$. Then (by the fact that u solves (21)) we have also that

$$u \in C^2([-\delta,\delta]; \mathcal{D}'(]\bar{x}-\delta, \bar{x}+\delta[))$$

so that, by pairing (21) with (33) and taking (37) into account, we get the equality

$$\left[\int_{\bar{x}-\delta}^{\bar{x}+\delta} (u\cdot\partial_t v_k - v_k\cdot\partial_t u)dx\right]_{t=0}^{t=t_k} = 0. \tag{38}$$

We shall prove that such an equality becomes impossible for $k \to \infty$.

To this end, let us observe that, by (35), the initial datum of Problem (33) has the form

$$\chi_k(x) = \sum_{h=-\infty}^{+\infty} b_{h-h_k} e^{ihx} \tag{39}$$

while the solution of (33) can be written as

$$v_k(t,x) = \sum_{h=-\infty}^{+\infty} \psi_{k,h}(t)e^{ihx}. \tag{40}$$

We are interested uniquely in functions $\psi_{k,h}(t)$ for $h = h_1, h_2, h_3, \ldots$, since by (32) they are the only ones that appear in (38). For $h = h_k$ we have, in particular, from (39)

$$\begin{cases} \psi''_{k,h_k} + h_k^2\, a(t)\, \psi_{k,h_k} = 0 \\ \psi_{k,h_k}(t_k) = b_0,\ \psi'_{k,h_k}(t_k) = 0\,. \end{cases}$$

Thus, comparing with (28) and taking (30) into account, we have

$$\psi_{k,h_k}(t) = b_0 \cdot w_{\varepsilon_k}(h_k(t_k-t)) \text{ for } t \in [t_k-\rho_k/2,\ t_k]\,.$$

Hence by (29) (we recall that $h_k\rho_k/2$ is a multiple of 2π) we get the equality

$$\psi_{k,h_k}(t_k-\rho_k/2) = b_0 . e^{\varepsilon_k h_k \rho_k/2}\,. \tag{41}$$

From this we derive, by an energy estimate,

$$|\psi_{k,h_k}(0)| \geq |b_0|\, e^{\varepsilon_k h_k \rho_k/4}, \tag{42}$$

provided the sequences $\{h_k\}$, $\{\varepsilon_k\}$ and $\{\rho_k\}$ are properly chosen.

As to the other terms $\psi_{k,h_j}(0)$ and $\psi'_{k,h_j}(0)$, $j \neq k$, which appear in (38), we can see (again by energy estimates) that they are increasing, for $k \to \infty$, less rapidly than the second term of (42), provided that the coefficients b_h of (35) are rapidly converging to zero (e.g. $b_h \sim \exp(-|h|^{1/s})$ for some $s > 1$) and that $\{h_k\}$ is suitably lacunary.

In conclusion, among all the terms of (38), one is preponderant over the others for $k \to \infty$, and this yields a contradiction.

13. (sketch of the proof of Th. 4)

We fix a sequence $\{I_k\}$ of contiguous time-intervals and two real sequences $\{h_k\}$, $\{\varepsilon_k\}$ as in the proof of Th. 1 (see Remark 7), and we define $a(t)$ in the same way (see (16)).

Afterwards, we introduce the functions

$$v_k(t,x) = \psi_k(t)e^{ih_k x}$$

where

$$\psi_k(t) = w_{\varepsilon_k}(h_k(t_k-t)),$$

w_ε being the function defined by Lemma 1.

In particular the v_k's are solutions of

$$(\partial_t^2 - a(t)\partial_x^2)v_k = 0 \quad \text{on } I_k \times \mathbf{R}_x. \tag{43}$$

Finally, we define the function of the right-hand term of (22), as

$$f(x) = \sum_{h=-\infty}^{+\infty} c_h\, e^{ihx}, \text{ with } c_h = e^{-(\lg h)^2},$$

so that f is a C^∞ (but not a Gevrey) function.

Now, if u is any solution of (22) belonging to $C^1(]-\delta,\delta[, \mathcal{D}'_{2\pi}(\mathbf{R}_x))$, we have necessarily

$$u(t,x) = \sum_{h=-\infty}^{+\infty} \phi_h(t)\, e^{ihx};$$

hence, by pairing Equation (38) with (43), we find the equality

$$\left[\psi_k \cdot \phi'_{h_k} - \psi'_k \cdot \phi_{h_k}\right]_{t=t_k-\rho_k/2}^{t=t_k+\rho_k/2} = c_{h_k} \cdot \int_{I_k} \psi_k(t)dt. \tag{44}$$

Now, by the definition of ψ_k and the property of w_ε, we easily see that the quantity $\int_{I_k} \psi_k(t)dt$ is decreasing to zero more slowly (as $k \to \infty$) than $\psi_k(t_k \pm \rho_k/2)$ and $\psi'_k(t_k \pm \rho_k/2)$. Thus, passing to the limit in (44), we find a contradiction.

14. (sketch of the proof of Th. 5)

Fixing I_k, $a(t)$ and ψ_k as in Remark 13, we define

$$a(t,x) = \frac{a(t)}{a(x)}, \quad f(t,x) = x$$

and

$$w_k(t,x) = \psi_k(t)\cdot\psi'_k(x),$$

$$Q_k = I_k \times I_k \subseteq \mathbf{R}_t \times \mathbf{R}_x.$$

In particular w_k is a solution to

$$(\partial_t^2 - \partial_x(a(t,x)\partial_x))w_k = 0 \text{ on the cube } Q_k. \tag{45}$$

Now, if $u \in C^1(W)$ is any solution of Equation (24), with W a neighbourhood of (0,0), by pairing (28) with (45) on Q_k and letting $k \to \infty$, we find a contradiction.

REFERENCES

[C] P. Cohen, "The non-uniqueness of the Cauchy problem", O.N.R. Technical Report n. 93 Stanford University (1960).

[CDS] F. Colombini, E. De Giorgi and S. Spagnolo, "Sur les équations hyperboliques avec des coefficients qui ne dépendent que du temps", Ann. Sc. Norm. Sup. Pisa 6 (1979), 511-559.

[CJS] F. Colombini, E. Jannelli and S. Spagnolo, "Non-uniqueness in hyperbolic Cauchy problems", to appear on Annals of Math.

[CS]$_1$ F. Colombini and S. Spagnolo, "An example of weakly hyperbolic Cauchy problem not well-posed in C^∞, Acta Math. 148 (1982), 243-253.

[CS]$_2$ F. Colombini and S. Spagnolo, paper in preparation.

[DG] E. De Giorgi, "Un esempio di non unicità della soluzione del problema di Cauchy relativo ad una equazione differenziale lineare a derivate parziali di tipo parabolico", Rend. di Mat. 14 (1955), 382-387.

[H] L. Hörmander, "Linear Partial Differential Operators", Springer Verlag, Berlin 1964.

[LM] J.L. Lions and E. Magenes, "Problèmes aux limites non homogènes et applications", Dunod, Paris 1970.

[N] S. Nakane, "Non uniqeness in the Cauchy problem for partial differential equations with multiple characteristic I", Comm. in P.D.E. 9 (1984), 63-106.

[P] A. Pliš, "The problem of uniqueness for the solutions of a system of partial differential equations", Bull. Acad. Pol. Sc. 2 (1954), 55-57.

S. Spagnolo
Dipartimento di Matematica
Università di Pisa
Via Buonarroti 2
56100 Pisa
Italy.

J VAILLANT

Systèmes hyperboliques de rang variable

§0. INTRODUCTION

Les systèmes d'équations aux dérivées partielles hyperboliques de multiplicité et rang constants ont fait l'objet de nombreuses publications, (cf. par exemple, la bibliographie de [1], [3]). Le cas du rang variable est traité pour la multiplicité 2 par Matsumoto [3]. Nous commençons ici l'étude des multiplicités superieures et obtenons en 2 variables des conditions nécessaires et suffisantes pour un système analytique sous une forme généralisant celle de Jordan et pour les multiplicités inférieures ou égales a 4. Les détails des démonstrations et les résultats complets paraitront dans une autre publication.

§1. NOTATIONS

On considère le problème de Cauchy suivant au voisinage de l'origine dans R^{n+1}

$$h(x,D)\, u(x) \equiv a(x,D)\, u(x) + b(x)u(x) = f(x)$$

ou $$a(x,D) = \sum_{\alpha=0}^{\alpha=n} a^{\alpha}(x)\, D_{\alpha} = ID_0 + \sum_{i=1}^{n} a^{i}(x)D_i,$$

$a^i(x)$ et $b(x) \equiv (b^i_j(x))$ sont des matrices $m \times m$ fonctions C^∞ de $x = (x^0,x')$ au voisinage de 0, $D_\alpha = \frac{\partial}{\partial x^\alpha}$, f est vectorielle C^∞; u satisfait la condition:

$$u(t,x') = g_t(x'),$$

où g est donné C^∞.

On note $\xi = (\xi_0,\xi')$ la variable duale de x. On fait l'hypothèse que l'équation caractéristique en ξ

$$\det a(x,\xi_0,\xi') = 0$$

a une seule racine (multiple); on peut se ramener au cas où elle est nulle, de sorte que:

$$\det a(x,\xi) \equiv \xi_0^m.$$

$A(x,\xi)$ désigne la matrice des cofacteurs de $a(x,\xi)$, de sorte que:

$$aA = Aa = \det a \; I.$$

On utilisera la convention de sommation; par exemple:

$$\sum_{\alpha=0}^{n} a^{\alpha} \xi_{\alpha} = a^{\alpha} \xi_{\alpha}$$

On note $\mathcal{L}(x,\xi,D)$ l'opérateur matriciel différentiel, sur l'espace cotangent, défini localement par:

$$\mathcal{L}(x,\xi,D) = A(x,\xi)\, a^{\alpha}(x)\, D_{\alpha} + A(x,\xi)\, b(x).$$

On fera l'hypothese que: $2 \leqq m \leqq 4$.

§2. CONDITION NECESSAIRE D'HYPERBOLICITE

PROPOSITION: Pour que le problème de Cauchy sont localement bien posé en C^{∞}, il faut que,

i) si $m = 2$,

$$\mathcal{L}(x,\xi,D)\, A(x,\xi) \equiv A(x,\xi)\, a^{\alpha}(x) D_{\alpha}\, A(x,\xi) + A(x,\xi)\, b(x)\, A(x,\xi)$$

soit divisible par ξ_0

ii) si $m = 3$

$\mathcal{L}(x,\xi,D)\, A(x,\xi)$ soit divisible par ξ_0^2; en posant alors:

$$\mathcal{L}(x,\xi,D)\, A(x,\xi) \equiv \Lambda_1(x,\xi)\xi_0^2,$$

il faut aussi que:

$\mathcal{L}(x,\xi,D)\Lambda_1(x,\xi)$ soit divisible par ξ_0^2, c'est-à-dire que:

$$\mathcal{L}(x,\xi,D)\, [\mathcal{L}(x,\xi,D)\, A(x,\xi)]$$

soit divisible par ξ_0^4

iii) si $m = 4$

$\mathcal{L}(x,\xi,D)\ A(x,\xi)$ soit divisible par ξ_0^3; en posant:

$$\mathcal{L}(x,\xi,D)\ A(x,\xi) = \Lambda_1\ \xi_0^3.$$

il faut que:

$$\mathcal{L}(x,\xi,D)\ \Lambda_1(x,\xi)$$

soit divisible par ξ_0^3, et en posant:

$$\mathcal{L}(x,\xi,D)\ \Lambda_1(x,\xi) = \Lambda_2\ \xi_0^3,$$

il faut aussi que:

$$\mathcal{L}(x,\xi,D)\ \Lambda_2(x,\xi)$$

soit divisible par ξ_0^3.

PREUVE: On obtient ces conditions en suivant la méthode de Lax, Mizohata, sous la forme d'Ivrii-Petkov [1] (cf. aussi Berzin, Vaillant [2]). Evidemment elles sont satisfaites, par exemple, si A est divisible par ξ_0^{m-1} et, dans la suite, nous serons amenés a étudier des conditions suffisantes pour des ouverts en x tels qu'il existe un ensemble partout dense où A n'est pas divisible par ξ_0.

§3. CONDITIONS SUFFISANTES EN DIMENSION 2.

Nous ferons les hypothèses 1 suivantes.

i) $n = 1$,

ii) les coefficients $a(x)$ et $b(x)$ sont des germes de fonctions analytiques de variables réelles au voisinage de 0.

iii)
$$a^1(x) \equiv \begin{pmatrix} 0 & \mu_1(x) & \cdots & 0 \\ \vdots & & & \vdots \\ 0 & \cdots\cdots\cdots & & 0 \\ 0 & \cdots\cdots\cdots\cdots & & \mu_{m-1}(x) \\ 0 & \cdots\cdots\cdots\cdots\cdots & & 0 \end{pmatrix}$$

avec $\mu_1(x) \ldots \mu_{m-1}(x) \not\equiv 0$.

REMARQUE 2: Dans ces conditions, en posant:

$$u^i(x) = v^i(x)\, e^{-\int_0^{x^0} b_i^i(t,x')\, dt},$$

le problème de Cauchy donné est remplacé par un problème de Cauchy pour v, où la matrice b a ses coefficients diagonaux b_i^i nuls et où le produit des nouveaux coefficients μ n'est pas identiquement nul. Nous conviendrons dans la suite que ce changement d'inconnues a été réalisé et nous ne changerons pas les notations.

Les conditions de Lévi du §2 s'explicitent alors par le lemme suivant:

LEMME 3: Les conditions obtenues au §2 sont équivalentes aux conditions suivantes:

i) $m = 2$ $\qquad b_1^2 \equiv 0$

ii) $m = 3$ $\qquad b_1^3 \equiv 0, \quad \mu_1\, b_1^2 + \mu_2\, b_2^3 \equiv 0$ et

$$D_o\left(\frac{b_2^3}{\mu_1}\right) \equiv 0$$

iii) $m = 4$

$$b_1^4 \equiv 0,\ \mu_1 b_1^3 + \mu_3 b_2^4 \equiv 0,\ \mu_1 b_1^2 + \mu_2 b_2^3 + \mu_3 b_3^4 \equiv 0$$

$$\frac{b_1^2\, b_3^4}{\mu_2} - D_o\left(\frac{b_2^4}{\mu_1}\right) \equiv 0$$

$$b_2^4(b_2^1 \mu_3 - \mu_1 b_4^3) + \mu_1^2\, D_o\left(\frac{b_1^2}{\mu_1}\right) - \mu_1 \mu_3\, D_o\left(\frac{b_3^4}{\mu_2}\right) - \mu_1 \mu_3\, D_1\, b_2^4 \equiv 0$$

$$\frac{1}{\mu_1^2\, \mu_2^2}\, [\mu_1 \mu_2\, b_2^4(b_1^2 b_3^1 - b_4^2 b_3^4) - b_4^1 (b_2^4)^2\, \mu_2^2 + \mu_1^2\, b_1^2 b_3^4 b_3^2]$$
$$- \frac{b_1^2}{\mu_2}\, D_1\, b_3^4 + D_o\left[\frac{1}{\mu_1}\, D_o\, \left(\frac{b_3^4}{\mu_2}\right) + \frac{1}{\mu_1}\, D_1\, b_2^4 - \frac{b_2^4\, b_2^1}{\mu_1^2}\right] = 0.$$

THEOREME 4: Sous les hypothèses 1 du §3, les conditions du §2 sont nécessaires et suffisantes pour que le problème de Cauchy soit localement bien posé en C^∞.

PREUVE: La nécessité a déja été obtenue. Nous démontrons la suffisance des conditions. Le cas m = 2 a été traite par Matsumoto [3] et est immédiat, car le système s'écrit:

$$\begin{cases} D_0 u^1 + \mu_1 D_1 u^2 + b_2^1 u^2 = f^1 \\ D_0 u^2 = f^2 \\ u^1(0,x^1) = g^1(x^1),\ u^2(0,x^2) = g^2(x_1) \end{cases}$$

CAS m = 3

On a d'abord:

$$\frac{b_2^3}{\mu_1}(x) = - \frac{b_1^2}{\mu_2}(x) = \frac{\beta(x_1)}{\nu(x_1)}$$

ou β, ν sont analytiques; soit encore:

$$b_2^3 = \ell\beta(x^1),\ \mu_1 = \ell\nu(x^1),\ b_1^2 = - k\beta \quad \mu_2 = + k\nu \ .$$

Le système s'écrit:

$$(1) \quad D_0 u^1 + \mu_1 D_1 u^2 + b_2^1 u^2 + b_3^1 u^3 = f^1$$

$$(2) \quad D_0 u^2 + k(x) [\nu(x^1) D_1 u^3 - \beta(x^1) u^1] + b_3^2 u^3 = f^2$$

$$(3) \quad D_0 u^3 + b_2^3 u^2 = f^3$$

$$(4) \quad u^1(0,x^1) = g^1(x^1),\ u^2(0,x^1) = g^2(x_1),\ u^3(0,x^1) = g^3(x_1).$$

On pose:

$$w(x) = \nu(x^1) D_1 u^3 - \beta(x^1) u^1 \ ;$$

on obtient:

$$D_0 w + (\nu D_1 b_2^3 - \beta b_2^1) u^2 - \beta b_3^1 u^3 = f'^1$$

où f'^1 dépend des données:

$$w(0,x^1) = \nu(x^1)\, D_1\, g^3(x^1) - \beta(x^1)\, g^1(x_1) = g'(x^1)$$

ne dépend aussi que des données.

Le système (1), (2), (3), (4) devient alors:

(1) $D_o\, u^1 + \mu_1\, D_1\, u^2 + b_2^1\, u^2 + b_3^1\, u^3 = f^1$

(5) $D_o\, u^2 + k(x)\, w(x) + b_3^2\, u^3 = f^2$

(6) $D_o w + (\nu\, D_1\, b_2^3 - \beta b_2^1)\, u^2 - \beta\, b_3^1\, u^3 = f'^1$

(3) $D_o\, u^3 + b_2^3\, u_2 = f^3$

(4) et (7) $w(0,x^1) = g'(x^1)$.

Réciproquement si u^1, u^2, u^3, w vérifient ce système, on obtient que: u^1, u^2, u^3 vérifient (1), (2), (3), (4). On est donc ramené á la résolution du système transformé. Or (5), (6), (3) est un système différentiel ordinaire (dérivation en x^o), où ne figure par u^1; il détermine donc, en utilisant les données g^2, g' et g^3, u^2, w, u^3; u^1 est alors déterminé par (1) et la donnée g^1.

<u>REMARQUE 5</u>: On peut aisément obtenir par ces formules explicites la perte de régularité dûe au rang variable, la propagation des singularités et l'étude en classes de Gevrey.

<u>CAS</u> m = 4: Nous écrirons ici la démonstration pour des μ <u>irréductibles</u>.

<u>LEMME 6</u>: Si de plus μ_1, μ_2, μ_3 sont premiers entre eux deux à deux, alors b_2^4 est divisible par μ_1, b_1^2 et b_3^4 sont divisibles par μ_2 et

$$D_o\left(\frac{b_3^4}{\mu_2}\right) + D_1\, b_2^4 - \frac{b_2^4\, b_2^1}{\mu_1} \text{ est divisible par } \mu_1.$$

Dans le cas du lemme, on transforme le système initial en posant:

$$w^1(x) = D_1 u^4 - \frac{b_2^4}{\mu_1}\, u^1 - \frac{b_3^4}{\mu_2}\, u^2$$

$$w^2(x) = D_1 u^3 + \frac{b_1^2}{\mu_2} u^1$$

$$w^3(x) = D_1 w^1 + \frac{1}{\mu_1} \left[\frac{b_2^4 b_2^1}{\mu_1} - D_o\left(\frac{b_3^4}{\mu_2}\right) - D_1 b_2^4\right] u^1$$

le système transformé est de la forme:

$$D_o u^1 + \mu_1 D_1 u^2 + b_2^1 u^2 + b_3^1 u^3 + b_4^1 u^4 = f^1$$

$$D_o u^2 + \mu_2 w^2 + b_3^2 u^3 + b_4^2 u^4 = f'^2$$

$$D_o u^3 + \mu_3 w - \mu_1 \frac{b_1^2}{\mu_2} u^2 + b_4^3 u^4 = f'^3$$

$$D_o u^4 + b_2^4 u^2 + b_3^4 u^3 = f^4$$

$$D_o w_1 - \left[\frac{b_2^4 b_2^1}{\mu_1} - D_o\left(\frac{b_3^4}{\mu_2}\right) - D_1 b_2^4\right] u^2$$

$$- \left(\frac{b_2^4 b_3^1}{\mu_1} + \frac{b_3^4 b_3^2}{\mu_2} - D_1 b_3^4\right) u^3$$

$$- \left(\frac{b_2^4 b_4^1}{\mu_1} + \frac{b_3^4 b_4^2}{\mu_2}\right) u^4 = f''^1$$

$$D_o w^2 + \mu_3 w^3 + (b_4^3 + D_1 \mu_3) w^1 + \left[\frac{b_4^3 b_3^4}{\mu_2} - D_1\left(\frac{1}{\mu_2} b_1^2\right) + \frac{b_1^2 b_2^1}{\mu_2}\right] u^2$$

$$+ \frac{b_1^2 b_3^1}{\mu_1} u^3 + \left(D_1 b_4^3 + \frac{b_1^2 b_4^1}{\mu_2}\right) u^4 = f''_2$$

$$D_o w^3 - \{D_1[-D_1 b_2^4 + \frac{b_2^4 b_2^1}{\mu_1} - D_o(\frac{b_3^4}{\mu_2} \quad \left(\frac{b_2^4 b_4^1}{\mu_1} + \frac{b_3^4 b_4^2}{\mu_2}\right)$$

$$+ \frac{1}{\mu_1} \left[\frac{b_2^4 b_2^1}{\mu_1} - D_o \left(\frac{b_3^4}{\mu_2}\right) - D_1 b_2^4\right] b_2^1\} u^2$$

$$-\left(- D_1 b_3^4 + \frac{b_2^4 b_3^1}{\mu_1} + \frac{b_3^4 b_3^2}{\mu_2} w^2 - \{D_1\left(-D_1 b_3^4 + \frac{b_2^4 b_3^1}{\mu_1} + \frac{b_3^4 b_3^2}{\mu_2}\right)\right.$$

$$-\frac{1}{\mu_1}\left[\frac{b_2^4\, b_2^1}{\mu_1} - D_o\left(\frac{b_3^4}{\mu_2}\right) - D_1\, b_2^4\right]b_3^1\}u^3 - \left(\frac{b_2^4\, b_4^1}{\mu_1} + \frac{b_3^4\, b_4^2}{\mu_2}\right)w^1$$

$$-\{D_1\left(\frac{b_2^4\, b_4^1}{\mu_1} + \frac{b_3^4\, b_4^2}{\mu_2}\right) - \frac{b_4^1}{\mu_1}\left[\frac{b_2^4\, b_2^1}{1} - D_o\left(\frac{b_3^4}{2}\right) - D_1\, b_2^4\right]\}u^4 = f_3''$$

$$u(0,x^1) = g(x^1),\ w^1(0,x^1) = D_1\, g^4(x^1) - \frac{b_2^4}{\mu_1}\, g^1(x^1) - \frac{b_3^4}{\mu_2}\, g^2(x^1)$$

$$w^2(0,x_1) = D_1\, g^3(x^1) + \frac{b_1^2}{\mu_2}\, g^1(x^1),\ w^3(0,x^1) = D_1(w^1(0,x^1) +$$

$$+ \frac{1}{\mu_1}\left[\frac{b_2^4\, b_2^1}{\mu_1} - D_o\left(\frac{b_3^4}{\mu_2}\right) - D_1\, b_2^4\right]g^1(x^1).$$

On obtient donc, w^1, w^2, w^3, u^2, u^3, u^4 par intégration d'un système différentiel ordinaire, puis u^1 par la première équation.

Les autres cas se traitent de façon analogue.

REMARQUE 7: On peut encore aisément obtenir par ces formules la perte de régularité dûe au rang variable, la propagation des singularités et l'étude en classes de Gevrey.

BIBLIOGRAPHIE

1. R. Berzin, J. Vaillant, Journal Math. Pures et Appliquées 58, 1979, p. 165 a 216.
2. V. Ivrii et V.M. Petkov, Upsehi Math. Nauk, vol 25, n° 5, 1974, p. 370.
3. W. Matsumoto, J. Math. Kyoto Univ, vol 21 n° 1 et 2, 1981.

J. Vaillant
Unite Associée au CNRS 761
Mathématiques, Tour 45-46, 5ème étage
Université Pierre et Marie Curie (Paris VI)
4, Place Jussieu
75252 Paris Cedex 05
France.

C ZUILY

Régularité locale des solutions non strictement convexes de l'équation de Monge–Ampère

§0. INTRODUCTION

L'équation de Monge-Ampère réelle, dans un ouvert Ω de $\mathbb{R}^n$,

$$\det(u_{i,j}) = \psi(x) \tag{1}$$

(ainsi que le problème de Dirichlet associé), a fait l'objet d'un grand nombre de travaux de géomètres et d'analystes et nous renvoyons le lecteur au récent article de Caffarelli-Nirenberg-Spruck [2] et à sa bibliographie pour plus de détails. Dans ces travaux, ψ est supposée strictement positive sur $\bar{\Omega}$ et u strictement convexe (i.e. à Hessien défini positif). La raison de ces hypothèses étant simplement que sur de telles fonctions l'équation (1) est alors elliptique. Les méthodes classiques de preuve de l'existence d'une solution (méthode de continuité...) nécessitent, entre autre, de connaitre la régularité de beaucoup de solutions d'équations du type (1) avec un second membre perturbé. Dans le cas elliptique, cette régularité est bien connu et on sait que les solutions classiques sont C^∞ (si les données le sont, bien entendu). Par contre si ψ peut s'annuler sur Ω (i.e. $\psi \geq 0$) et u est une solution convexe de (1), mais non strictement convexe, il y a peu de résultats connus (existence de solutions faibles...). Le but de cet exposé est de présenter quelques résultats de régularité locale de telles solutions.

§1. REGULARITE

On considère, dans un ouvert Ω de $\mathbb{R}^n$, l'équation

$$F(D^2u) = \det(u_{i,j}) = \psi(x) \tag{1}$$

On notera $\Sigma_\psi = (x \in \Omega; \psi(x) = d\psi(x) = 0)$, H la matrice $(u_{i,j})$ et $\tilde{H}$ la matrice de cofacteurs de $\tilde{H}$ i.e. $H = (\frac{\partial F}{\partial u_{\alpha\beta}}(D^2u))$. Pour $1 \leq \alpha \leq n$ on notera ℓ_α la $\alpha^{\text{ième}}$ ligne de $\tilde{H}$.

THEOREME 1: Supposons $\psi \in C^\infty(\Omega)$, $\psi \geq 0$. Soit $u \in C^\rho_{loc}(\Omega)$, $\rho > 4$, une solution réelle et convexe de l'équation (1). Supposons

(C) $\forall x \in \Sigma_\psi$, $\exists\, \alpha \in \{1,2,\ldots,n\}$: $\langle d^2\psi(x)\ell_\alpha, \ell_\alpha\rangle \neq 0$

alors $u \in C^\infty(\Omega)$.

COROLLAIRE 2: Supposons que pour x dans Σ_ψ $d^2\psi(x)$ soit définie positive et que $u \in C^\rho_{loc}(\Omega)$ avec $\rho > 4$. Alors $u \in C^\infty(\Omega)$.

Ceci étant, dans le Corollaire ci-dessus (ainsi que dans le Théoreme 1) la condition a un sens dès que $u \in C^2(\Omega)$. Il est donc naturel de se demander si comme dans le cas elliptique, $u \in C^2(\Omega)$ (ou $C^{2+\varepsilon}_{loc}(\Omega)$) suffit pour que u soit C^∞. Le résultat suivant fournit une résponse négative.

PROPOSITION 3: Il existe des fonctions ψ de classe C^∞ dans la boule B(0,1) telles que $\psi \geq 0$, $d^2\psi(x)$ soit définie positive sur Σ_ψ et telles que l'équation (1) possede une solution $u \in C^{2+\varepsilon}_{loc}$ mais $u \notin C^3$ dans la boule ($\varepsilon > 0$).

Voici un autre exemple d'application du Théorème 1.

EXEMPLE 4: Considérons dans $\mathbf{R}^2$ l'équation $u_{11}\, u_{22} - u_{12}^2 = x_1^2$. La condition (C) se traduit par $u_{22}(0,x_2) \neq 0$. De telles solutions existent; par exemple $u(x_1,x_2) = \frac{1}{2} x_2^2 + \frac{1}{12} x_1^4$.

§2. NON REGULARITE

On s'intéresse dans ce paragraphe au cas où la matrice $d^2\psi(x)$ n'est pas définie positive sur Σ_ψ .

THEOREME 5: Soit Σ une droite dans $\mathbf{R}^2$ et $x_0 \in \Sigma$. Soit ψ une fonction analytique près de x_0, $\psi \geqq 0$, avec $\Sigma_\psi = \Sigma$. Soit k un entier, $k \geqq 2$. Il existe alors, au voisinage de x_0, une fonction u convexe, de classe C^k mais non C^{k+1}, solution de l'équation (1) au voisinage de x_0.

Dans $\mathbf{R}^n$, ce résultat devrait encore être vrai mais il y a encore quelques obstructions techniques qui font que nous n'avons qu'un résultat plus faible.

THEOREME 6: Soit dans $\mathbf{R}^n$, $n \geqq 2$, un plan Σ de dimension n-p, $1 \leqq p \leqq n$ et $x_0 \in \Sigma$. Il existe des fonctions $\psi \geqq 0$, analytiques près de x_0 avec $\Sigma = \Sigma_\psi$ et telles que l'équation (1) possède des solutions convexes de classe C^2 mais non C^3 près de x_0.

§3. ESQUISSE DES PREUVES

A. THEOREME 1: La preuve est basée sur le résultat suivant du à C.J. Xu [1]. Soit F une fonction C^∞ sur $\Omega \times \mathbb{R}^N$, réelle et u une solution réelle

$$F(x,u(x),\ Du(x),\ D^2u(x)) = 0 \text{ dans } \Omega. \tag{2}$$

On note $L^0(x,\xi)$ le symbole principal du linéarisé en u de l'équation (2) i.e.

$$L^0(x,\xi) = \sum_{i,j=1}^{n} \frac{\partial F}{\partial u_{i,j}} (x,u(x),Du(x),\ D^2u(x))\xi_i\xi_j \tag{3}$$

et $L^{0(j)} = \dfrac{\partial L^0}{\partial \xi_j} (x,\xi)$.

THEOREME ([1]): Soit r un entier positif. Soit $\rho > \text{Max}\ (4, r+2)$. Soit $u \in C^\rho_{loc}(\Omega)$ une solution réelle de l'équation (2). Supposons

(a) $L^0(x,\xi) \geqq 0 \quad \forall (x,\xi) \in \Omega \times \mathbb{R}^n$

(b) Parmi les crochets des $L^{0(j)}$, $1 \leqq j \leqq m$, d'ordre $\leqq r$, en tout point de Ω, il y en a n qui sont linéairement indépendants.

Alors $u \in C^\infty(\Omega)$.

La preuve de ce résultat est basée sur le calcul paradifférentiel de J.M. Bony ainsi que sur les techniques de L. Hörmander et de O.A. Oleinik - E.V. Radkevitch.

Ce que l'on montre dans le cas de l'équation de Monge-Ampère c'est que la condition (C) est nécessaire et suffisante pour que les crochets d'ordre $\leqq 2$ engendrent l'éspace tangent. L'étape cruciale est donc le calcul de ces crochets.

LEMME:

$$\psi[X_\gamma,[X_\alpha,X_\beta]] = (X_\gamma X_\alpha\psi)X_\beta - (X_\gamma X_\beta\psi)X_\alpha \quad \text{où } X_\alpha = L^{0(\alpha)} \quad 1 \leqq \alpha \leqq n.$$

A partir de ce résultat, la preuve du Théorème 1 se fait en utilisant des arguments simples d'algèbre exterieure. En effet

$$X_1 \wedge \dots \wedge X_n = \det(X_1,\dots,X_n)\ e_1 \wedge \dots \wedge e_n$$

ou (e_j) est la base canonique de $\mathbf{R}^n$. D'autre part:

$$\det(X_1,\ldots,X_n) = \det(\frac{\partial F}{\partial u_{i,j}}) = \det \tilde{H} = (\det H)^{n-1} = \psi^{n-1}$$

d'où

$$X_1 \wedge \ldots \wedge X_n = \psi^{n-1}\ e_1 \wedge \ldots \wedge e_n$$

Soit $\alpha \in \{1,2,\ldots,n\}$, posons

$$\Delta_\alpha = X_\alpha \wedge \psi[X_\alpha,[X_\alpha,X_1]] \wedge \ldots \wedge \psi[X_\alpha,[X_\alpha,X_n]]$$

où dans le membre de droite le terme nul $\psi[X_\alpha,[X_\alpha,X_\alpha]]$ a été enlevé. D'après le Lemme ci-dessus on peut ecrire

$$\Delta_\alpha = X_\alpha \wedge\{(X_\alpha^2\psi)X_1-(X_\alpha X_1\psi)X_\alpha\} \wedge \ldots \wedge \{(X_\alpha^2\psi)X_n-(X\ X_n\psi)X_\alpha\}$$

d'où

$$\Delta_\alpha = \mp (X_\alpha^2\psi)^{n-1}X_1 \wedge \ldots \wedge X_n = \mp(X_\alpha^2\psi)^{n-1}\psi^{n-1}\ e_1 \wedge \ldots \wedge e_n$$

D'autre part

$$\Delta_\alpha = \det(X_\alpha,\psi[X_\alpha,[X_\alpha,X_1]],\ldots,\psi[X_\alpha,[X_\alpha,X_n]])\ e_1 \wedge \ldots \wedge e_n$$

d'où

$$\Delta_\alpha = \psi^{n-1}\det(X_\alpha,[X_\alpha,[X\ ,X_1]],\ldots,[X_\alpha,[X_\alpha,X_n]])\ e_1 \wedge \ldots \wedge e_n$$

On en déduit que

$$\det(X_\alpha,[X_\alpha,[X_\alpha,X_1]],\ldots,[X_\alpha,[X_\alpha,X_n]]) = \mp(X_\alpha^2\psi)^{n-1}$$

et il est facile de voir qu'en tout point x de Σ_ψ on a

$$X_\alpha^2\psi(x) = \langle d^2\psi(x)\ell_\alpha,\ell_\alpha\rangle \quad \text{où} \quad \ell_\alpha = (\frac{\partial F}{\partial u_{\alpha j}})_{j=1,\ldots,n}.$$

B. <u>COROLLAIRE 2</u>: On montre facilement que si $d^2\psi(x)$ est définie positive et si $u \in C^4$ il existe alors ℓ_α tel que Σ_ψ soit non nul sur ℓ_α . En effet supposons que $\ell_\alpha = 0$ sur Σ_ψ pour tout $\alpha = 1,2,\ldots,n$ i.e.

$\frac{\partial F}{\partial u_{\alpha\beta}}(x) = 0 \quad 1 \leq \alpha, \beta \leq n$. On a

$$\frac{\partial \psi}{\partial x_\ell} = \sum_{i,j=1}^{n} \frac{\partial F}{\partial u_{ij}}(x) u_{ij\ell}$$

$$\frac{\partial^2 \psi}{\partial x_k \partial x_\ell} = \sum_{i,j=1}^{n} \left\{ \frac{\partial}{x_k}\left(\frac{\partial F}{\partial u_{ij}}\right) u_{ij\ell} + \frac{\partial F}{\partial u_{ij}} u_{ijk\ell} \right\}$$

Or la forme quadratique $\left(\frac{\partial F}{\partial u_{ij}}\right)$ étant non négative on a

$$\left(\sum_{i,j} \frac{\partial}{\partial x_\ell}\left(\frac{\partial F}{\partial u_{ij}}\right) u_{ij\ell} \right)^2 \leq M \sum_{i,j,s} \frac{\partial F}{\partial u_{ij}} u_{i\ell s} u_{j\ell s}$$

On voit donc que si $\frac{\partial F}{\partial u_{\alpha\beta}} = 0$ $\forall\alpha$, $\forall\beta$ alors $\frac{\partial^2 \psi}{\partial x_k \partial x_\ell} = 0$ en un point de Σ_ψ ce qui contredit le fait que $d^2\psi(x)$ soit définie positive.

C. PROPOSITION 3: Soit $u(x) = |x|^{2+(2/n)}$, on montre que $\det(u_{ij}) = c_n|x|^2$. En effet considérons le determinant

$$\Delta_n(\lambda, y_1, \ldots, y_n) = \begin{vmatrix} \lambda+\alpha y_1^2 & \alpha y_1 y_2 & \cdots & \alpha y_1 y_n \\ \alpha y_2 y_1 & \alpha + y_2^2 & \cdots & \alpha y_2 y_n \\ \vdots & & & \\ \alpha y_n y_1 & \alpha y_n y_2 & \cdots & \lambda+\alpha y_n^2 \end{vmatrix}$$

où $\Sigma y_i^2 = 1$ et $\alpha = \frac{2}{n}$.

C'est un polynome de degré n en λ et

$$\frac{\partial \Delta_n}{\partial \lambda} = \sum_{i=1}^{n} \Delta_{n-1}(\lambda, y_1, \ldots, \hat{y}_i, \ldots, y_n)$$

où $\hat{y}_i$ signifie que dans le determinant Δ_n on a enlevé la i^{eme} ligne et la i^{eme} colonne. Il est facile de voir que $\Delta_n(0, y_1, \ldots, y_n) = 0$ car, en designant par ℓ_j la j^{eme} ligne on a $\ell_j = \alpha y_j(y_1, \ldots, y_n)$ $\forall j$. Pour la même aison $\Delta_{n-1}(0,\ldots) = 0$ donc $\frac{\partial \Delta_n}{\partial \lambda}(0,Y) = 0$ et ainsi de suite, $\Delta_{n-k}(0,y) = 0$ tout que $n-k \geqq 2$ i.e. $k \leqq n-2$. On en déduit que

$$\Delta_n = \lambda^n + a_{n-1}\,\lambda^{n-1}$$

où $a_{n-1} = \alpha|y_1|^2 + \ldots + \alpha|y_n|^2 = \alpha|y|^2 = \alpha$ d'où $\Delta_n(\lambda,y) = \lambda^n + \alpha\lambda^{n-1}$. Enfin il est facile de voir que

$$\det(u_{ij}) = (2+\alpha)^n|x|^n \quad \Delta(1, \frac{x}{|x|}) = (2+\alpha)^n\ |x|^{n\alpha}\ (1+\alpha)$$

$$\det(u_{ij}) = (2+\frac{2}{n})^n\ (1+\alpha)\ |x|^2.$$

D. THEOREME 5: On peut supposer $\Sigma = \{(x_1,x') : x_1 = 0\}$. Notons $G(u) = \det(u_{ij})$

LEMME:

$$G(\sum_{j=0}^{N} u^j) = \sum_{j=0}^{N} G(u^j) + \sum_{k=0}^{N-1}\ \sum_{j=k+1}^{N} L_u k(u^j)$$

où $L_u k$ est le linéarisé en u^k de l'équation (1).

Ce Lemme exprime essentiellement l'homogeneité de degré 2 de l'équation (1). Pour $j \geqq 0$ on pose

$$u^{2j} = x_1^{2+j} h_{2j}(x_2)$$

$$u^{2j+1} = x_1^{2+j}|x_1|h_{2j+1}(x_2)$$

On calcule $G(u)$ où $u = \Sigma u^j$ en utilisant le Lemme. Soit $\psi = x_1^2 \sum_{\ell\geqq 0} x_1^{\ell}\psi_\ell(x_2)$.
On voit que, résoudre $G(u) = \psi$ revient à résoudre une équation non linéaire en h_0:

$$h_0h_0'' - 2h_0'^2 = \frac{1}{2}\psi_0$$

puis des équations linéaires en les h_ℓ du type

$$a_\ell h_0 h_\ell'' + b_\ell h_0' h_\ell' + c_\ell h_0'' h_\ell = H_\ell(h_p^{(\alpha)})\ |\alpha| \leqq 2,\ p \leqq \ell - 1$$

On construit une solution formelle en résolvant ces équations. La convergence de la serie est alors assurée par le résultat suivant dont la preuve est assez technique et difficile à résumer.

LEMME: Il existe des constantes ε, A, B positives telles que

$$|h_j^{(\alpha)}(0)| \leq \varepsilon A^j B^\alpha \frac{(\alpha+j)!}{(j+2)!(\alpha+j+3)^2} \quad \forall j \geq 0, \quad \forall \alpha \geq 0$$

E. THEOREME 6: La preuve est assez analogue à celle de la Proposition 3. On considère des solutions du type $u(x) = |x'|^{2+\alpha} g(x_n)$ où $x = (x', x_n)$.

BIBLIOGRAPHIE

1. L. Caffarelli, L. Nirenberg and J. Spruck, The Dirichlet problem for non linear second order elliptic equations I : Monge-Ampère equation. Comm. on Pure and Applied Math., vol. XXXVII, 369-402 (1984).
2. C.J. Xu, Régularité des solutions d'e.d.p. non linéaires. C.R. Acad. Sc. Paris, t. 300 (1985) p. 267-270.
3. C. Zuily, Sur la régularité des solutions non strictement convexes de l'équation de Monge-Ampère réelle. Prépublication d'Orsay 85T33 et article à paraitre.

C. Zuily
Département de Mathématiques
Batiment 425
Université de Paris-Sud
91405 Orsay Cedex
France.

Seminar talks

A AROSIO

Abstract linear hyperbolic equations

§0. We present some results, most of which were obtained jointly with S. Spagnolo, on the global solvability of the Cauchy problem for evolution equations of hyperbolic type in Hilbert spaces. More precisely, in §1 we study the Cauchy problem

$$\begin{aligned} &u'' + A(t)u = 0 \qquad (t > 0), \\ &u(0) = u_0 \in V, \qquad u'(0) = u_1 \in H, \end{aligned} \tag{0.1}$$

where $\{A(t)\}$ is a family of linear operators from a reflexive Banach space V into its antidual V^*, symmetric and non-negative in the sense that

$$\langle A(t)v,w\rangle = \overline{\langle A(t)w,v\rangle} \quad \text{and} \quad \langle A(t)v,v\rangle \geqq 0, \quad \forall t,v,w,$$

and H is a Hilbert space such that $V \subset H$ densely and continuously (so that $V \subset H \subset V^*$). In §2 we consider a special non-linear equation introduced in [B]. In §3 we study (0.1) in the case when the space V varies with time. Applications to partial differential equations of hyperbolic (and weakly hyperbolic) type are given, and some questions are proposed for further investigation.

§1. STRONGLY/WEAKLY HYPERBOLIC LINEAR EQUATIONS

Let us first consider the strongly hyperbolic case:

THEOREM 1.1 ([A2] cf. Derguzov & Jakubovic [DJ], De Simon & Torelli [DT]): Assume that

$$\langle A(t),v,v\rangle \geqq c\,\|v\|_V^2 \quad (c > 0), \quad \forall v, \tag{1.1}$$

and that $A(\cdot)$ is of bounded variation on $[0,T]$ into $B(V,V^*)$, $\forall T > 0$.

Then (0,1) admits a unique solution in $C^0([0,+\infty[,V) \cap C^1([0,+\infty[,H)$.

EXAMPLE 1.1: Let Ω be an open set in $\mathbf{R}^n$. The Cauchy-Dirichlet problem for a second order linear hyperbolic partial differential equation ($a_{ij} = \overline{a_{ji}}$)

$$u_{tt} = \Sigma_{ij} (a_{ij}(x,t)u_{x_i})_{x_j} \quad \text{in} \quad \Omega \times]0,+\infty[,$$

$$u(\cdot,t) \in H_0^1(\Omega) \qquad (t \geqq 0), \tag{1.2}$$

$$u(\cdot,t) = u_0 \in H_0^1(\Omega), \qquad u_t(\cdot,t) = u_1 \in L^2(\Omega),$$

admits a unique solution in $C^0([0,+\infty[, H_0^1(\Omega)) \cap C^1([0,+\infty[, L^2(\Omega))$ provided that

$$\Sigma_{ij}\, a_{ij}(x,t)\, \xi_i\xi_j \geqq c \quad |\xi|^2 \qquad (c > 0), \quad \forall x,t,\xi, \tag{1.3}$$

and

$$t \longmapsto a_{ij}(\cdot,t) \text{ is of bounded variation on } [0,T] \text{ into } L^\infty(\Omega), \ \forall T > 0, \ \forall i,j.$$

This follows from Theorem 1.1, with $V = H_0^1(\Omega)$ and $H = L^2(\Omega)$.

In the weakly hyperbolic case, i.e. when the coercivity assumption (1.1) is weakened to mere non-negativity, or for weaker time-regularity of the map $A(\cdot)$, counterexamples to the existence were given by F. Colombini, E. De Giorgi & S. Spagnolo [CS2] [CDS]. To solve (0,1) in this case, the assumptions on the initial data must be considerably strengthened; actually, the framework itself must be enriched, by the introduction of a scale of Banach spaces (cf. [GC], vol. 3, chapt. 2, addendum 2, [Y] [O]).

DEFINITIONS: For any bounded linear operator $B: V \to H$, we set

$$X_r(B) \overset{\text{def}}{=} \{v \in \bigcap_{j \in \mathbb{N}} D(B^j) : \|v\|_r \overset{\text{def}}{=} \left[\sum_{j=0}^{\infty} \left(\frac{\|B^j v\|_H}{j!} r^j\right)^2\right]^{\frac{1}{2}} < \infty\}.$$

The family $\{X_r(B)\}_{r>0}$ is called the Banach scale generated by B. If $X_r(B)$ is dense in $X_s(B)$ whenever $s < r$, we say that the scale $\{X_r(B)\}$ is dense (in itself).

The B-analytic vectors are defined as the elements of the linear space

$$X_{0^+}(B) \overset{\text{def}}{=} \cup_{r>0} X_r(B).$$

Theorem 1.2 [AS2]. Let us assume that

$$A \in L^1([0,T], B(V,V^*)), \qquad \forall T > 0.$$

Let $B:V \to H$ be a bounded linear operator such that

i) $\|\cdot\|_V \sim \|\cdot\|_H + \|B\cdot\|_H$:

ii) $\|A(t)v\|_H \leq C(\|v\|_H + \|Bv\|_H + \|B^2v\|_H)$, $\forall v \in V$;

iii) $A(t)\, X_{0^+}(B) \subset X_{0^+}(B)$;

iv) $B^jA(\cdot)v$ is a strongly measurable map into H, $\forall v \in X_{0^+}(B)$, $\forall j$.

Finally, let $R > 0$ be such that

v) the scale $\{X_r(B)\}_{r<R}$ is dense; furthermore $X_r(B)$ is dense in H, $\forall r$;

vi) $$\frac{\|B^jA(t) - A(t)B^j)v\|_H}{(j+2)!} \leq K\left(\frac{\langle A(t)B^jv,B^jv\rangle^{\frac{1}{2}}}{(j+1)!} + \sum_{h=0}^{j} \frac{\|B^hv\|_H}{h!} R^{h-j}\right)$$

Then there exists a unique solution to (0.1) in $\cap_{j\in\mathbb{N}} C^1([0,+\infty[,D(B^j))$, $\forall j$, provided that the initial data are B-analytic vectors.

<u>EXAMPLE 1.2</u>: In the problem (1.2), let us assume that $\Omega = \mathbf{R}^n$, that

$$\Sigma_{ij}\, a_{ij}(x,t)\xi_i\xi_j \geq 0, \quad \forall x,t,\xi, \tag{1.4}$$

and that the coefficients a_{ij} satisfy both the following conditions:

i) $\forall t,i,j$, $a_{ij}(\cdot,t)$ are analytic functions on $\mathbf{R}^n$, extendable as <u>holomorphic</u> functions to some complex strip

$$S_r \overset{def}{=} \{z \in C^n : dist(z,R^n) < r\}, \tag{1.5}$$

so that

a_{ij} are continuous and bounded in $S_r \times [0,T]$, $\forall T,i,j$;

ii) $\forall T,i,j$, a_{ij} are uniformly continuous functions in $R^n \times [0,T]$.

Then there exists a unique classical (C^2) solution to (1.2) for all time provided that the initial data are analytic functions on R^n, extendable as <u>holomorphic</u> functions to some complex strip S_r (see (1.5) above) with

u_o, $u_1 \in L^2(S_r)$.

For $n = 1$, this follows from Theorem 1.2 with $V = H^1(\mathbf{R})$, $H = L^2(\mathbf{R})$ and

$B = d/dx$, since the initial data are then B-analytic vectors; for $n > 1$, an n-dimensional generalization of Theorem 1.2 may be applied (see Theorem 3.2 in [AS2]).

<u>REMARK</u>: Example 1.2 is actually a particular case of a result of F. Colombini, E. Jannelli and S. Spagnolo [CS1] [J], cf. also J.M. Bony & P. Schapira [BS] (and the classical paper of S. Mizohata [M]). The proof in [CS1] [J], given by a Fourier transform technique, shows that assumption ii) above is superfluous.

<u>EXAMPLE 1.3</u>: Let Ω be an open set in $\mathbf{R}^n$; let us assume, for simplicity's sake, that Ω is bounded and $\Omega \in C^\infty$. The Cauchy-Dirichlet problem

$$\begin{aligned} & u_{tt} = a(t)\, \Delta_x u \quad \text{in } \Omega \times]0,+\infty[, \\ & u(\cdot,t)_{|\partial\Omega} = 0 \qquad (t \geqq 0), \\ & u(\cdot,0) = u_o, \qquad u_1(\cdot,0) = u_1, \end{aligned} \tag{1.6}$$

where $a(\cdot)$ is any non-negative continuous function, admits a unique classical (C^2) for all time provided that the initial data are <u>analytic</u> functions on some neighbourhood of the closure of Ω, with

$$\Delta^j u_{o|\partial\Omega} = \Delta^j u_{1|\partial\Omega} = 0, \qquad \forall\ j = 0,1,\ldots$$

This follows from Theorem 1.2 with $V = H_0^1(\Omega)$, $H = L^2(\Omega)$ and $B = (-\Delta_x)^{\frac{1}{2}}$, since the initial data are then B-analytic vectors (cf. e.g. [A1] Remark 1).

<u>PROBLEM 1.1</u>: To solve the Cauchy-Dirichlet problem (1.2) when $\Omega \neq \mathbf{R}^n$ (even for $n = 1$), if merely (1.4) is assumed to hold (instead of (1.3)).

<u>EXAMPLE 1.4</u>: The (non-kovalevskian) Cauchy problem

$$\begin{aligned} & u_{tt} + a(t)\, \Delta_x^2 u = 0 \quad \text{in } \mathbf{R}^n \times]0,+\infty[, \\ & u(\cdot,t) \in H^2(\mathbf{R}^n) \qquad (t \geqq 0), \\ & u(\cdot,0) = u_o, \qquad u_t(\cdot,0) = u_1, \end{aligned} \tag{1.7}$$

where $a(\cdot)$ is any non-negative continuous function, admits a unique classical solution for all time provided that the initial data are <u>entire</u> analytic functions with

$$\|u_o\|_{L^2(S_r)} + \|u_1\|_{L^2(S_r)} \leqq C\, e^{Cr^2}, \quad \forall\, r > 0.$$

(S_r is defined in (1.5) above). This follows from Theorem 1.2 with $V = H^2(\mathbf{R}^n)$, $H = L^2(\mathbf{R}^n)$ and $B = \Delta_x$, since the initial data are then B-analytic vectors (this statement can be proved similarly to Theorem 11 in chapt. 4, vol. 2 of [GC]).

<u>PROBLEM 1.2</u>: To solve the (non-kovalevskian) Cauchy problem

$$\begin{aligned} &u_{tt} + \Delta_x(a(x,t)\Delta_x u) = 0 \quad \text{in} \quad \mathbf{R}^n \times]0,+\infty[, \\ &u(\cdot,t) \in H^2(\mathbf{R}^n) \qquad (t \geqq 0) \end{aligned} \tag{1.8}$$

(even for $n = 1$), where the function $a(\cdot,\cdot)$ is assumed to be non-negative.

An extension of Theorem 1.2 to abstract <u>Gevrey</u> scales can be found in [S].

As an abstract problem, it would be interesting to study problem (0.1) in a generic Banach scale (not necessarily generated by an operator): a very special result in that direction is given by Theorem 3.3 in [A4].

§2. A SPECIAL NON-LINEAR EQUATION

The technique developed in Theorem 1.2 was first used, jointly with S. Spagnolo, to study the non-linear equation

$$u'' + m(\langle A_o u,u\rangle)\, A_o u = 0 \quad (t > 0), \tag{2.1}$$

where $m(\cdot)$ is any non-negative continuous function with divergent integral, and the bounded linear operator $A_o : V \to V^*$ has the same properties of $A(t)$ in Theorem 1.1 (hence there exists an everywhere defined inverse $A_o^{-1} : V^* \to V$).

<u>THEOREM 2.1</u> ([AS1] cf. Pohozaev [P]): Let us assume that A_o^{-1} is a compact operator in H.

Then the Cauchy problem for Eq. (2.1) admits a (not necessarily unique) solution for all time if the initial data are $A_o^{\frac{1}{2}}$-analytic vectors.

<u>EXAMPLE 2.1</u>: Let Ω be a bounded open set in $\mathbf{R}^n$, $\Omega \in C^\infty$, and consider the non-linear integro-differential equation

$$u_{tt} + m\left(\int_\Omega |\nabla_x u|^2 dx \right) \Delta_x u = 0 \quad \text{in } \Omega \times]0,+\infty[,$$
$$u(\cdot,t)_{|\partial\Omega} = 0 \qquad (t \geq 0). \tag{2.2}$$

For $n = 1$, the above equation was introduced by S. Bernstein [B], and later on proposed by [C] [N] for the choice $m(\rho) = c^2 + \varepsilon\rho$ ($c \geq 0$, $\varepsilon > 0$), as an approximate non-linear equation for the clamped string.

Theorem 2.1 yields that the Cauchy problem for Eq. (2.2) admits a (not necessarily unique) classical solution for all time provided that the initial data u_o, u_1 are analytic functions on some neighbourhood of the closure of Ω, with

$$\Delta^j u_{o|\partial\Omega} = \Delta^j u_{1|\partial\Omega} = 0, \quad \forall j = 0,1,...$$

PROBLEM 2.1: To give a counterexample to the global existence for Eq.(2.2) (no blow-up phenomenon is known).

PROBLEM 2.2: To investigate local existence/uniqueness for Eq.(2.2) for arbitrary initial data of finite energy, i.e. $u_o \in H_0^1(\Omega)$ and $u_1 \in L^2(\Omega)$ (in such a generality nothing is known except for $m \equiv$ const.)

§3. THE VARIABLE DOMAIN CASE

We now examine the more general situation when $A(t): V(t) \to (V(T))^*$, still assuming that $V(t) \in H$ densely and continuously.

THEOREM 3.1 ([A3] cf. Carroll & State [CaS]): Let us assume that H is separable, that $A(t)$ is a family of self-adjoint positive operators in H with everywhere defined inverse, that

$$(A^{-1}(\cdot)h,h)_H \text{ is a measurable function}, \quad \forall h \in H,$$

$$V(t) \stackrel{\text{def}}{=} D(A^{\frac{1}{2}}(t)) \text{ is non-decreasing with respect to } t,$$

and that for some non-decreasing function ϕ

$$\|A^{\frac{1}{2}}(t)\, A^{-\frac{1}{2}}(s)\|_{H,H} \leq e^{\phi(t)-\phi(s)} \text{ whenever } t \geq s.$$

Then for each $u_o \in V(0)$ and $u_1 \in H$, the Cauchy problem for the Eq. in (0.1) admits a (not necessarily unique) solution in the space

$\cap_{T>0} C^0([0,T],V(T)\text{-weak}) \cap C^1([0,+\infty[,H\text{-weak})$.

EXAMPLE 3.1: (The vibrating membrane with moving Dirichlet-Neumann boundary conditions). Let Ω be a bounded open set in $\mathbb{R}^n$ with locally Lipschitzian boundary, and let $\{\Gamma(t)\}$ be a family of measurable subsets of $\partial\Omega$. Let us consider the usual trace operator $\gamma_0 : H^1(\Omega) \to H^{\frac{1}{2}}(\partial\Omega)$, and the outer normal vector $\nu(x)$ to $\partial\Omega$. The Cauchy-Dirichlet-Neumann problem

$$\begin{aligned} &u_{tt} = \Delta_x u \quad \text{in } \Omega \times]0,+\infty[, \\ &\gamma_0 u(\cdot,t)_{|\Gamma(t)} = 0 \quad (t \geqq 0), \\ &\frac{\partial u}{\partial \nu}(\cdot,t)_{|\partial\Omega \setminus \Gamma(t)} = 0 \quad \text{formally} \quad (t \geqq 0) \\ &u(\cdot,0) = u_0, \quad u_t(\cdot,0) = u_1, \end{aligned} \tag{3.1}$$

admits a (not necessarily unique) solution in $C^0([0,+\infty[, H^1(\Omega)\text{-weak}) \cap$ $\cap\, C^1([0,+\infty[, L^2(\Omega)\text{-weak})$, with non-increasing energy, provided that

$\Gamma(t)$ is non-decreasing with respect to t.

PROBLEM 3.1: Is the solution of (3.1) unique?

There exist solutions of (3.1) with conserved energy?

ACKNOWLEDGEMENTS

The author was partially supported by the Italian Ministero della Pubblica Istruzione. The author is a member of G.N.A.F.A. (C.N.R.).

REFERENCES

[A1] A. Arosio, Asymptotic behaviour as $t \to +\infty$ of the solutions of linear hyperbolic equations with coefficients discontinuous in time (on a bounded domain), J. Differential Equations, 39 no. 2 (1981), 291-309.

[A2] ————, Linear second order differential equations in Hilbert space, The Cauchy problem and asymptotic behaviour for large time, Arch. Rational Mech. Anal. 86 no. 2 (1984), 147-180.

[A3] A. Arosio, Abstract linear hyperbolic equations with variable domain, Ann. Mat. Pura Appl. (4) 135 (1983), 173-218.

[A4] ———, Global solvability of second order evolution equations in Banach scales, in "H. Lewy Colloquium (Trento, 1986)", Lecture Notes Math., Springer, Berlin, to appear.

[AS1] A. Arosio & S. Spagnolo, Global solutions of the Cauchy problem for a non-linear hyperbolic equation, in "Nonlinear partial differential equations and their applications. College de France. Seminar. Vol. VI", H. Brezis & J.L. Lions ed., Research Notes Math. 109, Pitman, Boston, 1984.

[AS2] ———, Global existence for abstract evolution equations of weakly hyperbolic type, J. Math. Pures Appl. 65 (1986), 1-43.

[B] S. Bernstein, Sur une classe d'equations fonctionnelles aux derivees partielles, Izv. Akad. Nauk SSSR, Ser. Mat. 4 (1940), 17-26.

[BS] J.M. Bony & P. Schapira, Existence et prolongement des solutions analytiques des sistemes hyperboliques non stricts, C.R. Acad. Sci. Paris Ser. I Math. 274 (1972), 86-89; Solutions hyperfonctions du probleme de Cauchy, in "Hyperfunctions and pseudodifferential equations", H. Komatsu ed., Lect. Notes Math. 287, Springer, Berlin, 1973.

[C] G.F. Carrier, On the non-linear vibration problem of the elastic string, Quart. Appl. Math. 3 (1945), 157-165; A note on the vibrating string, Quart. Appl. Math. 7 (1949), 97-101.

[CaS] R. Carroll & E. State, Existence theorems for some weak abstract variable domain hyperbolic problems, Canad. J. Math. 23, no. 4 (1971), 611-626.

[CDS] F. Colombini, E. De Giorgi & S. Spagnolo, Sur les equation hyperboliques avec des coefficients qui ne dependent que du temps, Ann. Scuola Norm. Sup. Pisa Cl. Sci (4) 6 (1979), 511-559.

[CS1] F. Colombini & S. Spagnolo, Second order hyperbolic equations with coefficients real analytic in space variables and discontinuous in tiem, J. Analyse Math. 38 (1980), 1-33.

[CS2] ———, An example of a weakly hyperbolic Cauchy problem not well posed in C^∞, Acta Math. 148 (1982), 243-253.

[Dj] V.I. Derguzov & V.A. Jakubovic, Existence of solutions of linear Hamilton equations with unbounded operator coefficients, Dokl. Akad Nauk SSSR 151 no. 6 (1963), 1264-1267 (transl.: Soviet Math. Dokl. 4 (1963), 1169-1172).

[DT] L. De Simon & G. Torelli, Linear second order differential equations with discontinuous coefficients in Hilbert spaces, Ann. Scuola Norm. Sup. Pisa Cl. Sci. (4) 1 (1974), 131-154.

[GC] I.M. Guelfand & G.E. Chilov, "Nekotorye voprosy teorii differentzial'nykh yravnen", Moscow, 1958 (transl.: "Les distributions", Dunod, Paris, 1958).

[J] E. Jannelli, Weakly hyperbolic equations of second order with coefficients real analytic in space variables, Comm. Partial Differential Equations 7 (1982), 537-558.

[M] S. Mizohata, Analyticity of solutions of hyperbolic systems with analytic coefficients, Comm. Pure Appl. Math. 14 (1961), 547-559.

[N] R. Narasimha, Nonlinear vibrations of an elastic string, J. Sound Vibration 8 (1968), 134-146.

[O] L.V. Ovsjannikov, A singular operator in a scale of Banach spaces, Dokl. Akad. Nauk SSSR 163 no. 4 (1965), 819-822.

[P] S.I. Pohozaev, On a class of quasilinear hyperbolic equations, Mat. Sb. 96 (138) no. 1 (1975), 152-166 (transl.: Math. USSR-Sb. 25 no. 1 (1975), 145-158).

[S] S. Spagnolo, Global solvability in Banach scales of weakly hyperbolic abstract equations, in "Ennio De Giorgi Colloquium", 149-167, P. Kree ed., Research Notes Math. 125, Pitman, Boston, 1985.

[Y] T. Yamanaka, A note on Kowalevskaja's system of partial differential equations, Comment. Math. Univ. St. Paul 9 (1961), 7-10.

A. Arosio
Dipartimento di Matematica
Università di Pisa
Via Buonarroti 2
56100 Pisa
Italy.

P CANNARSA

Singularities of solutions to Hamilton–Jacobi–Bellman equations

We are interested in studying the local structure of first order singularities of solutions to the equation

$$\frac{\partial u}{\partial t}(t,x) + H(t,x,u(t,x),D_x u(t,x)) = 0, \ (t,x) \in]0,T[\times \Omega \qquad (1)$$

where Ω is an open domain of R^n and $H :]0,T[\times \Omega \times R \times R^n \to R$ is a continuous function.

It is well known that (1) has, in general, no classical solutions (i.e. solutions of class C^1). To overcome this difficulty one may consider generalized solutions, i.e. locally Lipschitz functions satisfying (1) a.e.. The existence of generalized solutions to (1) has been proved under rather general assumptions (see e.g. P.L. Lions [10] and the references therein).

Generalized solutions of (1), with the initial-boundary conditions

$$u(t,x) = \phi(t,x) \quad \text{for} \quad (t,x) \in (]0,T[\times \partial\Omega) \cup (\{0\} \times \Omega) \qquad (2)$$

are known to be neither unique, nor stable. For this reason M.G. Crandall and P.L. Lions [3] introduced the notion of viscosity solutions, whose definition we recall below. Set

$$Q =]0,T[\times \Omega$$

and denote by $X = (t,x)$ and $Y = (s,y)$ two typical points of Q. Recall that the superdifferential and the subdifferential of a function $u : Q \to R$ at X are the sets

$$D^+u(X) = \{P \in R^{n+1} : \limsup_{Y \to X} \frac{u(Y)-u(X)-P\cdot(Y-X)}{|Y-X|} \leq 0\}$$

$$D^-u(X) = \{P \in R^{n+1} : \liminf_{Y \to X} \frac{u(Y)-u(X)-P\cdot(Y-X)}{|Y-X|} \geq 0\}$$

$D^+u(X)$ and $D^-u(X)$ are closed convex sets. We write $P = (p_t,p_x)$, $p_t \in R$, $p_x \in R^n$, for any P in $D^+u(X)$ or $D^-u(X)$. A function $u \in C(Q)$ is a viscosity solution of (1) if for every $(t,x) \in Q$

$$p_t + H(t,x,u(t,x),p_x) \leq 0 \quad \forall (p_t,p_x) \quad D^+u(t,x)$$

$$p_t + H(t,x,u(t,x),p_x) \geq 0 \quad \forall (p_t,p_x) \quad D^-u(t,x)$$

(see [4] for the equivalence of the definition given in [3] with the previous one).

Since viscosity solutions are continuous, we may confine our analysis to the equation

$$\frac{\partial u}{\partial t}(t,x) + H(t,x,D_x u(t,x)) = 0, \quad \forall (t,x) \in Q \tag{3}$$

When the Hamiltonian $H(t,x,p)$ is convex in p, problem (2) (3) is known to be connected with a variational problem. Let us set $u(t,x) = v(T-t,x)$ with

$$\begin{aligned} v(t,x) = \inf \{ \int_t^\theta L(s,\xi(s),\xi'(s))ds + \phi(\theta,\xi(\theta)): \\ \xi(t) = x, \xi \ \text{Lipschitz}, (\theta,\xi(\theta)) \in (]0,T[\times \partial\Omega\,) \cup (\Omega \times \{T\})\} \end{aligned} \tag{4}$$

where L is the Legendre transform of H in the p-variables

$$L(t,x,q) = \sup_{p \in R^n} [-p \cdot q - H(t,x,p)] \tag{5}$$

Then, under suitable assumptions on H, $u(t,x)$ turns out to be the viscosity solution of (2) (3) (see [7] for the case of $\Omega = R^n$ and [2]).

By exploiting the previous connections W.H. Fleming [8] studied the singularities of $v(t,x)$ from a variational point of view. He proved that a point (t,x) is regular for v (i.e. v is differentiable at (t,x)) if and only if there exists a unique minimizing curve ξ for the expression in (4) with initial point (t,x) (see also [9]). He also gave a description of the regular set and estimated its Hausdorff dimension.

Another analysis of the singular set, which uses the connections of (3) with conservation laws, may be derived from the results obtained by Dafermos [5] for the case $n = 1$ and Di Perna [6] for the general case (see also [10], section 15.3).

We consider a class of viscosity solutions to (3), for which we can show that the first-order discontinuities propagate forward in time.

DEFINITION 1: We say that $u \in \mathrm{Lip}(\alpha,Q)$, $0 < \alpha \leqq 1$, if u is locally Lipschitz in Q and, for any ball $B \subset Q$, there exists $k_B > 0$ such that

$$u(x) + u(Y)-2u(\frac{X+Y}{2}) \leqq k_B|X - Y|^{1+\alpha}, \quad \forall X,Y \in B \tag{6}$$

The class $\mathrm{Lip}(\alpha,Q)$ is important from a variational point of view, because the value function (4) is in this class provided L and ϕ lie in the same class, see [2].

Obviously, Lip(1,Q) is nothing but the class of semi-concave functions on Q. To study the structure of the elements of $\mathrm{Lip}(\alpha,Q)$ for $0 < \alpha < 1$, let us recall that a function $f : Q \to R$ is concave at $X° \in Q$ if there exists $r > 0$ such that $B_r(X°) \subset Q$ and

$$[1-\lambda]f(X°-\lambda X) + \lambda f(X° + [1-\lambda]X) - f(X°) \leqq 0 \tag{7}$$

for any $|X| < r$ and $\lambda \in [0,1]$. Then, the following characterization holds.

PROPOSITION 2: A locally Lipschitz function $f : Q \to R$ is in $\mathrm{Lip}(\alpha,Q)$, $0 < \alpha \leqq 1$, if and only if for any $Q' \subset\subset Q$ there exists a constant $k = K(Q') > 0$ such that, for any $X° \in Q'$, the function

$$X \longrightarrow f(X) - k|X-X°|^{1+\alpha}$$

is concave at X°.

We now describe some of the geometric properties of the elements of $\mathrm{Lip}(\alpha,Q)$, which are examined in [2]. Let $u \in \mathrm{Lip}(\ ,Q)$, $0 < \alpha \leqq 1$. Then, for any $X \in Q$,

$$D^+u(X) \neq \emptyset$$

and

$$\frac{\partial^+ u}{\partial\theta}(X) = \lim_{\varepsilon\downarrow 0} \frac{u(X+\varepsilon\theta)-u(X)}{\varepsilon} = \min\{P\cdot\theta : P \in D^+u(X)\} \tag{8}$$

(see also [11] for the existence of the limit in (8)). Formula (8) has many consequences. Let us call $\theta \in R^{n+1}$ an <u>exposed unit vector</u> of $D^+u(X)$ if the minimum (8) is attained at a unique point, say $P(\theta)$. In this case, we say that $P(\theta)$ is an <u>exposed point</u> of $D^+u(X)$. Using (8), one can prove that there exists a sequence of points X_n, at which u is differentiable, such that

$$X_n \to X \quad \text{and} \quad Du(X_n) \to P(\theta) \text{ as } n \to \infty \tag{9}$$

(here $D = (\frac{\partial}{\partial t}, D_x)$). More generally, we denote by $\overset{+}{A}u(X)$ the set of the points $P \in D^+u(X)$ for which (9) occurs. This is a remarkable set as it generates $D^+u(X)$, i.e.

$$D^+u(X) = \text{conv } A^+u(X) \tag{10}$$

(here "conv" denotes the convex hull).

Next, define u to be regular at $X°$ along θ if there exists an open cone with vertex at $X°$ and θ as symmetry axis, on which u is of class C^1. As far as we are concerned, the main property of $Lip(\alpha,Q)$ is the following.

<u>THEOREM 3 ([2])</u>: Let $u \in Lip(\alpha,Q)$ for some $\alpha \in]0,1]$ and $X° \in Q$. Suppose that $\overset{+}{A}u(X°)$ contains no strictly convex combinations of its points. If u is regular at $X°$ along θ, then θ is an exposed unit vector of $D^+u(X)$.

So far we have stated general results that hold for the elements of $Lip(\alpha,Q)$. We now give a few applications to the Hamilton-Jacobi-Bellman equation (3). The following is basically a consequence of (10).

<u>THEOREM 4 ([2])</u>: Let $H(t,x,p)$ be strictly convex in p and $u(t,x)$ a convex viscosity solution of (3). Then u is classical.

See also [1] for a similar result about convex solutions.

We now turn to the propagation of singularities.

<u>THEOREM 5 ([2])</u>: Let $H(t,x,p)$ be strictly convex in p and $u \in Lip(\alpha,Q)$, $0 < \alpha \leq 1$, be a viscosity solution of (3). If, for some $\varepsilon > 0$ and $(t_o,x_o) \in Q$,

$$u \in C^1(]t_o,t_o + \varepsilon[\times B_\varepsilon(x_o))$$

then

$$u \in C^1([t_o,t_o + \varepsilon[\times B_\varepsilon(x_o))$$

Notice that the strict p-convexity of the Hamiltonian is essential.

We conclude this exposition with a variational interpretation of the set A^+ defined above. We have already recalled that, under suitable assumptions on H, the value function v in (4) is a viscosity solution of the equation

$$-\frac{\partial v}{\partial t}(t,x) + H(t,x,D_x v(t,x)) = 0$$

Assume $\Omega = R^n$ for simplicity and suppose $v \in Lip(\alpha,]0,T[\times R^n)$ for some $\alpha \in]0,1]$. Let $(t,x) \in]0,T[\times R^n$. Then a Lipschitz function $\xi:[t,T] \to R^n$ is a minimizer for the expression in (4) if and only if v is differentiable at $(s,\xi,(s))$ for all $t < s < T$ and

$$\frac{d}{ds}\xi(s) = -D_p H(s,\xi(s), D_x v(s,\xi(s))), \qquad t < s < T$$

$$\frac{d}{ds}(D_x v(s,\xi(s))) = D_x H(s,\xi(s),D_x v(s,\xi(s))) \tag{11}$$

$$\xi(t) = x, \quad \lim_{s \downarrow t} D_x v(s,\xi(s)) = p_x$$

where

$$(H(t,x,p_x),p_x) \in A^+ v(t,x)$$

(see [8] and [2]). Therefore, the Hamiltonian system (11) establishes a one-to-one correspondence between $A^+v(t,x)$ and the set of the Lipschitz continuous minimizers of (4).

REFERENCES

1. M. Bardi and L.C. Evans, On Hopf's formulas for solutions or Hamilton-Jacobi equations, Nonlinear Analysis, Theory, Methods and Applications, 8 (1984), pp. 1373-1381.
2. P. Cannarsa and H.M. Soner, On the singularities of the viscosity solutions to Hamilton-Jacobi-Bellman equations, in preparation.
3. M.G. Crandall and P.L. Lions, Viscosity solutions of Hamilton-Jacobi equations, Trans. Amer. Math. Soc., 277 (1983), pp. 1-42.
4. M.G. Crandall, L.C. Evans and P.L. Lions, Some properties of viscosity solutions of Hamilton-Jacobi equations, Trans. Amer. Math. Soc., 262 (1984), pp. 487-502.

5. C.M. Dafermos, Generalized characteristics and the structure of solutions of hyperbolic conservation laws, Indiana Univ. Math. J., 26 (1977), pp. 1097-1119.
6. R. Di Perna, The structure of solutions of non-linear hyperbolic systems of conservation laws, Arch. Rat. Mech. Anal., 60 (1979), pp. 75-100.
7. L.C. Evans and P.E. Souganidis, Differential games and representation formulas for solutions of Hamilton-Jacobi-Isaacs equations, Indiana Univ. Math. J., 33 (1984), pp. 773-797.
8. W.H. Fleming, The Cauchy problem for a nonlinear first order partial differential equation, J. Differential Equations, 5 (1969), pp. 515-530.
9. N.N. Kuznetzov and A.A. Šiškin, On a many dimensional problem in the theory of quasilinear equations, Z. Vyčisl. Mat. i mat. Fiz., 4 (1964), pp. 192-205.
10. P.L. Lions, Generalized solutions of Hamilton-Jacobi equations, Pitman, London, 1982.
11. P.L. Lions and P.E. Souganidis, Differential games, optimal control and directional derivatives of viscosity solutions of Bellman's and Isaacs' equations, SIAM J. Control and Optimization, 23 (1985), pp. 566-583.

P. Cannarsa
Gruppo Insegnamento Matematiche
Accademia Navale
57100 Livorno
Italy.

D GOURDIN

Theorem of uniqueness for the Cauchy problem related to hyperbolic systems without Levi condition

I. INTRODUCTION AND RESULTS

The question of uniqueness of the non-characteristic Cauchy problem, in the C^∞ framework, goes back to T. Carleman (1939) [1] who considered, in the two dimensional case, operators with real coefficients and simple complex characteristics. Since 1939, many authors have written papers on this question, specially for scalar differential operators; see, for example, the book of Claude Zuily "Uniqueness and Non Uniqueness in Cauchy Problem" (Birkhaüser, 1982) [7] - this gives a rather complete panorama of results on this subject; see also the lecture of S. Spagnolo in this congress.

Our purpose here is to state and to give a short sketch of the proof of a theorem of uniqueness for the solution of the Cauchy Problem related to a class of linear differential systems with a characteristic of constant multiplicity m, when the sub-characteristic polynomial of the system does not vanish at the multiple characteristic points of the cotangent bundle.

This work is resumed in "Comptes Rendus Acad. Sc. Paris" in July 1985 [2]; it represents an extension to systems of papers written in 1980 by M. Zeman and in 1981 by C. Zuily in the scalar case ([6], [8]). This extension needs new material and usual spectral theory for matricial symbols of pseudo-differential operators.

Here is our hypothesis:

$$h(x,D_x) = i\ h_1(x,D_x) + h_o(x,D_x)$$

is a matricial differential operator with m rows and m columns and variable $x \in \Omega = [-T,T] \times \mathbf{R}^n$ (i.e. $x = (x_o,x')$ with $x_o \in [-T,T]$ and $x' = (x_1,x_2,\ldots,x_n) \in \mathbf{R}^n$). $h(x,D_x)$ is the sum of two differential operators $h_o(x,D_x)$ and $i\ h_1(x,D_x)$, the symbols of which are homogeneous polynomials in the dual variable $\xi \in \mathbf{R}^{n+1}$ (i.e. $\xi = (\xi_o,\xi')$ with $\xi_o \in \mathbf{R}$ and $\xi' = (\xi_1,\ldots,\xi_n) \in \mathbf{R}^n$) with $C^\infty(\Omega)$ real valued coefficients, respectively of order 0 and 1.

We suppose that the characteristic matrix $H = (H_k^j) = h_1(x,\xi)$ has the following properties:

1) $\det H = (\xi_o - \sum_{k=1}^{n} \lambda_k(x)\xi_k)^m = (\xi_o - \Lambda_1(x;\xi'))^m$ with

$\lambda_k(x) \in C^\infty(\Omega)$ and real-valued.

2) the rank of $H(x;\xi_o = \Lambda_1(x,\xi'),\xi')$ is m-1.

3) writing $A = (A_j^k)$ the matrix such that $AH = HA = (\det H)I_m$ (I_m matrix identity), we suppose that : $\forall x \in \Omega$, $\forall \xi' \neq 0$,

$A_j^j(x;\xi_o = \Lambda_1,\xi') \neq 0 \quad (\forall j)$, $K_1^1(0;\xi_o = \Lambda_1(0,\xi'),\xi') \neq 0$

where
$$K_1^1 = \sum_{j,k=1}^{m} \{(H^{*j}_k - \frac{1}{2}\sum_{\alpha=0}^{n} \frac{\partial^2 H_k^j}{\partial x_\alpha \partial \xi_\alpha}) A_j^1 A_1^k$$

$$+ \frac{1}{2}\sum_{\alpha=0}^{n} H_k^j \left(\frac{\partial A_1^k}{\partial \xi_\alpha}\frac{\partial A_\ell^1}{\partial x_\alpha} - \frac{\partial A_j^1}{\partial \xi_\alpha}\frac{\partial A_1^k}{\partial x_\alpha}\right) \qquad [5]$$

is the sub-characteristic polynomial of h and $H^* = h_o(x,\xi)$. We remark that A is homogeneous in ξ with order m-1. We obtain the following theorem:

THEOREM [2], [3]: There exists $\tilde{\Omega} = [0,\tilde{T}] \times \tilde{B}(0,\tilde{r}) \subset \Omega$ and Ω' a neighbourhood of 0 in Ω including $\tilde{\Omega}$ such that:

if $u \in [H_1^{loc}(\Omega')]^m$ satisfies $hu = 0$ in Ω' and $u = 0$ in $\Omega'_- = \{x \in \Omega'; x_o \leq 0\}$ then $u = 0$ in $\tilde{\Omega}$.

II. SKETCH OF THE PROOF

We shall prove the following Carleman estimate (CA): there exist positive constants C and d, such that

$$\text{(CA)} \qquad d|||u|||^2_{-1+\frac{1}{m}} \leq C|||hu|||^2, \ \forall\, u \in [C_o^\infty(\tilde{\Omega})]^m$$

where

$$|||u|||_s^2 = \sum_{j=0}^{(s)} \int_0^{\tilde{T}} ||D_{x_o}^j u||^2_{s-j} \exp[d(x_o-\tilde{T})]^2 dx_o,$$

$|||u||| = |||u|||_o$, (s) the least integer $\geq s$,

$||u||_s$ is the norm in the Sobolev-space $(H_s(\mathbf{R}^n))^m$ related to the variable x'.

In order to prove this estimate, we shall reduce the differential operator h and transform its characteristic matrix H in the diagonal matrix $(\det H)I_m$; then we shall factorize the sum of the diagonal matrix plus the term of order m-1 in the new operator with m first order matricial pseudo-differential factors modulo terms of fractional order $m-1-\frac{1}{m}$ in an algebra of matricial pseudo-differential operators. We obtain first the following proposition.

PROPOSITION [2], [3]: There exists a matricial $m \times m$ pseudo-differential operator $A^*(x,D_x)$, differential in variable x_0, with order m-2, such that, writing

$$a(x,D_x) = i^{m-1}A(x,D_x) + i^{m-2}A^*(x,D_x),$$

$$b(x,D_x) = a(x,D_x)h(x,D_x) = i^m B(x,D_x) + i^{m-1}B^*(x,D_x) + R_{m-2}(x,D_x)$$

(the symbols of B and B* are homogeneous in variable ξ with respective degree m and m-1 and the order of the remainder R_{m-2} is m-2),

$$\partial_1 = i(D_{x_0} - \Lambda_1(x,D_{x'}))$$

$$\mathcal{E} = b(x,D_x) - \partial_1^m I_m$$

(let us remark that the order of $\mathcal{E}$ is m-1),

$$E = \text{principal symbol of } \mathcal{E},$$

we get the following equality:

$$\left[(\frac{\partial}{\partial\xi_0})^j E\right](x;\xi_0 = \Lambda_1,\xi') = \left[(\frac{\partial}{\partial\xi_0})^j \frac{K_1^1}{A_1^1}\right](x;\xi_0 = \Lambda_1,\xi')I_m \quad (\forall j = 0,\ldots,m-2).$$

The proof of this proposition is very long; roughly speaking, this equality represents a matricial equation with unknown $A^*(x,\xi)$ and we have to solve it and this is possible for $\left[(\frac{\partial}{\partial\xi_0})^j \frac{K_1^1}{A_1^1}\right](\xi_0 = \Lambda_1)$ is an eigenvalue of $\left[(\frac{\partial}{\partial\xi_0})^j E\right]$ $(\xi_0 = \Lambda_1)$, $(\forall j \leq m-2)$.

We shall now separate the large and small values of $|\xi'|$. In this purpose, we consider:

$*\theta_1 \in C^\infty(R^+)$ with $0 \leq \theta_1(s) \leq 1 \quad (\forall\, s \in R_+)$

$\theta_1(s) = 0 \quad$ if $s \geq R+1$ and $\theta_1(s) = 1$ if $0 < s \leq R$.

* $\theta_2 = 1 - \theta_1$.

* $\psi \in C_0^\infty(\mathbf{R}^n)$, $\psi > 0$, $\psi = 1$ in a neighbourhood of $\tilde{B} = \tilde{B}(0,\tilde{r})$.

* $\psi_1(x,\xi') = \psi(x')\theta_1(|\xi'|)$, $\psi_2(x,\xi') = \psi(x')\theta_2(|\xi'|)$.

So, for all $u \in [C_0^\infty(\tilde{\Omega})]^m$, $u = u_1 + u_2$ where $u_1 = \psi_1(x,D_{x'})u$ and $u_2 = \psi_2(x,D_{x'})u$. Then we are ready to compute estimates upon u_1 and u_2 leading to the estimate (CA).

As ψ_1 is a regularizing operator, there exist positive constants C and d such that

$$d\ |||u_1|||^2_{m-1} \leq C\ |||\tilde{b}u_1|||^2$$

for all $u \in [C_0(\tilde{\Omega})]^m$ where $\tilde{b} = i^m B(x,D_x) + i^{m-1}B^*(x,D_x)$.

On the other hand, thanks to the first proposition, we can construct 3 operators:

* $\tilde{\Pi} = \partial_1^{(1)} \ldots \partial_1^{(m)}$ with

$$\partial_1^{(j)} = i(D_{x_0} I_m - \Lambda_1^{(j)}(x,D_{x'})),$$

$$\Lambda_1^{(j)}(x,\xi') \sim \Lambda_1(x,\xi')I_m + \sum_{k=1}^{\infty} \nu_{1,k}^j(x,\xi')|\xi'|^{1-\frac{k}{m}}$$

where the matricial symbols $\nu_{1,k}^j$, with order 0, commutate each other and

$$\nu_{1,1}^j = e^{2i\Pi j/m}\left[(-\frac{K_1^1}{A_1^1})(\xi_0 = \Lambda_1)\right]^{1/m} (1 \leq j \leq m),$$

* τ and ρ are matricial pseudo-differential in x' and differential in x_0 operators with respective orders $m - 1 - \frac{1}{m}$ and $m-2$ such that:

$$\tilde{b}\, u_2 = (\tilde{\Pi} + \tau + \rho)u_2,$$

$$\forall u \in [C_0(\tilde{\Omega})]^m.$$

This construction is possible as the matrices $(\Lambda_1^{(j)} - \Lambda_1^{(j')})(x,\xi')$ are invertible for large $|\xi'|$ and $j \neq j'$, thanks to the hypothesis $K_1^1(\xi_0 = \Lambda_1) \neq 0$.

The construction of the $\Lambda_1^{(j)}$ is done with Lagrange's interpolation formula for systems. Indeed we need to define matricial roots of power $\frac{1}{m}$ owing to the usual spectral theory so as to identify the terms of two expansions.

This equality $\tilde{b}\, u_2 = (\tilde{\Pi} + \tau + \rho)u_2$ leads to the estimate for u_2 (thanks to Carleman estimates upon $\partial_1^{(j)}u_2$ and a quite large number of technical lemmas)

$$d|||u_2|||^2_{m-2+1/m} \leqq C|||bu_2|||^2 \quad (\forall\ u \in [C_0^\infty(\tilde{\Omega})]^m).$$

Owing to the estimates for u_1 and u_2, we get

$$d|||u|||^2_{m-2+1/m} \leqq C|||\tilde{b}u|||^2$$

and further such an estimate for $b = \tilde{b} + R_{m-2}$ which leads to the estimate (CA) and to the theorem of uniqueness.

III. REMARKS

These results will be extended for operators of order greater than 1 when the rank of the characteristic matrix equals m-1 or m-2 on the characteristical set, in a further paper [9].

BIBLIOGRAPHY

1. T. Carleman, Sur un problème d'unicité pour les systèmes d'équations aux dérivées partielles à deux variables indépendantes. Ark. Mat. Astr. Fys. 26 B, n° 17 (1939), 1-9.
2. D. Gourdin and H. Kadri, Un théorème d'unicité pour le problème de Cauchy relatif à une classe de systèmes différentiels linéaires à caractéristiques multiples. Note C.R.A.S. Paris t. 301, Série 1, n° 5, 173-176.
3. D. Gourdin and H. Kadri, Théorème d'unicité pour un problème de Cauchy C^∞ matriciel à caractéristiques multiples. à paraître - Kinokuniya Company Ltd)

4. J. Leray, Equations hyperboliques non strictes: contre-exemples du type de De Giorgi aux théorèmes d'existence et d'unicité. Math. Annalen 162 (1966), p. 228-256.
5. J. Vaillant, J. Math. Pures et Appliquées, 47, 1968, p. 1-40.
6. M. Zeman, On the uniqueness of Cauchy Problem for partial differential operators with multiple characteristics. Ann. Scuola Norm. Sup. Pisa IV, Vol. VII, N° 2 (1980), 257-285.
7. C. Zuily, Uniqueness and non uniqueness in the Cauchy Problem (Birkhaüser, 1982). Progress in Mathematics.
8. C. Zuily, Unicité du problème de Cauchy pour une classe d'opérateurs différentiels. Comm. in Partial Diff. Equations 6(2), 153-196 (1981).
9. D. Gourdin, Unicité de Cauchy pour des classes de systèmes différentiels linéaires. (a paraître).

D. Gourdin
ERA - C.N.R.S. 070 901
Université Lille I
France.

E JANNELLI

Explicit expressions for hyperbolic equations

Let us consider the Cauchy problem

$$Lu = \left(\frac{\partial}{\partial t}\right)^m u + \sum_{\substack{|\nu|+h \leq m \\ h<m}} a_{\nu,h}(t) \left(\frac{\partial}{\partial x}\right)^\nu \left(\frac{\partial}{\partial t}\right)^h u = 0 \text{ on } R^n_x \times [0,T]$$

$$u(0,x) = \phi_1(x) \tag{1}$$

$$\cdots$$

$$\left(\frac{\partial}{\partial t}\right)^{m-1} u(0,x) = \phi_m(x)$$

where $a_{\nu,h}(t)$ are bounded functions on [0,T].

We shall assume that L is <u>weakly hyperbolic</u>, i.e. the characteristic equation

$$\tau^m + \sum_{1}^{m}{}_j \sum_{|\nu|=j} a_{\nu,m-j}(t)\, \xi^\nu\, \tau^{m-j} = 0 \tag{2}$$

has only real (maybe coincident) roots $\tau_h(t;\xi)$ (h = 1 ... m).

As is well-known, under the hypothesis of weak hyperbolicity, problem (1) is well-posed in the space of real analytic functions, and also in some Gevrey classes, provided that, in this case, one assumes that the coefficients of the principal part are sufficiently smooth (see all the works quoted in the References).

The main technical difficulty that one encounters while studying problems like (1) is that the characteristic roots of the principal part of L may be not regular, due to possible collapses. However, we present here a method which could be useful in overcoming this difficulty; in fact, we claim that, for an equation like (1), we can construct a suitable "energy", i.e. an expression made up only by the solution and the coefficients, which may be <u>a priori</u> estimated, giving us, as a first application, some Gevrey well-posedness results for problem (1); this energy expression will inherit the regularity of the coefficients of the principal part of L, apart from the fact that the characteristic roots are coincident or not.

Before stating our main theorem, we give some notations. We set, for any $t \in [0,T]$ and any $\xi \in R^n \setminus \{0\}$,

$$h_j(t;\xi) = \sum_{|\nu|=j} a_{\nu,m-j}(t)\,(i\xi)^\nu; \tag{3}$$

$$H_j(t,\xi) = -\,h_j(t;\xi/|\xi|); \tag{4}$$

$$v(t;\xi) = u(t,x) = \langle u(t,x),\, e^{i\langle x,\xi\rangle}\rangle_{L^2(R_x{}^n)};$$

$$V(t;\xi) = \begin{vmatrix} (i|\xi|)^{m-1}\, v(t;\xi) \\ (i|\xi|)^{m-2}\, v^{(1)}(t;\xi) \\ \cdots \\ (i|\xi|)v^{(m-2)}(t;\xi) \\ v^{(m-1)}(t;\xi) \end{vmatrix} \quad \text{where } v^{(h)} = (\tfrac{\partial}{\partial t})^h v. \tag{6}$$

Then, by means of a Fourier transform with respect to x, equation (1) is transformed into the following family of first order ordinary differential systems, parametrized by ξ (here and in the following, the prime will denote the derivation with respect to t):

$$V' = i|\xi| \quad A(t;\xi)\, V + B(t;\xi)V \tag{7}$$

where

$$A(t;\xi) = \begin{vmatrix} 0 & 1 & 0 & \cdots & 0 & 0 \\ 0 & 0 & 1 & \cdots & 0 & 0 \\ & & \cdots & & & \\ 0 & 0 & 0 & \cdots & 0 & 1 \\ H_m & H_{m-1} & & & H_2 & H_1 \end{vmatrix} \tag{8}$$

In what follows, we shall always suppose that $|\xi| \geq 1$ (in order to avoid singularity at the origin of $R_\xi{}^n$); we remark that, in this case, the matrix $B(t;\xi)$ is bounded.

We are now in the position to state our main theorem (for the proof see [6]).

THEOREM 1: Let $A(t;\xi)$ be defined by (8). Then, there exists a symmetric real-valued $m \times m$ matrix $Q(t;\xi)$ with the following properties:

i) the entries of Q are polynomials in the m-tuple $(H_1,\ldots,H_m)$, whose coefficients depend only on m;

(ii) Q is strictly (resp. weakly) positive defined iff L is strictly (resp. weakly) hyperbolic;

iii) $QA = A^*Q$.

Theorem 1 essentially states that the matrix $A(t;\xi)$ is always symmetrizable, by means of a matrix $Q(t;\xi)$ which has the same regularity of the coefficients of the principal part of L.

Now, we define as energy for problem (1) the expression

$$E(t;\xi) = \langle Q(t;\xi)\, V(t;\xi),\, V(t;\xi)\rangle. \tag{9}$$

Let us suppose, for the time being, that the coefficients of the principal part of L are C^1 in t (and, therefore, so it is for Q). Deriving (9) with respect to t and taking into account point iii) of Theorem 1, we easily get

$$E' = \langle Q'V,V\rangle + \langle (QB + B'Q)V,V\rangle. \tag{10}$$

Now, if L is strictly hyperbolic, then Q is strictly positive defined and, from (10), one gets at once an estimation of the type

$$E'(t;\xi) \leqq CE(t;\xi) \tag{11}$$

which implies that problem (1) is C^∞ well-posed; on the other hand, if L is weakly hyperbolic, then Q is only weakly positive defined; in this case, one can perturb Q by adding some constant symmetric matrix Γ_ε, in such a way that, for any $\varepsilon > 0$, $Q + \Gamma_\varepsilon$ is strictly positively defined. So, we set

$$E_\varepsilon(t;\xi) = \langle (Q(t;\xi) + \Gamma_\varepsilon)\, V(t;\xi),\, V(t;\xi)\rangle. \tag{12}$$

Deriving (12) with respect to t we obtain

$$\begin{aligned} E'_\varepsilon = {} & \langle Q'V,V\rangle + i|\xi| \quad \langle (\Gamma_\varepsilon A - A^*\Gamma_\varepsilon)V,V\rangle + \\ & + \langle (B(Q+\Gamma_\varepsilon) + (Q+\Gamma_\varepsilon)B^*)V,V\rangle; \end{aligned} \tag{13}$$

hence, if we define

$$\alpha_\varepsilon(t) = \sup_{\substack{|\xi|=1\\|X|=1}} \frac{\langle Q'(t;\xi)X,X\rangle}{\langle (Q(t;\xi)+\Gamma_\varepsilon)X,X\rangle}$$

$$\beta_\varepsilon(t) = \sup_{\substack{|\xi|=1\\|X|=1}} \frac{\langle (\Gamma_\varepsilon A(t;\xi) - A^*(t;\xi)\Gamma_\varepsilon)X,X\rangle}{\langle (Q(t;\xi)+\Gamma_\varepsilon)X,X\rangle} \tag{14}$$

$$\gamma_\varepsilon(t) = \sup_{|\xi|=1} \| (Q(t;\xi) + \Gamma_\varepsilon)^{-1/2} \|$$

we easily get

$$E'(t;\xi) \leq [\alpha_\varepsilon(t) + \beta_\varepsilon(t)\,|\xi| + \gamma_\varepsilon(t)]E_\varepsilon(t;\xi) \tag{15}$$

so that

$$E_\varepsilon(t;\xi) \leq E_\varepsilon(0;\xi)\exp\left\{\int_0^t (\alpha_\varepsilon(s) + \gamma_\varepsilon(s))ds + |\xi|\int_0^t \beta_\varepsilon(s)ds\right\} \tag{16}$$

for any $\varepsilon > 0$.

Choosing in a suitable way the matrix Γ_ε (and, therefore, the functions α_ε, β_ε and γ_ε), we have obtained the following Gevrey well-posedness results for problem (1) (see [6]):

<u>THEOREM 2</u>: Let us consider problem (1). We suppose that the characteristic roots $\tau_h(t;\xi)$ defined by means of (2) are real, and their multiplicity, which depends on $(t;\xi)$, does not exceed r.

Let the coefficients of the principal part of L belong to $C^k([0,T])$, where k is a real positive number, with $0 \leq k \leq 2$. Then:

i) if $0 \leq k < 1$, problem (1) is well-posed in the Gevrey classes $\gamma^{(s)}$, provided that

$$1 \leq s < 1 + \frac{k}{(k+1)(r-1) + (1-k)}; \tag{17}$$

ii) if $1 \leq k \leq 2$, problem (1) is well-posed in the Gevrey classes $\gamma^{(s)}$, provided that

$$1 \leq s < 1 + \frac{k}{2(r - 1)} . \qquad (18)$$

We only remark that, in the case $r = 1$, (17) gives $1 \leq s < 1/(1 - k)$, while, if $r = 2$, both (17) and (18) give $1 \leq s < 1 + k/2$; these results are, in general, not improvable (see [2], [3] and [5]).

We also remark that, if $k = 2$, (18) gives $1 \leq s < r/(r - 1)$, and it is well known that, in general, problem (1) is not (globally) Gevrey well-posed if $s \geq r/(r - 1)$.

We point out that, in the case $r \geq 3$, Ohya and Tarama have announced that they have obtained some Gevrey well-posedness results which are better than the ones exposed in Theorem 2 (see [9]).

REFERENCES

1. M.D. Bronstein, The Cauchy problem for hyperbolic operators with characteristic roots with variable multiplicity - (Russian) - Trudy Moscow Math. 1980 (41), 83-99 (English translation in Trans. Moscow Math. Soc.).
2. F. Colombini, E. De Giorgi and S. Spagnolo, Sur les équations hyperboliques avec des coefficients qui ne dépendent que du temps - Ann. Scuola Norm. Sup. Pisa 1979 (6), 511-559.
3. F. Colombini, E. Jannelli and S. Spagnolo, Well-posedness in the Gevrey classes of the Cauchy problem for a Non-Strictly Hyperbolic Equation with Coefficients depending on Time - Ann. Scuola Norm. Sup. Pisa 1983 (10), 291-312.
4. V.J. Ivrii, Correctness of the Cauchy problem in Gevrey classes for non strictly hyperbolic operators - Math. USSR Sbornik, 1975 (25), 365-387.
5. E. Jannelli, Regularly Hyperbolic Systems and Gevrey Classes - Ann. Mat. Pura e Appl. 1985 (140), 133-145.
6. E. Jannelli, On the symmetrization of the principal symbol of hyperbolic equations - To appear.
7. T. Nishitani, Sur les équations hyperboliques à coefficients qui sont höldériens en t et de la classe de Gevrey en x - Bull. de Sc. Math. 1983 (107), 113-138.

8. T. Nishitani, Energy inequality for non strictly hyperbolic operators in the Gevrey class - J. of Math. of Kyoto Un. 1983 (23), 739-773.
9. Y. Ohya and S. Tarama, Le Problème de Cauchy à Caracteristiques Multiples dans la Classe de Gevrey - coefficients hölderiens en t - To appear.

E. Jannelli
Dipartimento di Matematica
Università
Via Giustino Fortunato
70125 Bari
Italy.

P LAUBIN

Propagation of the second analytic wave front set in conical refraction

ABSTRACT: We introduce a class of F.B.I.-phase functions of second type which characterize the second analytic wave front set of a distribution along an involutive submanifold. These functions are used to prove a propagation theorem of Hörmander's type for the second analytic wave front set of solutions of operators with double characteristics.

1. SECOND ANALYTIC WAVE FRONT SET ALONG AN INVOLUTIVE SUBMANIFOLD

We use the F.B.I.-transforms to characterize the analytic wave front set, see [9]. If ϕ is a F.B.I.-phase function near $(z_0,\rho_0) \in \mathbb{C}^n \times \dot{T}^* \mathbf{R}^n$, $\rho_0 = (y_0,\eta_0)$, $y(z)$ denotes the real point near y_0 such that $-\partial_y\phi(z,y(z))$ is real. We also consider the local diffeomorphism

$$\rho(z) = (y(z),\eta(z)) = (y(z), -\partial_y\phi(z,y(z)))$$

and the weight function

$$\Phi(z) = - I\phi(z,y(z)).$$

Following Sjöstrand we introduce

$$(Tu)(z,\lambda) = \underset{(y)}{u}\ (e^{i\lambda\phi(z,y)}\ a(z,y,\lambda)\chi(y))$$

where a is a classical elliptic analytic symbol near (z_0,y_0), $\chi \in D(\mathbf{R}^n)$ is equal to 1 in a neighbourhood of y_0 and u is a distribution in an open set containing the support of χ. There are constants $M,m,r > 0$ such that

$$|(Tu)(z,\lambda)| \leq \lambda^m e^{\lambda\Phi(z)} \quad \text{if} \quad \lambda > M,\ |z-z_0| < r.$$

It is well known that for all z_1 near z_0 we have $\rho(z_1) \notin WF_a u$ if and only if one can find $\varepsilon,r,M > 0$ satisfying

$$|(Tu)(z,\lambda)| \leq e^{\lambda(\Phi(z)-\varepsilon)} \quad \text{if } \lambda > M,\ |z-z_1| < r.$$

Let V be an involutive submanifold of $\dot{T}^* \mathbf{R}^n$ with codimension k and $\rho_0 \in V$. Using the splitting $z = (z', z'') \in \mathbb{C}^k \times \mathbb{C}^{n-k}$, we say that ϕ is adapted to V if $Iz_0' = 0$ and ρ transforms $\{z \in \mathbb{C}^n : Iz' = 0\}$ into V near z_0. It is easy to see that for every involutive submanifold V there are F.B.I.-phases functions adapted to V with weight function $|Iz|^2/2$.

Let ϕ be adapted to V such that $\Phi(z) = |Iz|^2/2$. Following Sjöstrand and Lebeau we introduce

$$(T^{(2)}u)(z,\mu,\lambda) = \int_{|y-Rz_0'|<r} e^{-\frac{\lambda\mu}{2(1-\mu)}(z'-y')^2} Tu(y',z'',\lambda)dy'.$$

Using a suitable complex shift we see that for every $C > 0$ there are constants μ_0, λ_0 such that

$$|(T^2u)(z,\mu,\lambda)| \leqq \lambda^m e^{\frac{\lambda\mu}{2}|Iz'|^2 + \frac{\lambda}{2}|Iz''|^2}$$

if

$$|Rz'-Rz_0'| < r/2,\ |z''-z_0''| < r,\ |Iz'| < C \text{ and } 0 < \mu < \mu_0,\ \lambda > \lambda_0.$$

If z_1 is close to z_0 and $Iz_1' = 0$ it follows that $\rho(z_1) \in V$. Moreover

$$\tau(z_1,\sigma_1') = \partial_s\, \rho(z_1' - is\sigma_1', z_1'')|_{s=0}$$

defines an element of $\dot{T}_V(T^* \mathbf{R}^n)$.

<u>DEFINITION 1</u>: <u>The second analytic wave front set of</u> u <u>along</u> V is the subset $WF_{a,V}^{(2)}(u)$ of $\dot{T}_V(T^* \mathbf{R}^n)$ defined by the condition that $\tau(z_1,\sigma_1') \notin WF_{a,V}^{(2)}(u)$ if there exist s, $\mu_0 > 0$ and a decreasing function f in $]0,\mu_0[$ such that

$$|(T^{(2)}u)(z,\mu,\lambda)| \leqq e^{\frac{\lambda\mu}{2}|Iz'|^2 + \frac{\lambda}{2}|Iz''|^2 - \varepsilon\mu\lambda}$$

if

$$|z'-(z_1' - i\sigma_1')| < s,\ |z''-z_1''| < s,\ 0 < \mu < \mu_0 \text{ and } \lambda > f(u).$$

This definition does not depend on the choice of ϕ and a.

2. F.B.I.-TRANSFORM OF SECOND KIND

Such a transformation has already been introduced by Lebeau in the general framework of Sjöstrand's spaces H_{Φ}. Our presentation is a bit different. Our main purpose is to get a large class of phase functions that characterize the second analytic wave front set and to be able to solve 2-microlocal eiconal equations with these functions.

Denote by F_0 the leaf of V containing ρ_0. From now on we assume that the rank of the projection of F_0 on $\mathbf{R}^n$ is k. In the applications this means that we do not have propagation occurring in ξ-variables only.

When this condition is satisfied we can define

$$\Phi_{\mu}(z,x) = \underset{(y')}{\mathrm{vc}} \left\{\frac{i\mu}{2(1-\mu)}(z'-y')^2 + \phi(y',z'',x)\right\}$$

since the right-hand side has a non degenerated critical point when (z,x) is close to (z_0,y_0) and μ is small. This function is an example of a F.B.I.-phase function of the second kind.

DEFINITION 2: An holomorphic function $\phi_{\mu}(z,y)$ in a neighbourhood of $(z_0,y_0,0) \in \mathbb{C}^n \times \mathbf{R}^n \times \mathbf{R}$ is a F.B.I.-phase function of the second kind adapted to V near $(\rho_0,\tau_0) \in \dot{T}_V T^* \mathbf{R}^n$, $\rho_0 = (y_0,\eta_0)$, if

i) $\phi_{\mu}(z,y) = \phi_0(z'',y) + \mu\phi_1(z,y) + \mathcal{O}(\mu^2)$,

ii) $\partial_y \phi_0(z''_0,y_0) = -\eta_0$ and for every z'' close to z''_0,

$$N_{z''} = \{y \in \mathbf{R}^n : \mathcal{I}(\partial_y\phi_0)(z'',y) = 0\}$$

is a submanifold of $\mathbf{R}^n$ near y_0 with dimension k, $\mathcal{I}\phi_0$ is transversely positive on $N_{z''}$,

iii) $V = \{(y, -\partial_y\phi_0(z'',y)) : y \in N_{z''}, z'' \in \mathbb{C}^{n-k}\}$ near ρ_0,

iv) $N_{z''} \ni y \to \mathcal{I}\phi_1(z_0,y)$ has a non degenerated critical point at y_0 with signature (k,o) and $\tau_0 = (0, -\mathcal{R}(\partial_y\phi_1)(z_0,y_0))$ in $(T_V(T^*\mathbf{R}^n))_{\rho_0}$,

v) $\det(\partial_{z'}\partial_y\phi_1, \partial_{z''}\partial_y\phi_0) \neq 0$.

As above we denote by $y_{\mu}(z)$ the real point near y_0 such that

$$\eta_{\mu}(z) = -\partial_y\phi_{\mu}(z,y_{\mu}(z))$$

is real. Of course $\det(I(\partial_y^2\phi_\mu))$ vanishes when $\mu = 0$ but it turns out that the critical point of $y \to I(\partial_y \phi_\mu)(z,y)$, $\mu > 0$, remains analytic near $\mu = 0$. Here again we introduce $\rho_\mu(z) = (y_\mu(z), \eta_\mu(z))$ and the weight function

$$\Phi_\mu(z) = - I\phi_\mu\,(z, y_\mu(z)).$$

It follows that

$$- I\phi_\mu(z,y) \leqq \phi_\mu(z) - c\mu|y-y_\mu(z)|^2$$

if y is real. We have $y_o(z) \in N_{z''}$, $\rho_o(z) \in V$ and $z \to \rho_o(z)$ has the rank 2n-k. The leaves of V are given locally by

$$F_{z''} = \{(y, -\partial_y\phi_o(z'',y)) : y \in N_{z''}\}.$$

Moreover

$$\partial_\mu\rho_\mu(z)|_{\mu=o} = (0, -R\partial_y\phi_1(z, y_o(z))) \text{ in } (T_V(\dot{T}^*\mathbf{R}^n))_{\rho_o(z)}.$$

Sometimes it is necessary to consider more general phase functions

$$\phi_\mu(z,y) = \phi_o(z'',y) + \mu\phi_1(z,y) + O(\mu^{3/2})$$

with ϕ_o, ϕ_1 satisfying (i) - (v). This is useful for the study of the second analytic wave front set along an isotropic submanifold, see [7], or for the description of the 2-microlocal properties of diffractive points in boundary values problems. We do not treat these questions here.

Using the previous phase functions we can define F.B.I.-transforms of second kind. A classical analytic 2-symbol is an holomorphic function $a(z,y,\mu,\lambda)$ near (z_o, y_o), defined when $0 < \mu < \mu_o$ and $\lambda > f(\mu)$ for some $\mu_o > 0$ and decreasing function f, which has an expansion

$$a(z,y,\mu,\lambda) = \sum_{0 \leqq k < \lambda\,\mu/eC} (\lambda\mu)^{-k}\, a_k(z,y,\ ) + O(e^{-\varepsilon\lambda\mu}).$$

The functions a_k have to satisfy the growth condition

$$|a_k(z,y,\mu)| \leqq C_\mu C^k k!$$

for some $C > 0$ and decreasing function C_μ, $0 < \mu < \mu_o$. If u and χ are as above we define

$$(T^{(2)}u)(z,\mu,\lambda) = \underset{(y)}{u}\,(e^{i\lambda\phi_\mu(z,y)}a(z,y,\mu,\lambda)\chi(y)).$$

They are m, r and f such that

$$|(T^{(2)}u)(z,\mu,\lambda)| \leqq \lambda^m e^{\lambda\phi_\mu(z)} \quad \text{if } |z-z_0| < r,\ 0 < \mu < \mu_0,\ \lambda > f(\mu).$$

The 2-symbol a is elliptic at (z_0,y_0) if there exists an increasing function $c_\mu > 0$ in $0 < \mu < \mu_0$ such that

$$|a_0(z,y,\mu)| \geqq c_\mu \text{ near } (z_0,y_0).$$

Using 2-microdifferential operators, we can prove that, when a is elliptic at $(z_1,y_0(z_1))$, we have $\partial_\mu\rho_\mu(z_1)|_{\mu=0} \notin WF^{(2)}_{a,V}(u)$ if and only if there are constants $s,\varepsilon,\mu_0 > 0$ and a decreasing function f satisfying

$$|(T^{(2)}u)(z,\mu,\lambda)| \leqq e^{\lambda\Phi_\mu(z)-\varepsilon\mu\lambda} \quad \text{if } |z-z_1| < s,\ 0 < \mu < \mu_0,\ \lambda > f(\mu).$$

3. CONICAL REFRACTION

Let P(x,D) be a differential operator with analytic coefficients and real principal symbol in an open sugset Ω of $\mathbf{R}^n$. Assume that for some $\rho_0 \in \dot{T}^* \mathbf{R}^n$ we have $p(\rho_0) = 0$, $dp(\rho_0) = 0$ and that

$$V = \{\rho \in T^*\Omega : p(\rho) = 0,\ dp(\rho_0) = 0\}$$

is an involutive submanifold of codimension k near ρ_0.

This is the case if p is the product of two real factors p_1, p_2 such that $p_1(\rho_0) = p_2(\rho_0) = 0$, $\{p_1,p_2\} = 0$ if $p_1 = p_2 = 0$ and dp_1, dp_2 are linearly independant. But our situation contains more general singularities of the characteristic variety such as the conical points of the Fresnel's surface.

The following result is an easy consequence of the definitions.

THEOREM 1: For every distribution u in Ω we have

$$WF^{(2)}_{a,V}(u) \subset WF^{(2)}_{a,V}(Pu) \cup \{(\rho,\sigma) \in \dot{T}_V(\dot{T}^* \mathbf{R}^n) : (\text{Hess } p(\rho)\sigma,\sigma) = 0\}.$$

For the characteristic points σ such that $(\text{Hess } p(\rho)\sigma,\sigma) = 0$ we have a theorem of propagation. Using the Hamiltonian map from $T(T^*\mathbf{R}^n)$ to $T^*(T^*\mathbf{R}^n)$

we obtain a bijection χ from $T_V(T^*\Omega)$ onto $\bigcup_F T^*F$ where F run over the leaves of V. Hence we can define a function on each leaf F by the condition

$$p_F(\zeta) = \frac{1}{2}\,(\text{Hess } p(\rho)h,h),\ \zeta \in T^*F,$$

if $\chi(h) = \zeta$.

THEOREM 2: If γ is a connected nul-bicharacteristic of p_F and $\gamma \cap WF^{(2)}_{a,V}(Pu) = \emptyset$ then $\gamma \subset WF^{(2)}_{a,V}(u)$ or $\gamma \cap WF^{(2)}_{a,V}(u) = \emptyset$.

The main step in the proof is the construction of an asymptotic solution to a suitable problem. Let ϕ_μ be a F.B.I.-phase function of the second kind adapted to V. We look for a solution to

$$\begin{cases} \mu\tilde{D}_t - {}^tP(y,\tilde{D}_y,\lambda))(e^{i\lambda\psi_\mu(t,z,y)}a(t,z,y,\mu,\lambda)) = \mathcal{O}(e^{\lambda\phi_\mu(z)-\varepsilon\mu\lambda}) \\ a(0,z,y,\mu,\lambda) = 1 \end{cases}$$

where $\tilde{D}_x = (1/i\lambda)\partial/\partial x$ and

$$P(x,\tilde{D}_x,\lambda) = \lambda^{-m}P(x,\lambda\tilde{D}_x).$$

First of all we have to solve the eiconal equation

$$\mu\partial_t\psi_\mu = p(y,-\partial_y\psi_\mu)$$

$$\psi_\mu(0,z,y) = \phi_\mu(z,y).$$

Of course this equation becomes characteristic with respect to $t = 0$ when $\mu = 0$, but using the properties of p on V we can obtain an holomorphic solution near $\mu = 0$. In fact let

$$\psi_\mu(t,z,y) = \phi_o(z'',y) + \mu\theta_\mu(t,z,y).$$

Since ϕ_μ is adapted to V we have

$$p(y,-\partial_y\phi_o(z'',y)) = 0,\quad dp(y,-\partial_y\phi_o(z'',y)) = 0$$

when y and $\partial_y\phi_o(z'',y)$ are real. By analytic continuation these relations remain valid for all (x'',y). Hence we have

$$p(y, -\partial_y \phi_o(z'', y) + v) = \frac{1}{2} \langle A(z'', y, v)v, v\rangle$$

The equation becomes

$$\partial_t \theta_\mu = \frac{1}{2} \langle A(z'', y, \mu\partial_y \theta_\mu)\partial_y \theta_\mu, \partial_y \theta_\mu\rangle.$$

Obviously this equation has an holomorphic solution near $(0, z_o, y_o, 0)$. It turns out that $\psi_\mu(t, \cdot)$ is a F.B.I.-phase function of the second kind adapted to V for every small t. Moreover if $y_\mu(t,z)$ is the real point such that $\eta_\mu(t,z) = -\partial_y \psi_\mu(t,z,y_\mu(t,z))$ is real we have

$$\exp(\frac{t}{\mu} H_p)(\rho_\mu(z)) = \rho_\mu(t,z)$$

and

$$\phi_\mu(t,z) = -I\psi_\mu(t,z,y_\mu(t,z)) = \phi_\mu(z).$$

If a has the expansion

$$\sum_{0 \leqq k < \lambda\mu/C} (\lambda\mu)^{-k} a_k(t,z,y,\mu)$$

the transport equations may be written

$$\begin{cases} \mu(\partial_t a_k + \sum_{j=1}^{n} p_j \partial_{y_j} a_k) + g a_k = \sum_{\ell=0}^{k-1} \mu^{k-\ell} L_{k-\ell+1}(t,z,y,D_y,\mu)a \\ a_{k|t=o} = \delta_{k,o} \end{cases}$$

where L_j is a differential operator of order j. Careful estimates of the solutions give the estimate

$$|a_k| \leqq e^{c/\mu} C^k k!$$

for some constants $C, c > 0$. It follows that a is a classical 2-symbol.

The details will appear elsewhere.

We are grateful to J. Sjöstrand who pointed out this problem to us.

REFERENCES

1. L. Hörmander, The analysis of linear partial differential operators I and II, Springer Verlag, (1983).
2. M. Kashiwara and T. Kawai, Second microlocalization and asymptotic expansions, Springer Lect. Notes in Physics 126 (1980), 21-76.
3. P. Laubin, Sur le wave front set analytique d'une distribution, Bull. Acad. Roy. Belguque 67, (1982), 782-796.
4. P. Laubin, Analyse microlocale des singularités analytiques, Bull. Soc. Roy. Sc. Liège, 52(2), (1983), 103-212.
5. P. Laubin and P. Esser, Second analytic wave front set of the fundamental solution of hyperbolic operators, to appear in CPDE.
6. Y. Laurent, Théorie de la deuxième microlocalisation dans le domaine complexe: opérateurs 2-micro-différentiels, Thèse, Orsay, (1982).
7. G. Lebeau, Deuxième microlocalisation sur les sous-variétés isotropes, Thèse, Orsay, (1983).
8. G. Lebeau, Deuxième microlocalisation à croissance, Sém. Goulaouic-Meyer-Schwartz XV, (1982-1983).
9. J. Sjöstrand, Singularités analytiques microlocales, Astérisque 96, (1982).

P. Laubin
Institut de Mathématique
Université de Liège
15, avenue des Tilleuls
B-4000 Liège (Belgique)

P MARCATI

Approximate solutions to scalar conservation laws via degenerate diffusion

1. INTRODUCTION

We want to study the existence of weak solutions, verifying the Lax "entropy" inequality, to the scalar conservation law

$$u_t + f(u)_x = 0 \tag{1.1}$$

by approximating with the convective porous media equation

$$u_t + f(u)_x = \varepsilon(|u|^{m-1}u)_{xx}, \quad \varepsilon > 0,\ m > 1 \tag{1.2}$$

as ε tends to zero.

The equation (0.2) has been widely investigated in the literature; in particular some existence and uniqueness results have been obtained by Vol'pert and Hudjaev [1] and Osher and Ralston [2]. We use, here, the methods of compensated compactness due to Tartar [3], [4] and Di Perna [5] to achieve the limiting behaviour of (1.2).

As a preliminary fact, we want to recall, the definition of a weak solution to (1.1). We say that a bounded measurable function $u(x,t)$ is a weak solution to (1.1) if and only if

$$\iint (u\phi_t + f(u)\phi_x)\,dxdt + \int_{\{t=0\}} \phi(x,0)u(x,0)\,dx = 0 \tag{1.3}$$

for all $\phi \in C^1(\mathbb{R} \times [0, +\infty))$, having compact support.

It is well known, see Lax [6], that definition (1.3) does not select a unique solution to (1.1); therefore many admissibility criteria have been proposed. One of the most common is the entropy inequality. We say that a continuous function $\eta:\mathbb{R} \to \mathbb{R}$ is an entropy function for (1.1) and $q:\mathbb{R} \to \mathbb{R}$ is the related entropy flux if $f,\eta,\ q \in C^1$ and $q'(u) = \eta'(u)f'(u)$, for all u.

Given an entropy pair (η,q) we say that a solution u to (1.1) verifies the entropy inequality iff, for all convex η

$$\eta_t(u) + q_x(u) \leqq 0 \quad \text{in } D'(\mathbf{R} \times \mathbf{R}_+). \tag{1.4}$$

The typical way to study the limit of (1.2) as ε tends to zero is the use of some compactness argument by means of "a priori" estimates on the solution to (1.2).

THEOREM 1: Assume that f is C^1, $f(0) = 0$, assume the initial Cauchy datum $u_0(x)$ to (1.2) is a continuous function with compact support, then

$$\sup_{x,t} |u^\varepsilon(x,t)| \leqq \sup_x |u_0(x)| \tag{1.5}$$

$$\sup_t \|u^\varepsilon(\cdot,t)\|_{L^2} \leqq \|u_0\|_{L^2} \tag{1.6}$$

and for all $T > 0$

$$\varepsilon m \iint_{S_T} |u^\varepsilon|^{m-1}(u\ )_x^2 \, dxdt \leqq 2\,\|u_0\|_{L^2}^2 \tag{1.7}$$

where $S_T = \mathbf{R} \times (0,T)$ and u^ε denotes the solution to (1.2) in the sense of Vol'pert and Hudjaev [1].

The proof of this result requires the following compactness lemma for the support of $u^\varepsilon(\cdot,t)$. The counterexample of Diaz and Kersner [7] shows the necessity of f to be C^1.

LEMMA 1: Assume that the above hypothesis of f and u_0 holds. Therefore for all $T > 0$; there exists a positive C^1 map $\phi:\mathbf{R} \to \mathbf{R}_+$ such that

$$(m/m-1)|u^\varepsilon(x,t)|^{m-1} \leqq \phi(t)(1-x^2/\phi(t))^+ \tag{1.8}$$

This result can be deduced using the comparison principle.

Now we go on to prove Theorem 1.

For all $k > 0$, consider the following one parameter family of entropy functions

$$\eta_k(u) = \frac{1}{2}\,[(|u|-k)^+]^2 \tag{1.9}$$

with the related entropy flux

$$q_k(u) = (|u|-k)^+ f(u) - \left(\int_k^u f(s)ds\right)^+. \tag{1.10}$$

Therefore

$$\partial_t \eta_k(u^\varepsilon) + \partial_x q_k(u^\varepsilon) = \varepsilon m[(|u^\varepsilon|-k)^+ |u_z^\varepsilon|^{m-1} u_x^\varepsilon]_x - \varepsilon m |u^\varepsilon|^{m-1}(u^\varepsilon)_x^2 \quad (1.11)$$

Integrating in x on $\{|u^\varepsilon| > k\}$ one has

$$\frac{1}{2}\frac{d}{dt}\int_{-\infty}^{+\infty} \eta_k(u^\varepsilon)dx = -\varepsilon m \int_{\{|u^\varepsilon|>k} |u^\varepsilon|^{m-1}(u^\varepsilon)_x^2 dx \quad (1.12)$$

An integration in t, yields

$$\int \eta_k(u^\varepsilon)dx = \int \eta_k(u_o)dx - \iint_{\{|u^\varepsilon|>k} (\varepsilon m)|u^\varepsilon|^{m-1}(u^\varepsilon)_x^2 \, dxdx \quad (1.13)$$

If we choose $k = \sup_x |u_o(x)|$ then (1.5) holds, while if we choose $k = 0$, therefore we obtain (1.6) and (1.7).

2. ENTROPY ESTIMATES AND CONVERGENCE

Let us recall now a useful lemma due to Murat (see Tartar [4]).

LEMMA 2: Let Ω be a bounded open set in $\mathbf{R}^N$ and let us denote by $M(\Omega)$ the space of Radon measures on Ω. Therefore if a sequence of functions $\{h_n\}$ is bounded in $W^{-1,p}(\Omega)$, for some $p > 2$, and $h_n = p_n + q_n$, where $\{p_n\}$ is precompact in $W^{-1,2}(\Omega)$ and $\{q_n\}$ is bounded in $M(\Omega)$, therefore $\{h_n\}$ is precompact in $W^{-1,2}(\Omega)$.

By applying this result we can prove the following estimates on the entropy pair.

LEMMA 3: Under the above hypotheses on f and u_o we have

$$\partial_t \eta(u^\varepsilon) + \partial_x q(u^\varepsilon) \quad \varepsilon \text{ compact set of } W^{-1,2}(\Omega) \quad (2.1)$$

for all $\Omega \subset\subset \mathbf{R} \times \mathbf{R}_+$

Indeed, let $\varepsilon_n \downarrow 0$, denote by $u_n = u^{\varepsilon_n}$, and by

$$p_n = \varepsilon_n m(\eta'(u_n)|u_n|^{m-1}(u_n)_x)_x \quad (2.2)$$

$$q_n = -\varepsilon_n m \eta''(u_n)|u_n|^{m-1}(u_n)_x^2 \quad (2.3)$$

Therefore

$$\partial_t \eta(u_n) + \partial_x q(u_n) = p_n + q_n = h_n \tag{2.4}$$

Now using (1.5) and (1.7) one has

$$\|p_n\|_{W^{-1,2}} \leq (\varepsilon_n)^{1/2} m \, \|\eta'(u_n)\|_{L^\infty} \| |u_n|^{(m-1)/2} \|_{L^\infty}^{\sqrt{2}} \|u_o\|_{L^2} ,$$

since $\|p_n\|_{W^{-1,2}} = 0 \, (\varepsilon_n^{1/2})$ we obtain $\{p_n\}$ is precompact in $W^{-1,2}(\Omega)$.

Moreover since q_n is the product of $\eta''(u_n) \in$ bounded $L^\infty(\Omega)$ and $\varepsilon_n m |u_n|^{m-1} (u_n)_x^2 \in$ bounded set of $L^1(\Omega)$, it is in a bounded set $M(\Omega)$. To conclude the proof it is sufficient to observe that h_n is in a bounded set of $W^{-1,\infty}$, since $\eta(u_n)$ and $q(u_n)$ belong to a bounded set of L^∞.

Using the above result we shall prove the following theorem

THEOREM 2: Assume the above hypotheses on f and u_o are fulfilled if we denote by u^ε the solution to (1.2) with Cauchy datum u_o therefore extracting, if necessary, a subsequence there exists $u \in L^\infty$ such that $u^\varepsilon \longrightarrow u$ weak star in L^∞ and u is a weak solution to (1.1).

Moreover if there is no interval on which f is affine the above convergence is strong in L^p, for all $p < +\infty$.

The solution u verifies the "entropy inequality" (1.4).

PROOF: Let us consider the quadratic form Φ on $\mathbf{R}^4$

$$\Phi(Y) = y_1 y_4 - y_3 y_2 , \quad Y = (y_1, y_2, y_3, y_4)$$

we want to study the weak-star limit of $\Phi(Y^2)$ where $Y^\varepsilon = (u^\varepsilon, f(u^\varepsilon), \eta(u^\varepsilon), q(u^\varepsilon))$ and u^ε is the solution to (1.2).

By means of Theorem 1, one has $Y^\varepsilon \xrightarrow{*} (1_2, 1_2, 1_3, 1_4)$, hence by Lemma 3 and by Van Hove's theorem [8], it follows

$$\Phi(Y^\varepsilon) \xrightarrow{\quad * \quad} 1_1 1_4 - 1_3 1_2 \; .$$

This is sufficient to establish the well known Tartar [3] identity. Let $\{\nu_x\}$ be the family of L.C. Young probability measures associated with $\{u^\varepsilon\}$; one has (dropping x)

$$\langle\nu,\lambda q(\lambda)-\eta(\lambda)f(\lambda)\rangle = \langle\nu,\lambda\rangle\langle\nu,q(\lambda)\rangle - \langle\nu,\eta(\lambda)\rangle\langle\nu,f(\lambda)\rangle$$

where the brackets denote the integration with respect to measures ν.

Then $u^{\varepsilon} \xrightarrow{*} u$ (weak solution to (1.1)) and the supp ν_x is contained in the intervals where f is affine. Assume that no interval of this kind exists, hence it follows that ν_x reduces to $\delta_{\nu(x)}$. Hence the convergence is strong in L^p, $p < +\infty$.

To achieve the entropy inequality, in the sense of distribution, one has to "multiply" the equation (1.2) by $\eta'(u^{\varepsilon})\phi$, where $\phi \in C^{\infty}(\mathbb{R} \times \mathbb{R}_+)$, $\phi \geqq 0$, and to use the convexity of η.

FINAL REMARK

Similar results follow by using the approximating equation

$$u_t + f(u)_x = \varepsilon\phi(u)_{xx}$$

where

$$\frac{\phi(u)\phi''(u)}{(\phi'(u))^2} \geqq \alpha > 0$$

in place of (1.2).

REFERENCES

1. A. Vol'pert and S. Hudjaev, Math. USSR Sbornik 7 (1969), 365-387.
2. S. Osher and J. Ralston, Comm. Pure and Appl. Math. 35 (1982), 737-749.
3. L. Tartar, In Res. Notes in Math. Herriot-Watt Symposium 4 (Ed. R.J. Knops) Pitman 1979.
4. L. Tartar, In System of Nonlinear PDEs. (Ed. J. Ball) D. Reidel Publ. Co. 1983.
5. R.J. Di Perna, Arch. Rat. Mech. Anal. 63 (1977), 337-403.
6. P.D. Lax, "Hyperbolic Systems of Conservation Laws and the Mathematical Theory of Shock Waves" SIAM Reg. Conf. Series in Appl. Math.
7. J.I. Diaz and R. Kersner, C.R. Acad. Sc. Paris t. 296 Serie I, 505-508 (1983).
8. L. Van Hove, Nederl. Akad. Weten 50 (1947), 18-23.

9. P. Marcati, "Convergence of Approximate Solution to Scalar Conservation Laws via degenerate diffusion" (submitted for publication).

This work was partially supported by CNR-GNAFA.

P. Marcati
Dipartimento di Matematica P. & A.
Università dell'Aquila
Via Roma 33, 67100 L'Aquila
Italy.

M OBERGUGGENBERGER

Weak limits of solutions to semilinear hyperbolic systems

In this note we present some new and surprising results concerning highly singular solutions to semilinear hyperbolic first order systems in two variables. More precisely, we investigate the limiting behaviour of classical solutions as smooth initial data tend to distributions with support at finitely many points. The details and proofs will be given in the article [3]. Independently, Jeffrey Rauch and Michael C. Reed have recently obtained stronger results allowing more general initial data and more general nonlinearities. We refer to their forthcoming paper [5].

Consider the system

$$\begin{aligned} &(\partial_t + \Lambda(x,t)\partial_x)\, u(x,t) = F(x,t,u(x,t)), \quad (x,t) \in \mathbf{R}^2 \\ &u(x,0) = a(x), \quad x \in \mathbf{R} \end{aligned} \tag{1}$$

where $u : \mathbf{R}^2 \to \mathbf{R}^n$, $F : \mathbf{R}^{n+2} \to \mathbf{R}^n$, and Λ is a smooth, real valued, diagonal $(n \times n)$ matrix. We assume that Λ or $\partial_x\Lambda$ is bounded (this implies that the characteristic curves exist for all time) and that F is smooth and the function $u \to F(x,t,u)$ as well as its gradient is bounded when (x,t) varies in compact sets. Under these assumptions, given initial data in $C^\infty(\mathbf{R})$, system (1) has a unique global solution in $C^\infty(\mathbf{R}^2)$.

Let $\{\phi_\varepsilon\}_{0<\varepsilon\leq 1} \subset \mathcal{D}(\mathbf{R})$ be a net with the properties

$$\begin{aligned} &\text{support}\ (\phi_\varepsilon) \to \{0\} \text{ as } \varepsilon \to 0 \\ &\int \phi_\varepsilon\,(x)dx = 1 \quad \text{for } 0 < \varepsilon \leq 1 \\ &\int |\phi_\varepsilon\,(x)|\, dx \text{ is uniformly bounded for } 0 < \varepsilon \leq 1. \end{aligned} \tag{2}$$

Such a net converges to the Dirac measure in $\mathcal{D}'(\mathbf{R})$.

THEOREM: Assume that Λ and F are as described above. Let $a = (a_1,\ldots,a_n) \in \mathcal{D}'(\mathbf{R})$ have support at finitely many points, let $\{\phi_\varepsilon\}_{0<\varepsilon\leq 1}$ be a net with properties (2), and let $u^\varepsilon \in C^\infty(\mathbf{R}^2)$ be the solution to system (1) with initial data a $* \phi_\varepsilon$. Then u^ε converges in $\mathcal{D}'(\mathbf{R}^2)$ to the distribution $v + w$ where $v \in \mathcal{D}'(\mathbf{R}^2)$ solves

$$(\partial_t + \Lambda(x,t)\partial_x)v = 0, \quad v(x,0) = a(x) \tag{3}$$

and $w \in C^\infty(\mathbf{R}^2)$ solves

$$(\partial_t + \Lambda(x,t)\partial_x)w = F(x,t,w), \quad w(x,0) = 0. \tag{4}$$

<u>REMARK</u>: The distribution v is nothing else but the initial data a translated along the characteristic curves; w vanishes if $F(x,t,0) = 0$.

<u>SKETCH OF PROOF</u>: Let v^ε be the solution to (3) with initial data $a * \phi_\varepsilon$ and consider the j-th component of system (1), suppressing the (x,t)-dependence in the notation:

$$(\partial_t + \Lambda_j\, \partial_x)\, (u_j^\varepsilon - v_j^\varepsilon - w_j) = F_j(u^\varepsilon) - F_j(w).$$

Rewrite the right-hand side appropriately and integrate along the j-th characteristic curves to obtain

$$u_j^\varepsilon - v_j^\varepsilon - w_j = \int (\nabla F_j)\cdot(u^\varepsilon - v^\varepsilon - w) + \int (F_j(u^\varepsilon) - F_j(u^\varepsilon - v^\varepsilon)).$$

Observe that ∇F_j is bounded and that the integrand in the second term on the right-hand side is bounded and has a very narrow support. Apply Gronwall's inequality to conclude that

$$\|u^\varepsilon - v^\varepsilon - w\|_{C([-T,T]:L^1(\mathbf{R}))} \to 0 \quad \text{as } \varepsilon \to 0$$

for arbitrary $T > 0$. Since $v^\varepsilon \to v$ in $\mathcal{D}'(\mathbf{R}^2)$ the result follows. □

In the case where the right-hand side of system (1) is not bounded, we have a result for the system

$$\begin{aligned} &(\partial_t + \partial_x)u_1 = f(u_2) \qquad \text{on } \mathbf{R}^2 \\ &(\partial_t - \partial_x)u_2 = u_1 \\ &u_1(x,0) = a_1(x), \quad u_2(x,0) = a_2(x), \quad x \in \mathbf{R} \end{aligned} \tag{5}$$

which is equivalent to a nonlinear Klein-Gordon equation. Let again $a = (a_1,a_2) \in \mathcal{D}'(\mathbf{R})$ have support at finitely many points. Split a_1 into a sum of two terms $a_1 = m_1 + d_1$, where m_1 is a measure and d_1 is a distribution of order $\geqq 1$, and let $M_1(x,t)$ be the piecewise constant function which satisfies

$$(\partial_t - \partial_x)M_1(x,t) = m_1(x-t), \quad M_1(x,0) = 0.$$

THEOREM: Assume that f as well as its derivative are bounded, and a, M_1 are as described above. Let $\{\phi_\varepsilon\}_{0<\varepsilon\leqq 1}$ be a net with properties (2), and let u^ε be the solution to system (5) with initial data $a * \phi_\varepsilon$. Then u^ε converges in $\mathcal{D}'(\mathbf{R}^2)$ to the distribution $v + w$ where $v \in \mathcal{D}'(\mathbf{R}^2)$ solves

$$\begin{aligned} (\partial_t + \partial_x)v_1 &= 0 \\ (\partial_t - \partial_x)v_2 &= v_1 \end{aligned} \qquad v_1(x,0) = a_1(x),\ v_2(x,0) = a_2(x) \tag{6}$$

and $w \in C(\mathbf{R} : L^2(\mathbf{R}))$ solves

$$\begin{aligned} (\partial_t + \partial_x)w_1 &= f(w_2 + M_1) \\ (\partial_t - \partial_x)w_2 &= w_1 \end{aligned} \qquad w_1(x,0) = 0,\ w_2(x,0) = 0. \tag{7}$$

SKETCH OF PROOF: Use integration along characteristics, compactness arguments in Sobolev spaces, and the uniqueness of the solution to system (7). □

REMARK: The distribution v is the solution of the corresponding wave equation, and w vanishes if M_1 takes on only values which are periods of f.

Our results have applications to Colombeau's theory [2] of generalized functions. Under appropriate assumptions on the nonlinearities F and f one may show [1,4] that the systems (1) and (5) have unique solutions in the Colombeau algebra $\mathcal{G}(\mathbf{R}^2)$ for arbitrary distributional initial data. Our convergence results mean that these solutions possess associated distributions, which coincide with the weak limits calculated above.

REFERENCES

1. Biagioni, H.A., The Cauchy problem for hyperbolic systems with generalized functions as initial conditions. Preprint 1985.
2. Colombeau, J.F., Elementary introduction to new generalized functions. Amsterdam, New York, Oxford: North Holland 1985.
3. Oberguggenberger, M., Weak limits of solutions to semilinear hyperbolic systems. Math. Ann. 274, 599-607 (1986).
4. Oberguggenberger, M., Generalized solutions to semilinear hyperbolic systems. Monatshefte Math., to appear.
5. Rauch, J. and Reed, M.C., Nonlinear superposition and absorption of delta waves. J. Funct. Anal., to appear.

M. Oberguggenberger
Institut für Mathematik und Geometrie
Universität Innsbruck
A-6020 Innsbruck
Austria.

Y SHIBATA

On a local existence theorem for quasilinear hyperbolic mixed problems with Neumann type boundary conditions

The results reported in this note are a joint work with Gen Nakamura, Josai University in Japan. Let S be a C^∞ and compact hypersurface in $\mathbb{R}^n$ and Ω be the interior or exterior domain of S. We shall consider the local existence in time of classical solutions for the following Neumann problem:

$$P(u)_a = \partial_t^2 u_a - \Sigma_{i=1}^n \partial_i(A_{ia}(t,x,\bar{D}_x^1 u)) + \Phi_a(t,x,\bar{D}^1 u) = f_a(t,x) \quad \text{in } [0,T]\times\Omega,$$

$$\text{(N.P)} \quad Q(u)_a = \Sigma_{i=1}^n \nu_i(x)A_{ia}(t,x,\bar{D}_x^1 u) + \Psi_a(t,x,D_\tau u,u) = g_a(t,x) \quad \text{on } [0,T]\times S,$$

$$u_a(0,x) = u_a^0(x), \ (\partial_t u_a)(0,x) = u_a^1(x) \quad \text{in } \Omega$$

for $a = 1,\dots,m$. Here, $u = (u_1,\dots,u_m)$, $\bar{D}_x^1 u = (\partial_i u_a;\ i = 1,\dots,n,\ a = 1,\dots,m,\ u_i;\ i = 1,\dots,m)$, $\bar{D}^1 u = (\partial_t u_a;\ a = 1,\dots,m, \bar{D}_x^1 u)$, $D_\tau u = (\tau_i u_a;\ i = 1,\dots,n-1,\ a = 1,\dots,m)$, $\partial_t = \partial/\partial t$, $\partial_j = \partial/\partial x_j$, τ_i's are the tangential derivatives on S and $\nu(x) = (\nu_1(x),\dots,\nu_n(x))$ is the outer unit normal of S at $x \in S$.

Our results have applications to the classical nonlinear wave equation with Neumann or third kind boundary condition and the equation of motion describing the small deformation of a homogeneous, isotropic, hyperelastic material under action of gravity and pressure.

Before stating our main result, we list our notations. For any multi-indices $\alpha = (\alpha_1,\dots,\alpha_n)$, $\beta = (\beta_1,\dots,\beta_m)$, a function f, a vector valued function $g = (g_1,\dots,g_m)$ and $L \in Z_+$ (Z_+ being the set of all non-negative integers), we put

$$D^L f = (\partial_t^j \partial_x^\alpha f;\ j + |\alpha| = L),\ \bar{D}^L f = (\partial_t^j \partial_x^\alpha f;\ j + |\alpha| \leq L),\ D_x^L f = (\partial_x^\alpha f; |\alpha| = L),$$

$$\bar{D}_x^L f = (\partial_x^\alpha f;\ |\alpha| \leq L),\ g = g_1^{\beta_1}\cdots g_m^{\beta_m},\ D_x^L g = (D_x^L g_1,\dots,D_x^L g_m),$$

and so on. L^2 and $\|\cdot\|$ denote the usual L^2 function space defined in Ω and its norm, respectively. For any $L \in Z_+$ we put $H^L = \{u \in L^2;\ \|u\|_L = \|\bar{D}_x^L u\| < \infty\}$. In particular we put $\|u\|_\infty = \sup_\Omega |u(x)|$. For any $k \in \mathbb{R}$, we put

$$\langle\langle u\rangle\rangle_k = \int_S |(1-\Delta_S)^{k/2}u|^2\, dS, \quad \langle\langle u\rangle\rangle_0 = \langle\langle u\rangle\rangle$$

where Δ_S is the Laplace-Beltrami operator on S. Then $H^k(S)$ is defined by $H^k(S) = \{u;\ \langle\langle u\rangle\rangle_k < \infty\}$. For $T > 0$, $L \in Z_+$ and a Banach space E, $C^L([0,T];E)$ denotes the set of all E-valued functions having all the derivatives of order $\leq L$ continuous in $[0,T]$. Furthermore, we put

$$E_T^{L,k} = \cap_{j=0}^{L} C^j([0,T];H^{L+k-j}),\ E_T^{L,0} = E_T^L,\ S_T^{L,k} = \cap_{j=0}^{L} C^j([0,T];H^{L+k-j}(S)),$$

$$|u|_{L,k,T} = \sup_{0\leq t\leq T} \|\bar{D}^L\bar{D}_x^k u(t,\cdot))\|,\ \langle u\rangle_{L,k,T} = \sup_{0\leq t\leq T} \langle\langle\bar{D}^L u(t,\cdot)\rangle\rangle_k,\ |u|_{L,0,T} =$$

$|u|_{L,T}$. We also use the same notation for the vector u. For positive integers s,i, a function $H = H(t,x,\mu)$ ($\mu = (\mu_1,\dots,\mu_s)$), vectors $u = (u_1,\dots,u_s)$, $v_j = (v_j^1,\dots,v_j^s)$, we put

$$(d^iH)(t,x,u)(v_1,\dots,v_i) = (\partial^i H/\partial\mu_1\dots\partial\mu_i)(t,x,u + \Sigma_{j=1}^{i} \mu_j\, v_j)$$

for $\mu_1 = \dots = \mu_i = 0$. Moreover, we put

$$U' = (u_{i,a};\ i = 1,\dots,n,\ a = 1,\dots,m,\ u_a;\ a = 1,\dots,m),\ U = (u_{0,a};\ a = 1,\dots,m,$$

$$U'),\ U'' = (u''_{i,a};\ i = 1,\dots,n-1,\ a = 1,\dots,m,\ u_a;\ a = 1,\dots,m), u_{i,a} = \partial u_a/\partial x_i,$$

$$u_{0,a} = \partial u_a/\partial t,\ u''_{i,a} = \tau_i u_a \text{ and let } A_{ia}(t,x,U'),\ \Phi_a(t,x,U),\ \Psi_a(t,x,U'')$$

be real valued C^∞ functions defined on $|U'| \leq 3U_0$, $|U| \leq 3U_0$, $|U''| \leq 3U_0$, $t \in [0,T_0]$, $x \in \bar{\Omega}$ for fixed positive constants T_0, U_0. Then, we put

$$A_D = \Sigma_{a=1}^{m} \sum_{j+|\alpha|+k\leq D} [\Sigma_{i=1}^{n} \sup_1 |\partial_t^j\partial_x^\alpha d^k A_{ia}(t,x,U') + \sup_2 |\partial_t^j\partial_x^\alpha d^k\Phi_a(t,x,U)|$$

$$+ \sup_3 |\partial_t^j\partial_x^\alpha d^k\Psi_a(t,x,U'')|,\quad A_{iajb} = \partial A_{ia}/\partial u_{j,b},\ \Psi_{aib} = \partial\Psi_a/\partial u''_{i,b}$$

where $\sup_1$, $\sup_2$, $\sup_3$ are taken over the sets $E_1 = [0,T_0]\times\bar{\Omega}\times\{|U'|\leq 3U_0\}$, $E_2 = [0,T_0]\times\bar{\Omega}\times\{|U| \leq 3U_0\}$, $E_3 = [0,T_0]\times\bar{\Omega}\times\{|U''| \leq 3U_0\}$, respectively.

Now, we make the following assumptions (A-1) - (A-3).

(A-1) $A_{ia}(t,x,0) = \Phi_a(t,x,0) = \Psi_a(t,x,0) = 0$ ($i = 1,\ldots,n$; $a = 1,\ldots,m$).

(A-2) $A_{iajb}(t,x,U') = A_{jbia}(t,x,U')$ on E_1 ($a,b = 1,\ldots,m$; $i,j = 1,\ldots,n$),

$$\Psi_{aib}(t,x,U'') = -\Psi_{bia}(t,x,U'') \text{ on } E_3 \ (a,b = 1,\ldots,m;\ i = 1,\ldots,n-1).$$

(A-3) There exist positive constants δ, d such that for any $t \in [0,T_0]$, $v \in H^1$ and $U' \in L^\infty(\Omega)$ satisfying $|U'| \leq 3U_0$,

$$\Sigma_{i,j=1}^{n} \Sigma_{a,b=1}^{m} \int_\Omega A_{iajb}(t,x,U'(x))\partial_j v_b(x)\overline{\partial_i v_a(x)}\, dx \geq \delta\|v\|_1^2 - d\,\|v\|^2.$$

THEOREM: Under the above assumptions (A-1) - (A-3), let $L \geqq [n/2] + 8$ be an integer and $u^0 \in H^L$, $u^1 \in H^{L-1}$, $f \in E_{T_0}^{L-1}$, $g \in S_{T_0}^{L-1,1/2}$ be the data of the Neumann problem (N.P) which satisfy $\|\bar{D}_x^1 u^0\|_\infty + \|u^1\|_\infty \leqq U_0$ and the L-2-th order compatibility condition (defined in Remark after this theorem). Then, if $\|u^0\|_{[n/2]+8} + \|u^1\|_{[n/2]+7} + |f|_{[n/2]+7,T_0} + \langle g\rangle_{[n/2]+6,1/2,T_0} \leqq B$ and taking D appropriately, there exists a $T (0 < T \leqq T_0)$ depending only on n, m, δ, T_0, A_D Ω, d and B such that the Neumann problem (N.P) admits a unique solution $u \in E_T^L$ satisfying the condition $\|\bar{D}^1 u(t,\cdot)\|_\infty \leqq 3U_0$ $(0 \leqq t \leqq T)$. Here, $r = [s]$ denotes the largest integer r with the property $r \leqq s$.

REMARK: Suppose a solution $u \in E_T^L$ of (N.P) exists. Then, by differentiating the equation with respect to the variable t several times, we can *a priori* determine $u^p = \partial_t^p u(0,x)$ from the initial data u^0, u^1. Now, differentiate the boundary condition by the variable t p times and let $t = 0$, then we obtain a condition for $u^k(x)$ $(x \in S,\ 0 \leqq k \leqq p)$. For further reference, let us name this condition the p-th condition. Then the L-2-th order compatibility condition is the condition which requires $u^k(x)$ $(x \in S,\ 0 \leqq k \leqq L-2)$ to satisfy the k-th condition for each k $(0 \leqq k \leqq L-2)$.

Finally we give two examples to which we can apply our theorem.

Example 1. Put $A_i(\bar{D}_x^1 u) = \partial_i u(1 + |\nabla u|^2)^{-1/2}$, $\nabla u = (\partial_1 u,\ldots,\partial_n u)$ and consider the Neumann problem (N.P):

$$P(u) = \partial_t^2 u - \Sigma_{i=1}^n \partial_i(\partial_i u(1 + |\nabla u|^2)^{-1/2}) + \Phi(\bar{D}^1 u) = f \text{ in } [0,T] \times \Omega,$$

$$(N.P) \quad Q(u) = \Sigma_{i=1}^n \nu_i(\partial_i u(1 + |\nabla u|)^{-1/2}) + \Psi(u) = g \qquad \text{on } [0,T] \times S,$$

$$u(0,x) = u^0(x), \ (\partial_t u(0,x) = u^1(x) \qquad \text{in } \Omega.$$

This is the well-known classical nonlinear wave equation with Neumann ($\Psi \equiv 0$) or the third kind boundary condition ($\Psi(0) = 0$ and $\Psi \not\equiv 0$).

Example 2: If the undeformed state of a three dimensional homogeneous, isotropic, hyperelastic material has no stress in it, the equation of motion describing its small displacement $u(t,x) = (u_1(t,x), u_2(t,x), u_3(t,x))$, $x = (x_1,x_2,x_3)$, under the action of the body force $b(t,x,x+u(t,x))$ and surface force $p(t,x,\bar{D}_x^1(x+u(t,x))) = \det(\nabla(x+u))\tilde{p}(x+u)(\nabla(x+u))^{-T}\nu(x)$ is described by the previous Neumann problem (N.P) provided that $m = n = 3$, where $\nabla u = (\partial_i u_a)_{\substack{i\ 1,2,3 \\ a\ 1,2,3}}$ and $\tilde{p}(v)$ is a real and scalar valued function.

Then A_{ia}, Φ_a, Ψ_a, f_a, g_a are defined as follows. Let λ, μ be the Lamé constants of this material and $\Sigma(E) = (\sigma_{ij})_{1 \leq i,\ j \leq 3} = \lambda(\text{trace } E)I + 2\mu E + o(E)$ (as $E \to 0$) be its second Piola-Kirchhoff stress tensor, where E is the strain tensor and I is the identity matrix. Then, if ρ (positive constant) is the density of the material,

$$A_{ia}(\nabla u) = \rho^{-1}(\sigma_{ia} + \Sigma_{k=1}^3 \sigma_{ka}\, \partial_k u_i), \ \Phi_a(t,x,u) = -(b_a(t,x,x+u(t,x)) - b_a(t,x,x)),$$

$$\Psi_a(t,x,D_\tau u,u) = \rho^{-1}(p_a(t,x,\bar{D}_x^1(x+u(t,x))) - p_a(t,x,\bar{D}_x^1 x)), \ f_a(t,x) = b_a(t,x,x),$$

$$g_a(t,x) = \rho^{-1} p_a(t,x,\bar{D}_x^1 x) \text{ for } a = 1,2,3.$$

Under these circumstances, the assumption (A-1) is obvious and the assumption (A-2) follows from the hyperelasticity and the direct calculation. By mechanical experiments, we know *a priori* the properties $\mu > 0$, $3\lambda + 2\mu > 0$

for the small deformation of the material. Together with these properties and the famous Korn's inequality, the assumption (A-3) holds if $\|u\|_\infty$ is sufficiently small.

Y. Shibata
Institute of Mathematics
University of Tsukuba
Ibaraki 305
Japan.